Le bénévolat en soins palliatifs ou l'art d'accompagner

Sous la direction de **Andrée Sévigny,**
Manon Champagne,
Manal Guirguis-Younger

Le bénévolat en soins palliatifs ou l'art d'accompagner

hermann
Depuis 1876

PUL
Presses de
l'Université Laval

Les Presses de l'Université Laval reçoivent chaque année du Conseil des Arts du Canada et de la Société de développement des entreprises culturelles du Québec une aide financière pour l'ensemble de leur programme de publication.

Nous reconnaissons l'aide financière du gouvernement du Canada par l'entremise du Fonds du livre du Canada pour nos activités d'édition.

Illustration de couverture : *Les Porteurs d'espérance 2006*
Collection *Vincent et moi*, Institut universitaire en santé mentale de Québec
Mireille Bourque

Vincent et moi est un programme d'accompagnement en soutien aux artistes atteints de maladie mentale mis sur pied en mai 2001 à l'Institut universitaire en santé mentale de Québec. *Vincent et moi* innove en mettant au premier plan la valeur artistique d'œuvres réalisées par des personnes qui, au-delà de la maladie, s'investissent dans un processus de création en arts visuels. La principale mission du programme est de faire connaître et reconnaître leur contribution artistique et culturelle ; il favorise la diffusion de leurs œuvres ainsi que le développement de leurs pratiques artistiques.

Pour information : www.institutsmq.qc.ca
vincentetmoi@ssss.gouv.qc.ca
418 663-5321, poste 6440

Conception graphique et mise en pages : Danielle Motard

Maquette de couverture : Laurie Patry

www.pulaval.com

Dépôt légal 4e trimestre 2013
ISBN 978-2-7637-1899-6
ISBN-PDF 9782763719009

Diffusion
Hermann Éditions
www.editions-hermann.fr
ISBN 978-2-7056-7320-8

TABLE DES MATIÈRES

PARTIE II
LE BÉNÉVOLAT EN SOINS PALLIATIFS : DIVERSITÉ DE CONTEXTES, DE CLIENTÈLES ET DE MILIEUX

PARTIE III
LA GESTION DE L'ACTION BÉNÉVOLE

PARTIE IV
L'ACTION BÉNÉVOLE ET LA SPIRITUALITÉ

Remerciements

La publication de cet ouvrage est le fruit de nombreuses contributions, de collaborations étroites et dynamiques et de beaucoup de générosité.

Nous voulons d'abord exprimer toute notre gratitude aux bénévoles qui, chaque jour, offrent de leur temps et de leur énergie afin d'accompagner les personnes qui reçoivent des soins palliatifs et leurs proches.

Nous tenons également à remercier les auteurs qui ont accepté avec enthousiasme de partager leurs réflexions, leurs recherches, leurs résultats et les si riches expériences humaines qui se vivent dans les milieux de pratique.

Enfin, nous remercions les organismes ayant permis, par leur soutien financier, que cet ouvrage collectif voit le jour: la Maison Michel-Sarrazin, à qui nous remettrons nos droits d'auteurs, l'Institut sur le vieillissement et la participation sociale des aînés (IVPSA), le Centre d'excellence sur le vieillissement de Québec (CEVQ), l'Université du Québec en Abitibi-Témiscamingue (UQAT), la Chaire de gériatrie de l'Université Laval, la Chaire de soins palliatifs de l'Université Laval ainsi que les Presses de l'Université Laval.

PRÉFACE

Éric Gagnon,
Docteur en sociologie et chercheur au Centre de santé et de services sociaux de la Vieille-Capitale

Il n'y a pas de monde humain qui ne soit un monde parlé. C'est par la parole en effet que les hommes et les femmes habitent le monde : en mettant en récits leurs expériences ; en reliant par des mots leurs perceptions et leur sentiments ; en dialoguant autour de ce qu'ils furent, de ce qu'ils sont et de ce qu'ils voudraient être ; en interrogeant ce qui demeure opaque, muet ou menaçant ; en cherchant dans ce qui se dit autour d'eux un écho de leur propre voix ; en édifiant un monde de signes et de sens rendant possibles l'échange et la communication. C'est par la parole qu'ils construisent leur histoire et leur identité, qu'ils peuvent réagir à ce qui leur arrive et non simplement le subir et l'éprouver.

Cela, les bénévoles en soins palliatifs le savent très bien. Eux qui n'ont que leur parole pour composer avec la douleur, la souffrance et la mort ; une parole bien souvent hésitante et maladroite, parfois impuissante. Eux qui n'ont quelquefois que le silence pour répondre aux angoisses, à la colère ou aux frustrations de celui qui va bientôt mourir. Eux qui font face à des questions – les leurs, celles du mourant – auxquelles il faut répondre sans avoir vraiment de réponse. Eux qui sentent que le réseau de significations et de liens qu'ils aident ainsi à tisser est bien précaire, toujours menacé de se défaire, mais néanmoins vital. Eux qui savent que la parole est tout et en même temps peu de chose.

De cette fragilité de la parole, il est diversement question dans les textes ici rassemblés. Cette fragilité transparaît dans les interrogations formulées à divers endroits sur le sens des mots et sur ce que ces mots rendent possible : le don, l'altruisme, l'expérience spirituelle, l'accompagnement. Elle est également perceptible dans le constant retour sur les défis que pose l'écoute dans les soins palliatifs, sur les difficultés d'engager un dialogue, de mettre en récit une vie, d'être attentif au non-verbal, d'amener à l'expression une demande, de respecter un silence ou de percevoir ce qui se dit dans les « failles du dire », pour reprendre la belle formule de Michel de Certeau.

À travers les mots, le bénévolat en soins palliatifs nous parle en même temps des liens. Des liens qui retiennent une personne à la vie et aux autres, à son passé et à son présent. Des liens que les bénévoles s'efforcent de maintenir, de restaurer ou d'établir avec la personne mourante. Des liens qu'eux-mêmes entretiennent avec la mort, avec leur propre histoire, avec ces étrangers auxquels ils donnent de leur temps. Des liens et de leur fragilité, dont les bénévoles sont à la fois les témoins et le rappel.

On a parlé du déni de la mort dans notre société, mais il faudrait peut-être aujourd'hui davantage parler des exigences particulièrement élevées que l'on s'impose dans la manière d'accompagner les mourants et de faire face à la mort. Ce qui frappe en effet à la lecture de cet ouvrage, c'est le difficile équilibre que les bénévoles doivent trouver entre de multiples exigences, parfois contradictoires ou en tension. Il leur faut être présents, disponibles et généreux, sans pour autant rendre l'autre leur débiteur. Il leur faut conserver une humilité tout en poursuivant de grandes ambitions : faire une différence dans la vie d'une autre personne, lui faire vivre pleinement les derniers instant de sa vie, lui permettre de se constituer un legs, l'aider à se mettre au monde une dernière fois. Les bénévoles sont en quête d'authenticité, tout en cherchant à rationaliser leur pratique. Ils ne veulent pas être considérés comme des amateurs, tout en conservant une liberté et une spontanéité. Il leur faut travailler sur leurs propres émotions, clarifier leurs intentions, réfléchir sur leur pratique, mais aussi demeurer motivés et disponibles. Ils doivent s'adapter aux situations et aux individus, à tous les groupes d'âge, à différents milieux et différentes cultures. Dans les pages qui suivent, il est question tout à la fois d'extase et d'intériorité, d'engagement envers l'autre comme d'autonomie à préserver, de respect de l'individualité et de standardisation des pratiques, de souplesse et de formation, de polyvalence et d'encadrement, de proximité et de distance. L'investissement subjectif demandé est très grand. L'accompagnement des mourants, avec ses fortes attentes d'empathie, de compassion et de personnalisation, représente aujourd'hui un défi plus grand que l'observance ancienne de rites très codifiés et le recours à une symbolique partagée par tous.

Comme la plupart des soignants, comme nous tous dans un grand nombre de nos relations personnelles ou professionnelles, les bénévoles doivent composer avec les exigences d'une société très sensible au respect de l'individualité et de la subjectivité, valorisant la transparence et l'authenticité, soucieuse en même temps de compétence et de formation, d'encadrement et de gestion rigoureuse. Les soins palliatifs nous parlent de la solitude des mourants, mais aussi et plus largement, de la fragilité de nos liens, et des exigences, parfois difficiles, auxquelles ces liens doivent aujourd'hui obéir.

Ce n'est pas là une mince tâche pour des bénévoles qui n'ont d'autre autorité, d'autre raison d'être présents au chevet des mourants, que leur générosité et leur propre questionnement ; dont le rôle est en apparence très simple et limité, mais en fait très large et difficile à cerner : réduire la solitude, faire entendre une voix, donner le sentiment à une personne qu'elle n'a pas vécu en vain. Une formalisation des pratiques est sans doute nécessaire, car il n'y a pas d'écoute possible sans repères, sans un sentiment de confiance et de sécurité. Le bénévole ne peut aider à faire advenir une parole sans que la sienne soit elle-même soutenue par la parole des autres ; c'est là tout le sens des rites et la nécessité des équipes. Mais sans doute faut-il aussi se garder de lui assigner un rôle et une place trop étroitement circonscrits, de prévoir trop bien ce qui doit être dit ou fait. L'écoute ne se programme pas – pas entièrement du moins –, elle ne se routinise pas. Elle demeure fondamentalement imprévisible.

Malgré ces difficultés, ces incertitudes et ces pièges, les bénévoles parviennent à inventer des pratiques et se faire une place, à trouver les mots, mais surtout à entendre la parole des autres, à nouer des liens, si éphémères soient-ils, à procurer un apaisement. Avec tact et imagination, avec l'aide d'autres bénévoles et des autres professionnels. Il est souvent question de leur sensibilité et de leur générosité, mais il y aurait aussi beaucoup à dire de leur intelligence et de leur créativité, qui s'expriment dans la mise sur pied d'organisations et de services, et surtout dans de petits gestes, une certaine attitude, des silences et parfois un retrait. Si la mort a pu sembler devenir un tabou dans nos sociétés et si de nombreux rites ont disparu, nous voyons aussi se dessiner et s'inventer de nouvelles pratiques et de nouveaux rites, auxquels les bénévoles contribuent, modestement mais significativement. Non sans erreurs, tensions ou difficultés bien sûr. Très souvent avec bonheur.

C'est de ces questions et préoccupations que discutent, ou vers lesquels nous conduisent, les auteurs réunis dans cet ouvrage par Andrée Sévigny, Manon Champagne et Manal Guirguis-Younger. Ce livre constitue un premier grand effort de synthèse et de mise en commun des expériences. Mais aussi et surtout, il constitue le moyen de maintenir des échanges entre ceux qui s'y intéressent, et de garder ouverte une réflexion sur ces riches expériences.

INTRODUCTION

Andrée Sévigny,
Travailleuse sociale, post-Ph. D., professeure associée au Département de médecine familiale, directrice adjointe au Centre d'excellence sur le vieillissement de Québec (CEVQ), directrice adjointe à l'Institut sur le vieillissement et la participation sociale des aînés (IVPSA).

Manon Champagne,
Ph. D. (éducation), professeure agrégée au Département des sciences de la santé de l'Université du Québec en Abitibi-Témiscamingue (UQAT).

Manal Guirguis-Younger,
Ph. D. (Clinical Psychology), professeure à la Faculté des sciences humaines à l'Université Saint-Paul, Ottawa.

Accompagner ceux et celles qui vivent des difficultés, bien souvent liées à des changements ou des bouleversements dans leur vie, constitue une des formes de collaboration entre les êtres humains nécessaire à leur survie, à leur évolution et à leur réalisation (Kropotkine, 2001 ; Gagnon, 2009). Dans l'univers du bénévolat en soins palliatifs, la notion d'accompagnement est centrale (Châtel, 2013). Généralement, les bénévoles en soins palliatifs résument les diverses facettes de leur implication sous ce vocable (Sévigny *et al.*, 2010) Une définition proposée par Gauvin (1988) rend compte de la réalité de l'accompagnement telle qu'elle est comprise en soins palliatifs :

> Accompagner signifie plutôt être présent au malade, à ses côtés dans le plus grand respect de son cheminement et au rythme même de ce

> patient. Accompagner suppose une grande disponibilité et une écoute attentive. [...] L'accompagnement, ainsi fait, nous renvoie à l'acceptation de la personne dans son intégrité, dans ce qu'elle a d'unique et d'individuel, à cette étape de sa vie. Ainsi, l'accompagnement se démarque de toute forme d'intervention, de thérapie ou de conversion en ce qu'il ne vise pas à un changement en soi. Tout geste posé, de quelque nature qu'il soit, devrait être imprégné de cette règle s'appliquant aussi bien aux malades qu'à leurs proches (p. 3).

Cette définition, élaborée en 1988, recèle déjà des traits particuliers de l'accompagnement relevés par Gagnon, soit l'autonomie de la personne malade, la connaissance de soi (de ses besoins, de ses désirs et des façons d'y répondre), le respect de la dignité et l'importance accordée à la relation de proximité (Gagnon, 2009).

Historiquement, l'accompagnement des personnes en fin de vie est une préoccupation qui dépasse la sphère de la vie privée depuis le IVe siècle, alors que les chrétiens fournissaient des soins aux malades et aux pauvres (Association canadienne de soins palliatifs, 2013). Au Moyen Âge, des confréries de la bonne mort et les Hôtel-Dieu offraient un soutien aux indigents et aux personnes atteintes de maladies incurables (Société française d'accompagnement et de soins palliatifs, 2013). Dès le XIXe siècle, des structures vouées spécifiquement aux soins palliatifs ont vu le jour, notamment à Lyon (France), alors que Jeanne Garnier fonda une association qui avait pour objectif d'accueillir les malades incurables. D'autres initiatives de ce genre se développeront en France, à Dublin et à Londres. En 1967, l'Hospice St-Christopher ouvrira ses portes à Londres sous l'impulsion de Cicely Saunders. Celle-ci deviendra la pionnière des soins palliatifs tels qu'on les connaît actuellement. C'est en s'inspirant de cette approche que le mouvement des soins palliatifs canadien a créé les premières unités de soins palliatifs en milieu hospitalier, à Saint-Boniface puis à Montréal (Association canadienne de soins palliatifs, 2013). Dès lors, les soins palliatifs seront considérés comme l'ensemble des soins actifs et globaux dispensés aux personnes atteintes d'une maladie avec pronostic réservé. Encore aujourd'hui, l'objectif des soins palliatifs est d'obtenir, pour les usagers et leurs proches, la meilleure qualité de vie possible. Aussi, l'atténuation de la douleur, des autres symptômes et de tout problème psychologique, social et spirituel devient essentielle. Pour atteindre cet objectif, les soins palliatifs sont donc organisés et dispensés grâce aux efforts de collaboration d'une équipe multidisciplinaire incluant l'usager et les proches (Ministère de la Santé et des Services sociaux, 2010).

Ajoutons que les soins palliatifs s'actualisent dans différents milieux (à domicile, dans les maisons dédiées, les centres hospitaliers, les centres de soins de longue durée). Toutefois, d'abord ancré dans un contexte hospitalier ou de maisons dédiées, le développement des soins palliatifs à domicile a rencontré quelques difficultés spécifiques qui sont encore présentes aujourd'hui, et ce, malgré le large éventail de besoins des personnes qui désirent demeurer le plus longtemps possible à domicile. Accompagner à domicile signifie que les bénévoles doivent franchir le seuil de l'intimité des personnes malades et de leurs proches en accédant à leur demeure. Cette intrusion dans le domicile de l'Autre, pose en soi un défi pour le bénévole. Celui-ci peut aussi se sentir isolé des ressources professionnelles auxquelles il peut avoir recours plus rapidement lorsqu'il intervient en milieu hospitalier (infirmière, médecin, etc.). Il arrive aussi que certains contextes familiaux personnels contribuent à rendre les interactions et les tâches des bénévoles plus éprouvantes. Malgré cela, des bénévoles privilégient ce milieu d'intervention car ils y retrouvent le calme et la possibilité d'établir plus facilement un lien de proximité (Sévigny, 2002).

De plus, le « domicile » peut prendre des formes très variées, dont les résidences du secteur privé à but lucratif, les maisons de chambres, ou les centres de détention. Il importe de souligner que les personnes n'ayant aucun domicile fixe peuvent elles aussi avoir besoin d'accompagnement (Guirguis-Younger *et al.*, 2005). Cette réalité est très peu documentée ou même occultée.

Il est aussi de plus en plus évident que la « plupart des aspects des soins palliatifs devraient également être offerts plus tôt au cours de la maladie, parallèlement aux traitements actifs » (MSSS, 2010 : 5 qui cite l'OMS). Enfin, l'approche palliative est de plus en plus souhaitée dans le contexte des soins de longue durée offerts aux aînés en perte d'autonomie (Misson *et al.*, 2012). Voici autant de milieux et de situations où le recours aux bénévoles est appelé à s'implanter, se maintenir et se développer. Le présent ouvrage a donc pour but de présenter les réalités multiples du bénévolat effectué auprès de personnes atteintes d'une maladie au pronostic réservé qui sont dans une phase palliative de traitement ou en fin de vie.

À l'image de l'approche globale qui caractérise les soins palliatifs et de fin de vie, nous insistons sur le caractère interdisciplinaire de cet ouvrage collectif, qui permettra de rallier autour de la question du bénévolat des auteurs et des lecteurs provenant de disciplines diverses et de plusieurs milieux de soins. Tout en étant soucieux de la qualité des textes rassemblés dans ce livre, nous avons voulu qu'ils soient rédigés de façon à rejoindre aussi bien des chercheurs, des intervenants professionnels que des bénévoles. Nous croyons avoir relevé ce défi. Par ailleurs, tout en conservant une certaine unicité, les textes sont formulés sur divers tons selon leur provenance. Effectivement, les auteurs sont eux-mêmes bénévoles, intervenants professionnels ou chercheurs. Ils proviennent du Québec, d'autres provinces canadiennes (Ontario, Île-du-Prince-Édouard), de France et de Suisse. Ils interviennent dans divers secteurs des soins palliatifs (périnatal, pédiatrique, gérontologique).

Leur dénominateur commun est sans doute le souci d'aborder l'accompagnement bénévole comme un art du quotidien qui se crée au gré du lien interpersonnel, dans les petits gestes et les attentions personnalisées. En même temps, cet acte de création s'inscrit généralement dans une organisation qui a ses règles et ses façons de faire. De ce fait, il s'agit d'une création sociale issue d'une volonté collective de prendre soin de ses concitoyens. Dans le cadre de ces travaux, le bénévole est donc considéré comme étant une «personne qui s'engage de son plein gré, sans être rémunérée, dans une action organisée, au service de la communauté, cette action lui permettant de vivre un moment privilégié de reconnaissance de soi et de l'autre» (Champagne, 2007: 25). Cette définition s'inspire de celle qui est offerte par l'Institut de recherche et d'information sur le volontariat (Halba et Le Net, 1997; Gagnon et Sévigny, 2000). Elle paraît particulièrement appropriée au contexte dans lequel se vit l'engagement bénévole dans le domaine des soins palliatifs.

Le contenu de ce livre sera divisé en quatre grandes parties. La première partie fait état de certains fondements ou questionnements qui traversent l'accompagnement bénévole sous toutes ses formes et dans tous les milieux. Puis, dans un deuxième temps, il s'agira plutôt de revisiter le bénévolat dans sa diversité de contextes, de clientèles et de milieux. En troisième lieu, des textes aborderont des thèmes relatifs à la gestion de l'action bénévole. Pour terminer, nous porterons une attention particulière à l'accompagnement spirituel, qui, au-delà des frontières des religions, met en évidence l'importance accordée au sens de la vie et de la mort dans ces circonstances particulières de soins palliatifs et de fin de vie.

LE BÉNÉVOLAT, UNE PERSPECTIVE D'ENSEMBLE

Jacques T. Godbout, qui s'intéresse au don libre et gratuit, considère que le bénévolat auprès de malades en soins palliatifs ou en fin de vie s'attaque aux deux objets de déni que sont la mort et le bénévolat dans notre société actuelle. Alors que le bénévolat, vu comme une forme de don aux étrangers, peut être porteur d'espoir et donner du sens à la perte, ce premier texte nous invite aussi à réfléchir sur les effets d'un bénévolat qui induirait un sentiment de dette négatif chez la personne malade. Châtel, dans son texte sur l'éthique de l'accompagnement, abonde dans le même sens que Godbout lorsqu'il affirme que l'accompagnement des personnes en fin de vie est aux antipodes du modèle dominant de nos sociétés actuelles qui valorise, entre autres, l'individu, la jeunesse et l'urgence. Lui aussi reconnaît le bienfait du bénévolat lorsqu'il s'inscrit dans un mouvement de va-et-vient entre donner et recevoir. Du même souffle il légitime la reconnaissance d'un bénéfice mutuel comme une condition nécessaire à la préservation de la dignité de la personne accompagnée.

LE BÉNÉVOLAT : DIVERSITÉ DE CONTEXTES, DE CLIENTÈLES ET DE MILIEUX

Cette seconde partie du livre permet aux lecteurs de mieux connaître la grande versatilité du bénévolat en soins palliatifs alors qu'il s'adapte à certains moments de la vie ou à certaines conditions particulières. D'entrée de jeu, de Mezerac et ses collègues proposent un texte sur un moment de la vie qui supporte mal la coexistence avec les maladies à pronostic réservé ou la fin de vie puisqu'il se situe au tout début du continuum de vie : la naissance. Une question posée par les auteurs reflète bien à quel point le décès d'un bébé naissant nous apparaît comme étant vide de sens et plonge généralement l'être humain dans une quête existentielle : « Quel sens donner à une vie naissante qui s'achève déjà ? »

Dans le chapitre consacré à ce domaine d'intervention, Isabelle de Mezerac et ses collègues font remarquer que la médecine palliative en maternité et en réanimation néonatale est tellement récente qu'elle exige de laisser encore une grande part à la réflexion. Il n'est donc pas surprenant de constater que le bénévolat en soins palliatifs périnataux est encore très peu documenté. Afin de participer au développement des connaissances en ce domaine, les auteurs du chapitre se proposent de présenter un mode d'accompagnement, tout aussi récent que ce domaine d'étude, soit la mise en œuvre d'un forum Internet visant l'accompagnement.

Dans les milieux pédiatriques, les soins palliatifs prennent de l'ampleur. Une manifestation concrète de ce développement est sans doute l'ouverture de la première maison de soins palliatifs pédiatriques au Québec, *Le Phare, Enfants et Familles*, en 2007, à Montréal. Le répit est une composante essentielle des soins palliatifs pédiatriques et les bénévoles y jouent un rôle important. Aussi, le chapitre signé par Champagne et ses collègues fait état de pratiques bénévoles relatives au répit, des défis que ces pratiques soulèvent pour les bénévoles et des retombées que cela entraîne dans leur vie. Les réflexions de ces auteures viendront certainement enrichir les pratiques de soins palliatifs s'adressant à des personnes de tous âges.

Effectivement, les bénévoles actifs dans des milieux gérontologiques ou oncologiques sont eux aussi appelés à offrir du répit aux proches aidants. Cependant, tout comme pour le bénévole en milieu pédiatrique, leur champ d'action est beaucoup plus vaste. En ce sens, le texte de Sévigny et Castonguay rapporte les faits saillants de travaux menés dans le domaine des soins palliatifs gérontologiques. Ces auteures s'intéressent à la nature et à l'étendue du soutien offert aux aînés malades ou en fin de vie et à leur famille. Elles s'intéressent aussi à la réalité complexe et mouvante de la collaboration des bénévoles avec les autres acteurs impliqués dans les soins palliatifs ou de fin de vie. Est alors mise en évidence la nécessaire négociation qui permettra d'agir dans la complémentarité et d'éviter aux bénévoles le piège de la substitution à la famille ou aux intervenants professionnels.

Cette question relative à la place du bénévole est aussi soulevée par Hélène Marche qui a mené ses travaux en soins palliatifs oncologiques. Menant une étude dans des milieux de soins dédiés au traitement du cancer, Marche s'est attardée à mieux saisir les principales variations de l'activité bénévole, selon les séquences et les contextes de l'accompagnement. Elle rappelle à quel point il est complexe pour les bénévoles de trouver leur juste place dans la relation avec la personne malade. Selon elle, cette relation s'inscrit dans le contexte de l'organisation des soins et peut varier selon le degré d'intégration du bénévole à l'équipe des professionnels.

Certains contextes sont fort particuliers et deux auteurs qui collaborent à ce livre collectif s'y attardent (Le Pelley Fonteny et Guirguis-Younger et ses collègues). Pour sa part, Le Pelley Fonteny est bénévole dans un établissement carcéral. Son action s'appuie, tout comme dans les autres milieux, sur une approche multidisciplinaire qui a nécessité une clarification du rôle des bénévoles au regard de celui des autres intervenants offrant des services sociaux et de santé. Cet auteur nous rappelle que beaucoup de détenus sont touchés par des pathologies graves (sida, hépatites, tuberculose, cancer, etc.) et vivent souvent des situations très complexes. Mais tout comme plusieurs aînés souhaitent mourir à domicile, dans la mesure du possible, les détenus souhaitent aussi vivre leurs derniers moments en dehors des murs de la prison, dans un appartement ou, plus généralement, dans une résidence collective de l'association bénévole, dans un espace qui serait « comme » un chez-soi. Guirguis-Younger et ses collègues s'intéressent aux personnes qui sont sans domicile fixe, pour qui la rue est un « chez-soi » symbolique. Le chapitre portant sur les soins palliatifs offerts dans un refuge permet de signaler les défis que représente la prestation de soins de qualité aux personnes qui meurent seules, sans abri et souvent sans famille (McNeil, Guirguis-Younger et Dilley, 2012). Les auteurs explorent comment les bénévoles apportent soutien et dignité durant la dernière phase de la vie d'individus qui souffrent de pauvreté et de marginalisation depuis longtemps. Ces bénévoles, bien particuliers, sont en mesure de fournir un soutien et des soins à cette population, parfois difficile à accompagner.

LA GESTION DE L'ACTION BÉNÉVOLE

Comme nous l'avons mentionné précédemment, le bénévolat en soins palliatifs dont il est question dans cet ouvrage collectif est celui qui s'effectue au sein d'une organisation formelle. Ces organisations, nommées bien souvent organismes communautaires ou organismes bénévoles au Québec ou ailleurs au Canada, sont connues en France sous le vocable d'associations. Mais elles sont toutes à but non lucratif et issues d'initiatives émergentes de la société civile. En ce sens, Paulette LeLann, de l'association JALMAV (Jusqu'À La Mort Accompagner La Vie) de France, considère que l'accompagnement est l'affaire de la société tout entière. Présentant les actions et les finalités de l'association, elle insiste non seulement sur l'accompagnement individuel mais aussi sur la nécessité de prendre la parole publiquement, d'agir au sein d'instances décisionnelles et d'exercer une veille sociétale, notamment en ce qui a trait à l'accès pour tous à des soins palliatifs de qualité. Il s'agit là d'un défi pour tous les acteurs des soins palliatifs.

Du côté québécois, Emma Comeau et Valérie de Varennes évoquent des tendances ou des défis, relatifs aux transformations actuelles, auxquels doivent faire face les organisations bénévoles. Elles s'attardent, entre autres, sur le nouveau rapport que les bénévoles entretiennent avec le temps dont ils disposent pour s'investir bénévolement, aux mutations des valeurs et des motivations qui animent les bénévoles ou aux nouveaux profils des bénévoles liés notamment à l'arrivée à la retraite des baby-boomers. Mais, vous constaterez que le kaléidoscope des défis à relever est beaucoup plus large. MacQuarrie en soulève un de taille : comment soutenir le parcours de bénévoles, d'hommes et de jeunes qui souhaitent s'engager dans l'accompagnement en soins palliatifs ? Une revue des écrits réalisée par cette auteure montre que les bénévoles en soins palliatifs sont surtout des femmes, d'âge moyen, mariées et retraitées. Il semble très difficile de recruter des hommes et d'éveiller l'intérêt des personnes plus jeunes que 50 ans pour ce type de bénévolat. Cette situation intéresse particulièrement les organisations actuelles. Par exemple, au Québec, des travaux ont été réalisés ou sont actuellement en cours afin d'explorer des moyens pour recruter et fidéliser des bénévoles de divers groupes d'âges, notamment les jeunes (Sériès et Delisle, 2011).

Les organisations doivent aussi offrir une formation aux bénévoles afin que ceux-ci puissent offrir à leur tour un accompagnement de qualité, mais aussi afin qu'ils soient bien informés, sécurisés et soutenus tout au long de leur engagement bénévole. Cailler et ses collègues nous présentent leur démarche de formation telle qu'elle s'actualise à Genève. La lecture de ce chapitre vous permettra sans doute de réfléchir sur le développement des compétences des bénévoles dans d'autres milieux. Sans doute êtes-vous, comme les collègues suisses, interpelés par le défi de répondre à une volonté de standardisation et de renforcement de la qualité et de la crédibilité des soins palliatifs. Ce qui entraîne aussi dans son sillage une réflexion sur la professionnalisation des bénévoles que les auteures formulent ainsi : Former des bénévoles, en particulier dans l'accompagnement, est-ce du même ordre que de former des professionnels ? Cette question se pose aussi dans les milieux de soins palliatifs au Québec et ailleurs au Canada (Guirguis-Younger *et al.*, 2005).

Selon Guirguis-Younger et Mallette, bien que l'implication bénévole se distingue de celle des infirmières, les bénévoles souhaitent eux aussi développer des habiletés de soutien et d'accompagnement. Dans cette perspective, ces auteures ont voulu savoir si l'utilisation d'une technique narrative, la relecture de vie (RV), pouvait faciliter le travail de bénévoles et d'infirmières praticiennes spécialisées (IPS) auprès de patients en milieu palliatif. Cette expérience a permis aux auteures de constater que de réunir des infirmières et des bénévoles pour une formation commune permet d'envisager la possibilité d'une approche intégrée où une continuité de soins peut être créée. En reconnaissant la valeur de la trame narrative de la vie d'une personne, bénévoles et infirmières aident le patient, chacun à sa façon et dans les limites de la nature de son engagement, à explorer sa vie et à l'honorer jusqu'à la toute fin. Ce dernier constat nous invite à nous interroger sur le sens de la vie, de la mort et de l'accompagnement spirituel.

ACTION BÉNÉVOLE ET SPIRITUALITÉ

Dans la perspective d'explorer les questions d'ordre spirituel, Gilles Nadeau soulève la question suivante : Qu'est-ce qui pousse ces bénévoles à vouloir ainsi s'engager dans le champ des soins palliatifs et pourquoi persévèrent-ils dans leur engagement ? Selon lui, cet engagement serait, en soi, une forme d'expérience spirituelle. Partant de cette intuition, l'auteur a rencontré plus de 30 bénévoles qui font de l'accompagnement dans une maison dédiée aux soins palliatifs d'adultes, pour la majorité atteints de cancer. Aux yeux de ces participants, la recherche de sens suppose beaucoup de questionnements et le bénévolat en soins palliatifs expose à ces questionnements, à cause de la proximité avec la maladie et la mort.

À l'instar de Nadeau, Jobin et ses collègues laissent eux aussi beaucoup de place au discours des bénévoles. Leur analyse de ces discours montre qu'il existe plusieurs façons de définir la spiritualité. Selon eux, la représentation de la spiritualité peut être liée à celle que l'on se fait de la religion. Elle peut s'inscrire dans la tradition religieuse, s'en distinguer en s'opposant à la religion ou s'en distinguer sans être en opposition. Mais il est clairement montré que, selon les répondants, la spiritualité est une affaire personnelle et peut être une motivation à s'engager bénévolement.

Ce livre tente donc de couvrir diverses facettes du bénévolat en soins palliatifs, allant de la quête de sens personnelle à l'affirmation en tant que citoyen. Il se veut un outil de réflexion qui, nous l'espérons, soutiendra les actions des individus et des organisations concernées par ce type d'engagement. L'accompagnement relève de l'art lorsque l'on constate à quel point diverses figures et compositions de l'intervention s'y croisent et s'y modèlent suivant les divers milieux d'intervention. En annexe, nous avons pensé offrir quelques outils déjà existants afin de soutenir les bénévoles et leurs organisations dans la réalisation de leurs actions. Espérant que ces textes et ces outils contribueront à l'avancement des réflexions et des pratiques susceptible d'apporter du soutien aux personnes malades et à leurs proches.

RÉFÉRENCES

Association canadienne de soins palliatifs (2013). *L'association canadienne de soins palliatifs. Histoire.* Consulté le 7 mars 2013 sur http//acsp.net/ %C3 %A0-propos-de1 %E2 %80 %99acsp/histoire.aspx.

Champagne, M. (2007). *Préparer des bénévoles à offrir du répit à des familles d'enfants gravement malades: planification d'un programme de formation dans le contexte d'une recherche-action.* Thèse de doctorat, Université du Québec à Montréal, Montréal.

Châtel, T. (2013). *Vivants jusqu'à la mort. Accompagner la souffrance spirituelle en fin de vie.* Paris: Albin Michel.

Gagnon, É. (2009). *Proximités, liens, accompagnement et soins.* Québec: Les Presses de l'Université du Québec.

Gagnon, É. et Sévigny, A. (2000). Permanence et mutations du monde bénévole. *Recherches sociographiques*, XLI(3), 529-544.

Gauvin, A. (1988). *L'intervention des non-professionnels.* Conférence présentée au Congrès international sous les auspices de l'Académie suisse des Sciences médicales (Accompagnement en fin de vie, les soins palliatifs, quelles perspectives ?), Genève, Suisse.

Guirguis-Younger, M., Kelly, M.L. et McKee, M. (2005). Professionalization of hospice volunteer practices : What are the implications ? *Palliative and Supportive Care*, 3(2), 143-144.

Halba, B. et Le Net, M. (1997). *Bénévolat et volontariat dans la vie économique, sociale et politique*. Paris : La Documentation française.

Kropotkine, P. (2001). *L'entraide, un facteur de l'évolution*. Montréal : Écosociété.

McNeil, R., Guirguis-Younger, M. et Dilley, L.B. (2012). Recommendations for improving the end-of-life care system homeless populations : A qualitative study for the views of Canadian health and social services professionals. *Palliative Care*, BMC Palliative Care, 11(1), 14.

Ministère de la Santé et des Services sociaux (2010). *Politique en soins palliatifs de fin de vie*. Québec : Gouvernement du Québec.

Misson, L., Arcand, M., Aubin, M., Durand, P. et Verreault, R. (2012). Les soins palliatifs en soins de longue durée du Québec : contexte et enjeux, *Cahiers francophones de soins palliatifs*, 12(2), 31-35.

Moulin, P. (2003). « Rigueur et méthode » ou comment résister au chant des sirènes de l'euthanasie..., *La lettre de la SFPA, hiver/printemps 2003*, 16, 11.

Sériès, M. et Delisle, N. (2011). *Cap sur les jeunes bénévoles. Tracez votre chemin*. Montréal : Réseau de l'action bénévole du Québec.

Sévigny A., Aubin, M., Dumont, S., Tourigny, A., Guirguis-Younger, M. et Fortier, M. (2010). *Soutenir leurs pairs en fin de vie : Moteurs ou freins à la participation des aînés au soutien à domicile*. Colloque international RÉIACTIS, Âge, Citoyenneté et pouvoirs : de la recherche à l'action, Université Pontificale du Chili.

Sévigny, A. (2002). *La contribution des bénévoles, inscrits dans un organisme communautaire bénévole, au soutien à domicile des personnes âgées*. Thèse de doctorat, École de service social, Faculté des sciences sociales, Université Laval, Québec.

Société française d'accompagnement et de soins palliatifs (2013). *Histoire des soins palliatifs*. Consulté le 7 mars 2013 sur http//www.sfap.org/content/histoire-des-soins-palliatifs.

PARTIE I

L'ACTION BÉNÉVOLE : PERSPECTIVE D'ENSEMBLE

CHAPITRE 1

BÉNÉVOLAT EN SOINS PALLIATIFS ET ESPRIT DU DON[1]

Jacques T. Godbout,
Sociologue, professeur émérite à l'Institut national de la recherche scientifique INRS (Université du Québec)

Qu'est-ce que le bénévolat ? C'est une sorte de don, à des étrangers. Il existe plusieurs sortes de don à des inconnus. Le philanthrope donne de l'argent, le héros donne (ou risque de donner) sa vie, le samaritain donne son manteau et l'hospitalité. Que donne le bénévole ? Le bénévole donne du temps, soit le don de ce qui manque le plus aux individus modernes selon les sondages. Le grand sociologue allemand Max Weber n'écrivait-il pas il y a plus d'un siècle déjà : « Nous sommes habitués à considérer comme un fait caractéristique de l'homme moderne qu'il "n'a pas le temps" » (Weber, 1967 c1904 : 189).

Le bénévole donne son temps. Il ne le fait pas payer et ne demande rien en retour. Le bénévole s'oppose ainsi à la société actuelle fondée sur le salariat et sur le profit. « Rappelle-toi que le temps est de l'argent », affirmait Benjamin Franklin. *Time is money*. Pour le bénévole, le temps n'est

1. Texte révisé d'un article paru dans les *Cahiers de soins palliatifs*, vol. 1, nº 2.

pas de l'argent. Être bénévole, c'est faire mentir Benjamin Franklin. Et agacer parfois les syndicats...

Essayons de décomposer ce geste pour en retrouver le sens. Nous tenterons ensuite d'appliquer cette réflexion au bénévolat pratiqué dans le cadre des soins palliatifs.

DEUX SUJETS TABOUS

Une première caractéristique frappe l'observateur de la pratique du bénévolat auprès de malades en soins palliatifs : elle s'inscrit au cœur de deux sujets presque tabous dans la société actuelle, ou qui tendent à être objets de déni, comme disent les psychologues : la mort et le bénévolat.

La mort est un sujet tabou dans la société moderne même si, depuis quelques années, un mouvement existe qui vise à renverser cette tendance. Rappelons tout de même que dans le cadre de la pensée scientifique, la mort ne signifie rien d'autre que le passage à l'état de cadavre. Elle est réduite à un phénomène physico-bio-chimique. Ce faisant, on procède à une évacuation du sens, à une négation de ce qui est vécu. Dans le cadre de la modernité, nous semblons incapables de penser l'expérience de la mort, que nous allons tous connaître, dans ses multiples dimensions : expérience de la perte, de l'abandon ; processus qui conduit à la perte du sens, au sentiment de ne plus pouvoir contribuer, à l'impression d'être devenu une charge seulement pour les autres. La pensée scientifique a une vision réductrice de l'expérience de la mort.

Or, le bénévolat est aussi quelque chose qui tend à être mal vu. L'idée de donner son temps hérisse l'esprit moderne. Nous acceptons que le temps soit donné aux proches. Ce fait est admis et reconnu à l'intérieur de la famille, même si certains ont tendance à considérer ce comportement anormal et à réclamer par exemple un salaire pour la personne qui, dans le ménage, reste à la maison. En revanche, le don du *temps* à des étrangers, caractéristique du bénévolat, est suspect. Personne ne penserait remettre en question le don d'organes, le don de sang, le don d'objets et d'argent en cas de catastrophe naturelle. Mais le don de temps, c'est une autre affaire. La conception de base du libéralisme économique suppose que tout don de temps est anormal. Tout temps consacré à autre chose qu'à soi-même ou à sa famille doit être rémunéré d'une façon ou d'une autre ; autrement dit ce doit être un travail. Les uns voient les bénévoles comme des « voleurs d'emplois » ; les autres pensent qu'ils se font exploiter.

Le temps ne peut pas être donné, pour plusieurs raisons. D'abord parce qu'alors la personne ne contribue pas à la croissance. C'est donc du temps perdu ! Un bon citoyen est quelqu'un qui fait augmenter le PNB. Or pour faire augmenter le PNB, il faut qu'une relation sociale passe par l'argent. Il faut que le temps soit de l'argent. Sinon, loin de contribuer à l'augmentation du bien-être de ses concitoyens, celui qui donne son temps fait plutôt accroître le chômage. Voilà une première raison qui fait que le bénévolat est souvent regardé avec suspicion.

Par ailleurs, l'esprit moderne tend à identifier le bénévolat à la dame patronnesse et le passage du modèle de la dame patronnesse à celui des droits et de la justice est généralement considéré comme un progrès. Nous touchons alors à une autre critique qui est faite au bénévolat. Le problème n'est plus tellement du côté du donneur. Il concerne celui qui reçoit. On dénonce le paternalisme, le caractère humiliant pour celui qui reçoit. Pourquoi aurait-il ce caractère humiliant ? Parce que, dit-on, le don est unilatéral. Plusieurs tendent d'ailleurs à nier qu'il s'agisse d'un « vrai » don et considèrent que toutes les formes d'altruisme sont des manières déguisées de rechercher son intérêt sous forme de prestige, d'honneur, et de contact qu'on établit en vue de faveurs futures. C'est pourquoi le don en général, mais plus particulièrement le bénévolat, est souvent qualifié d'hypocrite parce qu'au fond il serait fait en vue d'un retour.

On en arrive ainsi à un étrange constat : ce qui est considéré dans la plupart des philosophies éthiques de l'humanité comme le sommet du comportement moral – la compassion et le don à des inconnus – est dévalorisé et n'est souvent même pas reconnu comme tel par une certaine pensée occidentale dominée par les sciences humaines. Cette pensée nie ainsi ce qui constitue pour de nombreuses personnes la définition même d'un acte moral, soit un acte qui tient compte des autres et pas seulement de soi.

Comme pour la mort, il y a dans la pensée moderne une dénégation du don non réciproque, et par voie de conséquence du bénévolat. La société moderne a eu tendance à vouloir remplacer le bénévolat par la solidarité. Le militant est solidaire de la classe ouvrière, il s'identifie à sa cause. C'est une approche collective. Être solidaire signifie que nous sommes tous dans le même panier. C'est en tant que don unilatéral que le bénévolat est une forme de don difficilement acceptable pour les individus modernes.

L'ALTRUISME

Malgré toutes ces critiques, dont plusieurs, comme nous le verrons, sont partiellement fondées, nous considérons que le bénévolat peut être vu comme une forme supérieure de solidarité. Pourquoi ? D'abord, parce que nous croyons que l'altruisme existe, au sens d'un intérêt pour les autres qui ne se réduit pas à une forme cachée d'égoïsme, et qui n'est pas non plus que l'obéissance à un devoir. Il existe des actes qu'on pose pour les autres, par intérêt, compassion, sympathie, amour, et dans un élan qui ne relève pas seulement du devoir. Citons à ce propos le sociologue français Durkheim :

> Le philosophe Kant a essayé [...] de ramener l'idée de bien à l'idée de devoir. Mais c'est une réduction impossible.... Il faut que la morale nous apparaisse comme aimable..., qu'elle parle à notre cœur et que nous puissions l'accomplir même dans un moment de passion. En agissant moralement, nous nous élevons au-dessus de nous... Il y a quelque chose qui nous dépasse... Nous nous arrachons dans quelque mesure à nous-mêmes (Durkeim, 1992 : 615-616).

Cette description nous semble correspondre à l'expérience du don telle que décrite par les bénévoles que nous avons eu l'occasion de rencontrer.

En outre, un ingrédient essentiel caractérise l'action bénévole, une valeur qui n'est pas nécessairement présente dans toutes les formes de solidarité. Cette valeur, c'est la liberté. La liberté est essentielle au bénévolat. La Fédération des centres d'action bénévole du Québec définit avec raison l'action bénévole comme un geste « libre et gratuit ». Or, au nom de la solidarité, on peut facilement passer de la liberté à l'obligation, voire à la contrainte légale ; jamais au nom du don. La solidarité obligée est encore de la solidarité, le bénévolat obligé n'est plus du bénévolat. C'est sous cet aspect que la solidarité peut s'opposer au don. Pour mettre cela en évidence, prenons l'exemple du don d'organes. En France, c'est au nom de la solidarité qu'une loi a été votée visant à diminuer beaucoup la liberté du donneur. En vertu de cette loi, toute personne est considérée *a priori* comme donneur, et il faut s'inscrire dans un registre pour signifier son refus de donner. Ce faisant, on cesse d'en faire un don et on passe du don à la solidarité (Hottois, 1992). La solidarité permet de faire des lois qui rendent le don obligatoire, diminuant ainsi la dimension de don dans le geste.

LA DETTE

De telles mesures sont certes parfois justifiées. Le bénévolat n'est pas toujours souhaitable et il peut être préférable de le remplacer par l'octroi de droits. Historiquement nous sommes passés, avec l'État-providence, de la charité au droit. Et ce fut un progrès. Car si le donateur est plus généreux, le donataire est aussi plus vulnérable aux effets pervers du don inhérents à la liberté du donneur : l'insécurité, la dépendance, l'absence de pouvoir du receveur (« à cheval donné, on ne regarde pas la bride », dit le proverbe). Tous ces effets pervers du don ont été à juste titre souvent dénoncés. Partout où le fait de ne pas rendre entraîne domination potentielle, humiliation, injustice, perte de dignité, la solidarité sous forme de droit est préférable au don. En ce sens, il y a progrès en passant de la charité au droit, du don à la justice.

Mais il est aussi vrai que dans toute société, il faut maintenir ce geste « libre et gratuit ». Une société qui rend tout obligatoire tue la dynamique qui se situe au plus profond d'elle-même et qui la fait agir. À cet égard, les sociétés qui ont développé l'État-providence et qui aujourd'hui remettent en question certains de ses rôles font toutes face à une importante contradiction : le fait de confier au bénévolat des tâches qui relèvent de l'État, des responsabilités qui ont été définies comme collectives, risque de diminuer, voire de supprimer la liberté de donner essentielle à l'action bénévole. Ce phénomène est présent dans tous les pays occidentaux qui remettent en question le fonctionnement de l'État-providence. En acceptant de tels mandats, les organismes risquent de ne plus se définir par rapport aux personnes aidées, mais en fonction des priorités générales de l'État. À la limite cela conduit au salariat des bénévoles, autrement dit à la disparition du bénévolat.

Résumons. Il est important de conserver le bénévolat en tant que geste libre et gratuit, mais il peut aussi être nécessaire de le remplacer par la solidarité et la justice dans certaines circonstances. Pourquoi ? Pour répondre à cette question, il faut mieux saisir ce qui peut être négatif dans le bénévolat.

Ne pas vouloir recevoir

Pourquoi le bénévolat peut-il être négatif? Ce qui est le plus souvent dénoncé, c'est le fait que ce type de don soit unilatéral et qu'il entraîne ce que nous pouvons appeler un sentiment de *DETTE NÉGATIVE*. Ces problèmes sont bien réels. On n'a qu'à songer au malaise ressenti lorsque quelqu'un demande l'aumône dans la rue. Mais ce sentiment ne se limite pas à l'aumône. Il affecte de nombreux domaines. Donnons-en quelques illustrations.

- Dans le domaine du don d'organes, les greffés ressentent souvent un sentiment de dette pouvant entraîner des problèmes psychologiques graves, allant jusqu'au rejet de l'organe. Le donneur étant décédé, la personne qui reçoit ne peut pas rendre. L'unilatéralité du don est évidente et crée un sentiment de dette négatif qui cause d'importants problèmes psychologiques, au point où des auteurs ont parlé de la « tyrannie du don » (Fox et Swazey, 1992).
- Certains types de don humanitaire illustrent aussi les effets pervers du don. Ainsi, pour l'économiste Serge Latouche, ce n'est pas principalement par le marché que les sociétés du tiers monde finissent par perdre leur culture au contact de l'Occident. Plus encore que par le commerce, c'est par les dons que les sociétés dominées finissent par s'identifier à l'Occident et perdent leur âme. « Le véhicule de cette "conversion" (aux valeurs occidentales) ne peut être la violence ouverte ou le pillage même déguisé en échange marchand inégal, c'est le don. C'est en donnant que l'Occident acquiert le pouvoir et le prestige qui engendrent la véritable déstructuration culturelle » (Latouche, 1992 : 68).
- Enfin dans le bénévolat lui-même certains bénéficiaires peuvent se sentir humilier de recevoir des services sans pouvoir donner à leur tour. Dans une enquête auprès de bénéficiaires de services bénévoles, nous avons observé que lorsque ces derniers ne peuvent pas rendre, ils tendent alors à considérer l'organisme de bénévolat comme un service gouvernemental et un prolongement de l'État. Ils perçoivent alors le service qu'ils reçoivent comme un droit et se protègent de cette manière du danger du don unilatéral et de la dette négative.

On pourrait multiplier les exemples. Mais quelle est la cause du problème ? Pour la majorité des observateurs, c'est le fait que ce ne soit pas réciproque. Et la solution qui est proposée, à chaque fois que le don ne peut pas être réciproque, c'est d'écarter le don et de passer par les droits. Autrement dit, à chaque fois que celui qui reçoit ne peut pas rendre l'équivalent de ce qu'il a reçu, le don serait condamnable. Ce qui a pour conséquence de condamner en grande partie le bénévolat.

La dette positive

Nos travaux nous ont conduits à remettre cette conclusion en question. Si les conséquences négatives étaient seulement dues au fait que le don ne soit pas réciproque, ces problèmes devraient être présents à chaque fois que le don n'est pas rendu de manière à peu près équivalente. Or nous avons souvent constaté dans nos recherches des situations de dons non réciproques, mais qui ne causent pas tous ces problèmes, bien au contraire. Donnons-en quelques illustrations.

D'abord, il y a tous ces cas de don qui ne sont qu'apparemment unilatéraux. En effet, nombreux sont les bénévoles qui affirment recevoir beaucoup des personnes qu'ils aident, sous forme de reconnaissance, d'échange verbal, de sagesse transmise, pour ne mentionner que cela.

Allons plus loin. Le don des parents aux enfants est en grande partie unilatéral. Ces derniers donneront surtout à leurs propres enfants plus tard. Et ce modèle est normal ; il ne pose pas de problème. Nous avons aussi observé des cas, particulièrement intéressants pour notre propos, où chaque partenaire considérait recevoir plus qu'il ne donnait à l'autre, sans pour autant se sentir humilié, sans ressentir les effets de dépendance d'une dette négative. Au contraire, les deux le vivaient comme une expérience très positive. Nous en sommes alors arrivés à la conclusion qu'il y a une possibilité que le sentiment de dette soit vécu positivement, sans que le don soit pour autant réciproque (Godbout et Caillé, 1992).

Nous avons pu observer ce phénomène de dette positive même dans le don d'organes, qui constitue pourtant le don unilatéral par excellence. Dans certains cas, les receveurs d'organes, tout en reconnaissant avoir reçu un don impossible à rendre, et tout en affirmant avoir contracté une dette impossible à rembourser, vivaient cette situation de manière positive, se considéraient grandis par l'expérience d'un tel don, et manifestaient une reconnaissance qui les conduisait à vouloir donner à d'autres, à aider les autres, tout en sachant que cette aide ne serait jamais équivalente au don de vie qu'ils avaient reçu, et donc qu'ils seraient toujours en dette. Ils vivaient un sentiment de dette positif. Ils avaient envie de donner, librement, avec plaisir. Cela s'oppose à la dette négative, quand « on se sent mal », disait quelqu'un. Ces personnes nomment une dette qui n'est pas vécue comme dette en un sens, mais comme reconnaissance : on reconnaît avoir reçu beaucoup sans pour autant ressentir une obligation, mais plutôt un désir de donner.

La dette positive existe lorsque le receveur ne perçoit pas chez le donneur l'intention « d'endetter » le receveur par son geste. Cette dette est vécue non comme un fardeau, mais comme un privilège, une chance. En bref : parce que le receveur perçoit le donneur positivement, la dette prend un sens différent, et loin d'être négative, elle revêt un sens positif.

Qu'est-ce que ces observations nous apprennent à propos de l'unilatéralité et de la réciprocité ? Elles confirment qu'il est difficile de recevoir. Mais ce n'est pas le fait que ce soit unilatéral ou déséquilibré en soi qui cause le problème. Ce qui peut être négatif et constitue la source du problème, c'est *L'ESPRIT* dans lequel le don est fait par le donneur tel que perçu par le receveur, plus que le fait qu'il soit unilatéral. Ce qui est négatif, c'est la volonté, chez le donateur, de ne pas recevoir. C'est plus précisément le fait que le receveur soit considéré par le donneur comme ne pouvant pas donner. C'est, au fond, le fait que le donneur se sente supérieur en donnant, au point où ce que l'autre pourrait lui offrir n'a pas de valeur pour lui. On rejoint tout à fait Serge Latouche, déjà cité plus haut : « [L'Occident] se tient hors d'atteinte et continue de donner sans rien accepter. Il [...] ne reconnaît aucune dette et n'entend recevoir de leçon de personne ». C'est d'ailleurs exactement ce qu'écrit l'anthropologue anglaise Mary Douglas : « There should not be any free gift. What is wrong with the so-called free gift is the donor's *intention* to be exempt from return gifts coming from the recipient » (Douglas, 1990 : vii).

Il n'est donc pas vrai que tout don unilatéral entraîne automatiquement l'humiliation, la dépendance et tous ces problèmes dont nous avons constaté l'existence, et donc que le bénévolat soit nécessairement négatif s'il est non réciproque. Le don non réciproque peut être positif. Il existe une confusion entre ne pas recevoir et ne pas *vouloir* recevoir. Et on peut déduire qu'une des conditions essentielles pour que le don soit bien reçu, c'est que le donneur permette toujours au receveur de donner à son tour, autrement dit qu'il croit en l'autre, en sa capacité de donner. Car ce qu'on comprend de plus en plus en étudiant le don, c'est qu'on a plus besoin de donner que de recevoir (Godbout, 2007).

C'est peut-être pour cette raison que les organismes qui réussissent le mieux auprès des personnes les plus mal prises dans la société sont ceux qui adoptent ce principe. Ainsi l'abbé Pierre –fondateur d'Emmaüs, un organisme international d'origine française d'aide aux plus démunis et notamment aux sans-abri – aimait bien raconter que tout a commencé un soir qu'il était en train d'aider des familles à se trouver un logement lorsqu'il a rencontré un individu qui venait de sortir de prison et voulait se suicider. Il lui demandait de l'aide. L'abbé Pierre lui a répondu qu'il n'avait pas le temps. « Donne-moi d'abord un coup de main pour reloger ces gens, après on s'occupera de ton cas », lui a-t-il dit. Cette personne est devenue son plus proche collaborateur, parce qu'il lui a d'abord demandé de donner.

Résumons. C'est l'esprit du don qui le rend positif ou négatif. Donner ce que l'autre ne veut pas recevoir; donner en adoptant une attitude supérieure; donner en pensant que l'autre ne peut pas donner. Voilà ce qui rend le don négatif, beaucoup plus que le fait qu'il ne soit pas réciproque. Le sens ultime de ce qu'on reçoit c'est le don. Il en résulte que lorsque quelqu'un donne en percevant le receveur comme incapable de donner, il empoisonne son don, il oblige l'autre à se percevoir comme receveur seulement et toute la dette négative et les effets pervers du don découlent de ce sens accordé au don par celui qui donne.

BÉNÉVOLAT AUX MOURANTS

Ces idées peuvent-elles s'appliquer d'une manière quelconque à l'expérience du bénévolat dans le cadre des soins palliatifs ? Nous croyons que oui. Il s'agit d'une situation particulièrement dramatique, où le receveur est démuni, et souvent angoissé. Dans un tel contexte, il est difficile d'éviter les dangers du don unilatéral. Rien n'est plus facile que de ne pas tenir compte du receveur. Rien de plus facile pour le bénévole que de croire qu'il connaît les « vrais » besoins du malade qui est devant lui, et ainsi lui donner ce que l'autre ne veut pas recevoir. C'est peut-être ce à quoi le Dr Dionne se réfère lorsqu'il attire l'attention sur les dangers de ce qu'il appelle « l'acharnement humain, psychologique, spirituel ou social » (La Maison Michel Sarrazin, 1991-1992 : 2). Il est également facile de se sentir, plus ou moins consciemment, supérieur quand on donne son temps à quelqu'un qui n'a plus beaucoup de temps; de se définir comme ayant « toute la vie devant soi », et en arriver à adopter sans trop s'en rendre compte une attitude condescendante, ou encore développer et jouir d'une relation de dépendance. La spécificité du don du bénévole, répétons-le, c'est qu'il donne du temps. Le temps, le bénévole en soins palliatifs en a tellement plus que celui à qui il le donne que ce qu'il donne n'est rien en somme, pour lui; mais c'est tout pour le malade. Par rapport au temps, le bénévole en soins palliatifs est objectivement dans la même situation que le riche qui donne des miettes aux pauvres. Rien de plus facile alors que de ne pas être en état de recevoir ce que l'autre veut et peut donner. Ne pas percevoir les signes, l'expression de désirs, d'une demande. D'autant plus que le malade lui-même croit souvent ne plus pouvoir rien donner. Comment ne pas le conforter dans ce qui semble être devenu son inutilité radicale?

Car la question se pose: a-t-il quelque chose à donner? Ne sommes-nous pas justement dans une situation extrême, où précisément l'autre n'a plus rien à donner et où donc toute intervention risque d'être une atteinte à la dignité du receveur si elle se situe dans le cadre du don? Si on y applique les réflexions faites plus haut, ne devrait-on pas conclure que cette intervention devrait prendre place plutôt dans le cadre de droits? Ne faudrait-il pas développer les droits des malades en soins palliatifs, et s'en tenir à ce cadre d'action, ce qui conduirait à éliminer le bénévolat au profit du personnel rémunéré?

Nous sommes devant le grand paradoxe de la mort, pour ne pas dire le grand mystère. Le danger est de répondre à cette question en adoptant une approche réductrice de la mort, celle dont nous parlions au début. Dans cette perspective, la mort c'est le fait que tout cesse de circuler. La mort, c'est la fin de la circulation du sang, c'est l'arrêt définitif de toute circulation, « l'arrêt de mort ».

Le don adopte une perspective différente. Loin d'être un arrêt de la circulation, la mort génère une grande circulation de dons dans notre société. Outre l'héritage, une grande partie des dons aux différentes œuvres et aux différentes causes a lieu au moment où une personne meurt. « Prière de ne pas envoyer de fleurs, lit-on de plus en plus, mais de faire plutôt un don ». Et on nomme une cause qui lui tenait à cœur, ou un organisme qui lui a beaucoup donné. La mort donne à la vie, contribue à la recherche médicale, aux organismes d'aide aux malades, etc. « Death stimulates giving in the form of memorial contributions to churches, hospices, colleges, and organisations promoting research and prevention of various diseases » (Bremner, 1996 : 199). Le don, c'est la vie qui continue.

La mort fait aussi circuler les échanges entre les personnes. La mort d'un proche non seulement stimule la générosité, mais elle nous met dans un autre état, ou peut-être devrions-nous dire plutôt qu'elle nous connecte à l'autre état, l'état où tout circule plus facilement, l'état où ce qui empêche l'être de circuler se dissout dans un courant plus large et plus fort qui nous entraîne. Lorsque la mort survient ou est sur le point de survenir, les personnes sont plus proches, se racontent, se confient, se présentent aux autres sans méfiance, laissent les choses aller au lieu de les retenir. La mort nous fait ressentir le besoin de rituels. Alors que l'approche scientifique tend à réduire la mort à un phénomène objectif, déterminé parce qu'inscrit dans des lois physiques de décomposition des corps, l'approche par le don nous sort de ce modèle et nous fait entrer dans l'incertain, dans l'inconnu, dans l'indéterminé.

Ainsi chaque don est un saut mystérieux hors du déterminisme. C'est pourquoi le don s'accompagne souvent d'un certain sentiment d'euphorie et de l'impression de participer à quelque chose qui dépasse la nécessité de l'ordre matériel. « Jamais peut-être le rapport à la mort n'a été si pauvre qu'en ces temps de sécheresse spirituelle, où les hommes, pressés d'exister, paraissent éluder le mystère. Ils ignorent qu'ils tarissent ainsi le goût de vivre d'une source essentielle » (F. Mitterand, cité dans Bacqué, 1997 : 23). Le don peut peut-être contribuer à rétablir le lien perdu entre la vie et la mort dont parle l'auteur de ce texte. Jean-Paul Sartre ne disait-il pas du don qu'il était : « [...]délivrance de l'univers du désir.[...] Si nous considérons le pur univers du désir où l'homme est l'inessentiel et la chose l'essentiel, le don paraît *dans son intention première* le renversement de cette structure et par conséquent une délivrance : je ne suis plus là pour actualiser la chose par consommation, mais si je donne, c'est la chose qui est là pour être transmise à l'autre » (Sartre, 1983 : 383).

En faisant éclater la logique matérielle déterministe de la science et en faisant apparaître quelque chose de non prévu, le don est une porte d'entrée dans le mystère. Le don peut peut-être contribuer à donner un sens à la mort dans la société moderne désenchantée qui ne permet plus de voir autre chose dans la mort que le passage à l'état de cadavre. Le don c'est ce qui arrive en plus, un supplément, l'inattendu, la surprise. C'est ce qui n'est pas dû. « Tu n'aurais pas dû ». Cette phrase conventionnelle qui sort de la bouche de celui qui reçoit est une sorte d'attestation, adressée à celui qui donne, qu'il a bien fait un don, que celui qui reçoit le reçoit comme don.

Le don peut peut-être permettre d'espérer qu'il y a quelque chose en plus dans la mort que le cadavre. Plus que le silence. Plus que la perte, comme dans le don qui est le fait d'assumer la perte. « L'Ego est pour se perdre : c'est le Don », écrit encore Sartre (p. 434). L'enfant doit assumer la perte, dit la psychanalyse, il doit faire l'expérience du renoncement. C'est ce qui le fait accéder à l'autonomie. La valeur fondamentale de cette expérience du renoncement est niée par la société productiviste pour laquelle l'acquisition est le seul sens de la vie. Ne serait-ce pas ce qui constitue l'explication principale du fait qu'on soit aussi démuni devant la mort : l'acquisition comme seul sens donné à la vie ? Mais l'expérience du don est celle de la perte assumée. Elle consiste à donner un sens à la perte. C'est pourquoi plus on a donné, plus on a nié dans notre vie les valeurs actuelles dominantes de la société de consommation, plus peut-être on peut assumer la mort, cette expérience extrême de la perte, de l'abandon.

Mais nous étions partis de la question : que faire, en tant que bénévole, si le mourant est justement quelqu'un qui ne peut plus donner ? Que faire quand on ne peut plus donner ? On donne encore, et c'est peut-être le don le plus important qu'un bénévole peut faire à un malade : lui permettre de donner, de partager, ne serait-ce que l'interrogation sur le sens de la mort. Une bénévole raconte : « There's one patient, I remember his death – he was actively dying, drawing closer. And I remember him being in this altered state… It was like waiting for his birth » (Russ, 2005 : 140). Le bénévole, par son don de temps à quelqu'un qui n'en a plus beaucoup à perdre, permet peut-être à l'un et à l'autre d'aborder ensemble le mystère de la mort. Donner le temps permet peut-être de retrouver le sens du temps.

Donner à un mourant est une expérience extrême. Nous avons tenté de l'aborder en toute modestie en soumettant quelques idées inspirées par nos réflexions sur le don, mais aussi par notre expérience de la perte d'êtres proches.

RÉFÉRENCES

Bacqué, M.-F. (1997). *Mourir aujourd'hui. Les nouveaux rites funéraires.* Paris : Odile Jacob.

Bremner, R. H. (1996). *Giving. Charity and Philantropy in History.* New Brunswick (U.S.A.) and London (U.K.) : Transaction Publishers.

Douglas, M. (1990). *no free gifts. Foreword to The Gift, by Marcel Mauss.* New York and London : W.W. Norton.

Durkeim, É. (1992). L'enseignement de la morale à l'école primaire. *Revue française de sociologie*, 33, 609-623.

Fox, R. C. et Swazey, J. (1992). *Spare Parts. Organ Replacement in American Society.* New York : Oxford University Press.

Godbout, J.T. (2007). *Ce qui circule en nous.* Paris : Seuil.

Godbout, J.T. (2000). Bénévolat et soins palliatifs. *Cahiers de soins palliatifs*, 1(2), 65-78.

Godbout, J.T. et Caillé, A. (1992). *L'esprit du don.* Montréal et Paris : Boréal/ La Découverte.

Hottois, G. (1992). Solidarité et disposition du corps humain. Au-delà de la symbolique du don et de l'opérativité du marché. Dans M.-H. Parizeau (dir.), *Les fondements de la bioéthique* (p. 103-119). Montréal : ERPI. De Boeck-Wermael.

La Maison Michel Sarrazin (1991-1992). *Guide du bénévole aux soins.* Québec : La Maison Michel Sarrazin.

Latouche, S. (1992). *L'occidentalisation du monde.* Paris : La Découverte.

Russ, A. J. (2005). Love's Labor Paid for : Gift and Commodity at the Threshold of Death. *Cultural Anthropology*, 20(1), 128-155.

Sartre, J.-P. (1983). *Cahiers pour une morale.* Paris : Gallimard.

Weber, M. (1967 c1904). *L'éthique protestante et l'esprit du capitalisme.* Paris : Plon (Pocket).

CHAPITRE 2

ÉTHIQUE DE L'ACCOMPAGNEMENT BÉNÉVOLE[1]

Tanguy Châtel,
Sociologue, accompagnant bénévole en soins palliatifs (ASP fondatrice, Paris)

En France, c'est p rincipalement à travers l'action pionnière des associations de soins palliatifs (ASP, JALMALV, etc.) au début des années 1980 que la notion d'accompagnement a pu émerger en tant que concept spécifique et s'affiner pas à pas de manière empirique. Il résulte de cette origine associative que la notion d'accompagnement et celle d'action bénévole sont souvent confondues et abordées de manière indissociée (à travers notamment l'expression de « bénévoles d'accompagnement »). Or, il s'agit de deux aspects d'une même fonction qui sont porteurs dans le champ éthique d'exigences spécifiques et complémentaires.

1. Cet article est une version remaniée et enrichie de l'article suivant : Châtel, T. (2010). Le bénévolat, un don ? *Ethica Clinica*, 60, 4-11.

ÉTHIQUE PROPRE À L'ACCOMPAGNEMENT

Le mot accompagner est né en France au XIe siècle sur les chantiers des bâtisseurs des cathédrales. Il désignait à l'origine les ouvriers qualifiés qui partageaient autant les nourritures tangibles (le pain des « co-pains ») que les nourritures subtiles (le savoir propre à leur métier de compagnons). Au cours des siècles, ce mot est entré dans le vocabulaire ordinaire pour ne plus le quitter. C'est ainsi qu'on en est naturellement venu à dire à un ami « tu m'accompagnes ? » pour l'inviter à se joindre à nous. Ou encore que le vin accompagne particulièrement bien tel plat choisi. On peut d'emblée mesurer que derrière le mot accompagner se tient fondamentalement un désir d'unir.

Cependant, ces dernières années, ce mot a été tiré du vocabulaire commun pour caractériser à nouveau des postures spécifiques de nature professionnelle (ou quasi professionnelle), obligeant à en préciser les traits caractéristiques (Paul, 2004). Avec son introduction dans le champ du soin, l'accompagnement ne peut plus se contenter d'être une simple entente, plus ou moins naturelle, reposant surtout sur un accord réussi. Il a gagné en exigence et en précision, en complexité et en subtilité, au risque de perdre un peu de son naturel et de sa spontanéité. « Accompagner » fait désormais référence à un haut engagement de soi et à des comportements mûrs et réfléchis.

Ad-cum-panem

Le mot « accompagner » vient initialement de la combinaison des mots latins *ad* (vers), *cum* (avec) et *panem* (pain), littéralement « partager le pain pour… ». Cette étymologie latine aide à distinguer le concept d'accompagnement de celui de *care* issu du monde anglo-saxon qui ne recouvre qu'en partie la même réalité[2]. Cette étymologie permet ainsi de mettre en évidence plusieurs postures dans l'accompagnement.

Pris ensemble, *ad* (vers) et *panem* (pain) inscrivent l'idée de l'accompagnement dans une dynamique de projet. Ils insistent ensemble sur l'idée que l'accompagnement pourrait avoir un objectif, une finalité

2. Le concept de *care* est plus explicite sur la question du soin et significativement moins explicite sur la relation. Pour un essai de distinction entre les notions d'accompagnement et de *care*, voir Châtel, 2010.

(*ad*) propre à procurer un certain bienfait (*panem*) à la personne accompagnée. Quand il est focalisé sur ces deux aspects, l'accompagnement est pensé idéalement comme un dispositif pouvant aider la personne accompagnée, à travers des prises de conscience, des réconciliations, des apaisements, etc., à vivre au mieux sinon à donner un sens à l'épreuve de la maladie grave, voire à celle de la fin de vie. On mesure que se tient dans l'ombre d'une telle conception de l'accompagnement tout un flot de représentations *du bien pour autrui*, avec en arrière-plan une certaine idéologie de l'acceptation de la mort.

Le *ad*, ou la primauté à la bienfaisance

Quand il était encore surtout nourri de représentations religieuses, l'accompagnement de la fin de vie était plutôt centré sur le *ad* et pensé de manière plutôt directive. Bien mourir consistait alors à mourir selon un certain modèle normatif, réconcilié (avec son prochain comme avec Dieu), l'âme et le cœur en paix, ses affaires terrestres ou spirituelles mises en ordre. Les « arts de mourir » (*artes moriendi*) hérités du Moyen Âge et de la renaissance ont longtemps imprégné les esprits.

S'agit-il encore aujourd'hui de mener les personnes en fin de vie, à tout prix, vers une représentation objective de ce que serait une « bonne mort » ? Ces tentations persistent, mais il est désormais assez communément admis qu'une telle attitude est inéthique et constitue une forme de violence : en effet, elle peut véhiculer un projet *pour* le malade, se référant à une norme extérieure (hétéronomie), donnant la primauté à une certaine idée du bien pour autrui fondée sur des représentations auxquelles il ne souscrit pas nécessairement. Le risque est élevé en effet de projeter sur l'autre, particulièrement quand il est vulnérable, voire en fin de vie, ses propres valeurs, et de l'induire dans une voie qui, en réalité, est celle qui *nous* semble bonne, en faisant primer une lecture tendancieuse du principe éthique de bienfaisance[3]. Ou comment les bonnes intentions

3. Si la bienfaisance consiste à « faire du bien », elle ne consiste cependant pas à faire du bien à autrui malgré lui. En application de la hiérarchie actuelle des principes éthiques (l'autonomie prime sur la bienfaisance qui prime à son tour sur la non-malfaisance, le « *primo non nocere* » d'Hippocrate), nul ne saurait désormais se voir imposer une action, même bienfaisante, qui serait contraire à sa volonté. C'est sur ce fondement que tout patient est désormais légitime à refuser un traitement qui lui serait pourtant bénéfique dès lors

peuvent en venir à paver l'enfer… Certes, il n'est pas exclu de guider, en fin de vie, quelqu'un qui en fait explicitement la demande (quelqu'un qui solliciterait un guide spirituel par exemple), mais l'« accompagnement », pensé de manière plus générale, fait référence à une posture plus fine. En toute rigueur aujourd'hui, accompagner n'est pas guider, même avec les meilleures intentions. C'est plutôt s'engager au côté d'une personne, dans le respect de ses choix personnels, en retenant ses intentions et ses projets à son endroit.

Le *panem*, ou la primauté à l'autonomie

L'impact de la psychanalyse dans la prise en charge de la fin de vie a, pour sa part, conduit à mettre davantage en avant le deuxième terme (*panem*). Celui-ci met l'accent sur le fait que la fin de vie serait un cheminement particulier, de nature à produire pour le mourant une nourriture psychique, voire spirituelle vivifiante, même au seuil de la mort. À l'heure des questions sans âge (qui suis-je ? où vais-je ?), un tel parcours intérieur serait *signifiant* et participerait d'une affirmation finale de soi, voire d'une forme ultime de vitalité. C'est le sens du « travail du trépas » énoncé par le psychanalyste Michel de M'Uzan qui parle d'une ultime tentative « de se mettre complètement au monde avant de disparaître » (De M'uzan, 1977, p. 182 et suiv.). *Panem* évoque la capacité de chacun à choisir et à assimiler ces nourritures et nous introduit donc dans la question de l'autonomie et du rythme. Accompagner, c'est fondamentalement s'adapter aux desseins et au temps subjectif de celui qu'on accompagne, se mettre à son écoute et à son diapason. Dans cette représentation, l'accompagnement, en tant qu'il est un « devoir de non-abandon » (Hirsch, 2004), consiste donc à tout mettre en œuvre pour soulager autant qu'il est possible le mourant sans le conduire ni le contraindre. Il s'agit alors d'accompagner le cheminement du malade en acceptant ses bas et ses hauts, ses colères, ses dénis, ses silences, ses errements tout autant que ses joies, ses rires, éventuellement sa sérénité.

---

qu'il est établi que sa décision est suffisamment libre, ferme et éclairée (en France, ce principe est affirmé par la loi relative aux droits des malades et à la fin de vie dite « Loi Leonetti » du 22 avril 2005). Il n'en demeure pas moins que vouloir faire du bien doit demeurer une perspective légitime même s'il ne s'agit aujourd'hui plus de vouloir faire du bien à tout prix, mais plus sobrement d'agir avec l'espérance de faire du bien.

Cette posture tend cependant à faire primer le principe éthique d'autonomie sur celui de bienfaisance et met l'accompagnant plus en position de « servant » qu'en position de guide. Elle n'écarte pas la dimension *ad* mais la subordonne au *panem*[4].

Le *cum*, ou la primauté à l'alliance

En réalité, c'est le troisième terme *cum* (avec) qui nous introduit dans la représentation la plus fine, la plus éthique et la plus ambitieuse de l'accompagnement. Il dessine une perspective où la personne accompagnée ne serait ni soumise à une norme extérieure (comme dans le *ad* seul), ni toute-puissante dans l'exercice de son autonomie (comme dans le *panem* seul). Être avec (accompagner), ce n'est pas être devant, ni au-dessus, dans une posture qui survalorise l'accompagnant, en insistant sur son ascendant sur l'autre ; être avec, ce n'est pas non plus être derrière, ni en dessous, dans une posture qui, à l'inverse, survalorise la personne vulnérable pour en faire un « professeur de vie » et place son accompagnant dans une soumission à son égard. Le *cum* replace l'accompagnement de la fin de vie comme une relation d'un type particulier, une rencontre, qui dit quelque chose de l'existence d'un lien, mais qui dit surtout quelque chose de la qualité de ce lien. Quoi de plus vivifiant, quoi de plus essentiel en effet que ces moments de la vie où on a le sentiment d'avoir rencontré réellement, intimement quelqu'un, dans une rencontre respectueuse des différences et des richesses respectives ? Être avec, ce n'est donc pas se contenter d'être à côté, comme un spectateur distancié et désengagé ; c'est oser être ensemble, s'engager, faire alliance. Cela demande nécessairement de prendre le risque de s'exposer un peu à l'autre, de se dévoiler sans pour autant s'exhiber, d'offrir quelque chose de soi et accueillir quelque chose de l'autre, en partage. L'accompagnement n'est pas une posture de la neutralité, c'est une posture de la sincérité et de la mutualité : une posture de la présence.

Si on veut bien considérer avec Norbert Elias (1987) qu'une des pires souffrances de fin de vie dans notre modernité individualiste et désenchantée

4. Ces deux représentations se combinent dans les cinq étapes du mourir théorisées par Elisabeth Kübler-Ross qui décrivent la fin de vie comme un cheminement psychique personnel (*panem*) à respecter, mais pouvant (éventuellement et même idéalement) mener (*ad*) à l'acceptation tranquille de sa propre mort (Kübler-Ross, 1975).

est la solitude du mourant, alors il nous faut faire porter notre attention en priorité sur ce point. La solitude, quand elle est subie, ronge l'être, l'anéantit inexorablement en le réduisant à un être privé du lien, un déjà rejeté, un presque rien. Face au déficit actuel de repères et de parole autour de la mort, cette solitude rend le cheminement de la fin de vie plus hasardeux et aride que jamais. Accompagner, c'est déjà se sentir responsable de cette solitude, c'est répondre de et répondre à cette solitude à partir de ce que l'on est plus que de ce que l'on sait, par une qualité de présence qui consiste précisément à se tenir *avec* l'autre. Il ne s'agit pas seulement de faire acte formel de présence ; il s'agit d'être présent. Cette invitation à la présence engage chacun au-delà de ses compétences et de ses savoir-faire, au-delà de ses fonctions et de ses attributions. Elle engage chacun totalement, parce qu'il est un être humain sensible et responsable. Les exigences du *avec* – vertigineuse question – permettent donc de faire l'expérience d'une certaine présence à soi dans une certaine présence à l'autre et réciproquement. Elle vient immédiatement nous questionner sur notre capacité à vraiment habiter nos gestes et nos paroles, à les investir de ce que nous sommes et non de ce que nous prétendons être.

Le *avec* comble ainsi celui qui, du fait de sa vieillesse ou de sa maladie, se voyait déjà mis à l'écart et réduit à une certaine passivité. Le *avec* comble également celui qui, débordé devant la responsabilité de devoir faire quelque chose, découvre soudain, avec un certain soulagement, la légèreté et le bonheur profond d'oser être simplement là, sans attente, avec seulement l'autre pour projet. Le *avec* crée un lien ouvert, véritablement et mutuellement dynamique (*ad*) et vivifiant (*panem*).

Penser *avec* conduit ainsi à bannir les représentations traditionnelles qui figurent de manière tendancieuse un accompagnant (par hypothèse vertueux) et un accompagné (par hypothèse nécessiteux), pour ne plus figurer finalement que deux personnes qui s'accompagnent mutuellement, selon leurs capacités propres. Il faut bien comprendre que cette présence ne passe pas obligatoirement par la parole ni même par la conscience. Les comateux, les personnes confuses en raison de traitements ou même de maladies neuro-dégénératives, les malades d'Alzheimer ne sont pas interdits de présence, ils ne sont pas interdits d'accompagnement. De manière très personnelle, ils peuvent percevoir la présence de quelqu'un et manifester quelque chose de leur propre présence. Cela peut prendre des voies très subtiles et très discrètes, parfois indécelables. La présence se ressent à travers un toucher, un regard et même, sans manifestation extérieure, à travers la perception fine que quelqu'un, compagnon discret de nos errements secrets, se tient simplement là.

Dans la société contemporaine, l'accompagnement des personnes en fin de vie trace des perspectives aux antipodes du modèle dominant qui valorise à l'excès l'individu, la matière, le savoir, la jeunesse, l'urgence, etc. À contre-courant, il ouvre des voies de sagesse enracinées dans le réel qui réinterrogent en profondeur sur soi, sur l'autre, sur ce qui relie les êtres, sur ce qui fait sens commun. Il nous invite au cœur de notre condition humaine et au cœur du présent. Or le présent comme la présence sont par essence fugitifs et échappent à toute velléité de les contrôler. On ne devrait, par prudence et pour rester simple, ne parler que de moments d'accompagnement et ne pas se blâmer quand la magie de la rencontre, pour des raisons mystérieuses, ne parvient pas à s'opérer...

Voici, me semble-t-il, au-delà des habituelles consignes pratiques qui sont généralement retenues pour illustrer l'éthique (essentiellement des consignes de ne pas faire, qui relèvent encore du « faire »...), ce qui me paraît constituer le cœur de l'acte d'accompagner et son éthique spécifique : ce pari, cette nécessité, cette subtilité de l'alliance qui apaise la détresse et délivre toute la fécondité d'une rencontre vécue au présent.

ÉTHIQUE PROPRE AU BÉNÉVOLAT

La notion d'accompagnement est généralement amalgamée avec celle de bénévolat. Cela tient autant aux raisons historiques déjà indiquées qu'au fait qu'en pratique, du fait de leur plus grande disponibilité, ce sont les bénévoles qui incarnent le plus visiblement cette action. Il en résulte qu'ils ont tendance à synthétiser et à symboliser ces deux notions.

Or, l'accompagnement ne saurait en aucune manière être l'apanage des seuls bénévoles. Les représentations qui juxtaposent d'un côté ceux qui « soignent » et de l'autre ceux qui « accompagnent » dénaturent l'esprit même des soins palliatifs. Chacun, qu'il soit médecin, infirmière, psychologue, assistante sociale, religieux... ou bénévole, est, là où il se tient, en situation d'accompagner. Et les principes édictés plus haut s'appliquent à son action.

De manière plus étonnante peut-être, le bénévolat ne saurait pas non plus être le monopole des bénévoles. Ses incidences dans le champ éthique sont trop vastes pour être réservées aux seuls intervenants non rémunérés. S'agissant d'une notion qui évoque d'emblée la générosité, mais qui recèle bien d'autres richesses comme nous allons le voir maintenant, on ne saurait nier à chacun la possibilité (sinon la nécessité) d'agir dans un esprit de bénévolat, fût-il rémunéré ou non.

Le bénévole gratuit

Selon le dictionnaire *Le Petit Robert* (2014)[5], le « bénévole » est quelqu'un :

1- Qui fait quelque chose de bonne grâce (sens littéral)

2- Qui fait quelque chose sans obligation et gratuitement (sens commun)

D'une manière générale, c'est le deuxième sens qui vient le premier à l'esprit. Dans l'esprit commun, le bénévole est d'abord quelqu'un qui agit gratuitement, c'est-à-dire sans percevoir de rémunération, même si la définition précise qu'il agit également « sans obligation », c'est-à-dire librement. Le bénévolat est donc ainsi caractérisé, en première analyse, par les deux critères d'absence de contrainte et d'absence de contrepartie[6].

Dans notre culture chrétienne occidentale, la figure fondatrice du bénévole – en particulier du bénévole caritatif qui nous retiendra plus particulièrement ici[7] – est celle du « bon samaritain » qui apparaît dans l'évangile de Luc[8]. En se portant librement et gratuitement au secours

5. L'ensemble des définitions est extrait de l'édition 2014 du dictionnaire *Le Petit Robert.*

6. Ainsi, le bénévole, agissant librement et sans contrepartie financière, se distingue du salarié, lequel est placé en situation de dépendance et perçoit une rémunération pour son travail.

7. On laissera de côté dans cette étude le bénévolat culturel, syndical, sportif, etc., généralement mis en œuvre pour servir les intérêts d'un groupe d'individus auquel le bénévole appartient, pour ne s'intéresser qu'au bénévolat caritatif, lequel consiste dans une assistance directe à des personnes vulnérables (exclus, malades...) auxquelles le bénévole est normalement étranger.

8. Lc 10, 34-35.

d'un étranger nécessiteux, le samaritain de la parabole commet l'acte moral le plus élevé qui soit. Pendant des siècles, l'aide aux plus démunis s'est fondée sur cette haute figure de la charité (en latin, *caritas*) qui se hisse ainsi au sommet de son humanité et même, affirme saint Paul, au plus près de Dieu[9]. En dépit d'un glissement historique de la notion de charité vers celle de solidarité, plus laïque, la figure du bon samaritain, quoique d'origine religieuse, a continué de façonner les esprits et constitue toujours un des piliers de la culture occidentale. Cette représentation de quelqu'un qui, sans raison objective, vient porter secours à un étranger en lui consacrant un peu de son temps, voire de son argent, sans en retirer aucun bénéfice immédiat, reste profondément illustrative de l'abnégation et du dévouement. Elle demeure encore aujourd'hui emblématique du Bien, l'expression « bon samaritain » appartenant désormais au langage courant.

Cette figure est également illustrative de l'acte libre et gratuit par excellence, le don, qui est défini par *Le Petit Robert* (2014) comme le fait d'abandonner quelque chose à quelqu'un « sans rien recevoir de lui en retour ». Dans une société qui érige l'argent en valeur suprême, le don tend aujourd'hui à se réduire à une forme essentiellement financière : à travers l'injonction « donnez ! », chacun est en effet mis en demeure de devenir donateur. Les modalités d'incitation et de rétribution du don financier, sous forme notamment d'avantage fiscal, tendent d'ailleurs à en faire de moins en moins l'acte libre et gratuit qu'il est théoriquement. Mais c'est encore le bénévole, à travers son don en actes, qui continue d'incarner le plus complètement la figure du don puisque, agissant gratuitement, il se donne « pour rien » (*Le Petit Robert*,2014) ; et plus que tout autre, le bénévole caritatif, héritier de la charité et incarnation de la solidarité, actuel descendant du bon samaritain, modèle vivant du don prétendument « pur »...

Le bénévole endosse également aujourd'hui un costume social et même politique : celui du résistant, facteur de lien dans un monde de plus en plus éclaté. Soucieux d'autrui, il se situe aux antipodes de l'individualisme contemporain ; agissant librement et sans intérêt personnel, il s'oppose à l'utilitarisme ambiant ; agissant gratuitement, il contre le matérialisme mercantile ; prenant et offrant son temps (qui est peut-être

9. Voir 1 Co 13, 13.

aujourd'hui un bien encore plus précieux que l'argent), il s'affranchit de l'urgence et de la tyrannie de l'immédiateté.

Serait-ce parce que l'économie se porte mal que le bénévolat se porterait si bien ? Serait-ce parce que le lien social naturel est si malmené que le bénévolat possèderait une telle vigueur ? Le bénévolat est-il une réaction contre les excès d'une modernité individualiste et mercantile marquée par la recherche de l'intérêt, une sorte de « palliatif » devant les insuffisances morales, sociales, économiques pour tenter de conserver une certaine vitalité sociale, un souffle collectif ? Ainsi, le bénévole apparaît-il donc volontiers comme le possible sauveur d'un modèle social abîmé : par sa force morale, il est censé pallier les faiblesses d'une société cupide et individualiste ; par son action responsable, il est censé pallier les carences de la solidarité institutionnalisée qui ne suffit plus vraiment à répondre aux besoins des plus démunis. Ainsi auréolé des vertus les plus hautes, car les plus rares (il est dépeint comme altruiste, disponible, désintéressé…), le bénévole caritatif représente un idéal moral subversif, dont le cœur serait le don désintéressé.

Toutefois, au-delà de ces représentations convenables et convenues, presque romantiques, on doit se demander sérieusement si le bénévole est réellement un tel être de don, ou si cette identification ne viendrait pas plutôt servir de caution morale à une société passablement *démoralisée* ? Pour cela, nous allons nous intéresser un peu plus finement à la réalité de la condition de bénévole.

Le bénévole bienveillant et bienfaisant

Les deux critères, l'absence d'obligation et l'absence de contrepartie, que retient de prime abord le dictionnaire, s'avèrent en effet en réalité insuffisants à définir l'action bénévole. S'ils permettent d'appréhender la réalité objective du bénévole par son extériorité en lui conférant au passage une sorte de statut social et moral, ils ne permettent cependant pas d'appréhender, de manière plus subjective, ses ressorts intérieurs, sa dynamique personnelle, ni de vraiment comprendre son éthique spécifique.

C'est d'ailleurs dans cette perspective qu'on peut aussi entendre l'autre sens du mot « gratuit », à savoir : « qui n'est pas déterminé par des motifs extérieurs ou des considérations rationnelles » (*Le Petit Robert,* 2014). La gratuité du bénévolat serait donc peut-être plus intérieure qu'extérieure…

Il nous faut alors prendre appui également sur l'autre sens du mot bénévole : « qui fait quelque chose de bonne grâce », lequel nous invite à entrer davantage dans le cœur du bénévole. Ce sens qui fut d'ailleurs historiquement le premier a été aujourd'hui relégué en seconde position et l'expression « de bonne grâce » lui confère d'ailleurs une coloration quelque peu désuète. Pourtant, il constitue sans doute la clé de compréhension de la singularité de la posture de bénévole.

Étymologiquement, bénévole vient du latin *bene volens*. Ainsi, le bénévole est avant toute autre chose un être de *bonne volonté*, littéralement un être *bienveillant*. En effet :

- D'abord, le bénévole est quelqu'un qui *veut bien* le faire : il est disponible et disposé à aider autrui ;
- Ensuite, le bénévole est quelqu'un qui *veut bien* faire : il est consciencieux et veut accomplir une action soignée ;
- Enfin, le bénévole est quelqu'un qui *veut* faire du *bien* : il s'engage personnellement et s'efforce d'accomplir une action soignante.

La bienveillance est donc ce triple exercice de bonne volonté. Il s'agit de bien plus que cette simple qualité de gentillesse dont on affuble ordinairement le bénévole. En effet, il ne suffit pas d'être gentil, ni même disponible pour être bénévole ! Il faut avoir en plus le souci d'agir de manière qui soit à la fois soignée et soignante, c'est-à-dire de manière éthique. En cela déjà, le bénévolat déborde significativement le champ du don qui n'engage pas nécessairement le donateur dans une morale ni dans une action réelle si fine. Celui qui *veut bien* est donc quelqu'un qui a été saisi par une émotion (« pris aux entrailles » dit le récit du samaritain [Bible de Jérusalem, 2011]) et, à la suite, se met librement et éthiquement en mouvement vers autrui, avec le désir et l'espoir de lui faire du bien. La bienveillance est donc la qualité première des bénévoles, leur motivation, qu'ils expriment ordinairement dans les différentes enquêtes par le souhait d'être utile.

Pour autant, il ne suffit pas non plus de bien vouloir (*bene volens*) pour être bénévole. Encore faut-il également, autant que possible, bien faire (*bene facere*). La qualité seconde du bénévole est donc littéralement la *bienfaisance*, manifestée d'une triple manière :

- D'abord, le bénévole est quelqu'un qui s'efforce de *faire bien* : son action se doit d'être effectivement soignée, véritablement bien faite ;

- Ensuite, le bénévole est quelqu'un qui s'emploie à *faire DU bien*: son action vise à procurer un *bienfait*. Elle doit s'efforcer d'être juste (principe de justesse);
- Enfin, le bénévole doit pouvoir juger a posteriori qu'il a *bien fait* (d'agir). Si son acte a été juste, c'est-à-dire s'il a réellement fait du bien (ou tout au moins dirait-on aujourd'hui plus de bien que de mal), le bénévole peut alors justement considérer qu'il a bien fait d'agir (principe de justice). L'action juste procure alors légitimement une satisfaction morale également bienfaisante pour le bénévole.

Le bénévole en passant de l'émotion à l'intention (état de bienveillance), puis de l'intention à l'acte (action de bienfaisance) se comporte alors, à l'image du samaritain, véritablement comme un *bienfaiteur* pour l'étranger[10]. Il est regrettable que le terme bienfaiteur tende aujourd'hui à être trop souvent réservé, là encore signe des temps, à ceux qui se contentent de faire un geste financier particulièrement remarqué.

Le bénévole et le bénéfice

La notion de bienfaisance nous propulse alors directement au cœur d'une autre notion qui peut paraître incongrue ici: celle de *bénéfice*. On peut tiquer de voir ici rapprochées les notions de bénéfice et de bénévole qui ressortent ordinairement comme antagonistes. En réalité, bienfaisance et bénéfice partagent exactement la même étymologie: *bene facere*. Le bénéfice est littéralement le fruit de ce qui a été bien fait. Le bénévole qui aurait bien agi serait-il alors légitime à tirer un quelconque bénéfice personnel de son action?

Voilà qui vient quelque peu perturber la définition du bénévole agissant par pure gratuité, c'est-à-dire, selon le dictionnaire, «pour rien». Qui peut prétendre faire quelque chose «pour rien»? Peut-on réellement donner à quelqu'un sans jamais ne «rien recevoir de lui en retour»?

10. «Bénévole» renvoie inévitablement à l'étranger. On n'accomplit pas des actions «bénévoles» pour soi-même ni pour ses proches à l'égard desquels on a quelques obligations morales et civiles. On n'aide pas «bénévolement» ses parents à traverser la rue ni ses enfants à faire leurs devoirs. Le bénévolat renvoie donc nécessairement à l'idée de service accompli pour l'autre en tant qu'étranger au cercle immédiat.

Dans son très célèbre « essai sur le don » publié en 1924, le sociologue français Marcel Mauss montra sans ambiguïté que le don pur (prétendument désintéressé, sans contrepartie) est soit une illusion masquant des motivations inavouées, soit une source de violence (Mauss, 1999). À partir d'une observation rigoureuse des mœurs de plusieurs tribus primitives, Mauss démontra que ce type de don est en réalité un puissant facteur de déséquilibre relationnel dans la mesure où il élève le donateur en rabaissant symétriquement son débiteur. Le don provoque alors un trouble social sérieux avec un risque élevé de dégénérer en violence. Aussi Mauss notait-il que tout don produit *de facto* une « obligation de rendre » (qu'il nomma « contre-don ») visant à rééquilibrer la relation et à pacifier le lien social. Cet essai fondateur a tracé la voie d'une autre compréhension du don en l'envisageant comme un acte légitimement non dépourvu d'intérêt.

Dans le sillage de Mauss, Alain Caillé exprime les choses en ces termes : « le don n'est nullement "désintéressé". [...] L'acharnement des religions ou de nombreux philosophes à chercher un don pleinement désintéressé est donc sans objet. Il repose sur une confusion entre désintéressement et désintérêt. Le don ne doit pas être pensé sans intérêt ou en dehors de lui, mais contre l'intérêt instrumental » (Caillé, 2007 : 126). Ce que Caillé exclut du don, c'est l'intéressement, à savoir l'instrumentalisation de l'autre à des fins personnelles, et non l'intérêt, le fait de s'intéresser à l'autre pour lui-même, qui n'exclurait nullement la possibilité d'un certain bénéfice personnel[11]. Pour Caillé, le vrai don ne saurait être exempt d'intérêt : il se caractériserait même par la nécessité de ce qu'il appelle un « intérêt désintéressé » afin de générer une économie relationnelle saine.

L'analyse empirique le montre pourtant : personne ne fait du bénévolat tout à fait pour rien, ne serait-ce que parce qu'il ou elle a quelques motivations personnelles à le faire (le besoin de se sentir utile notamment). Que fait-on, qu'induit-on alors quand on laisse croire qu'on agit sans rien recevoir en retour ? Ou encore quand on répond hâtivement et si conventionnellement « de rien... » à quelqu'un qui nous remercie simplement pour une aide ou un cadeau offerts ? Une telle affirmation sous-entend

11. La loi de 1901 reconnaît d'ailleurs que si les associations n'ont pas vocation à dégager des bénéfices, elles sont cependant autorisées à en faire, à condition toutefois de ne pas les redistribuer à leurs membres, mais de les réaffecter à leur activité.

que l'action considérée compterait pour rien aux yeux de son auteur alors même qu'elle peut revêtir une importance considérable pour son bénéficiaire. C'est notamment le cas quand on consacre du temps à accompagner des exclus ou des malades isolés. N'est-ce pas en effet implicitement violent de laisser croire par exemple à un malade pour qui la visite d'un bénévole peut représenter le moment phare de sa morne journée, que cela ne compte « pour rien », que cela ne représente rien pour celui-ci ? N'est-ce pas insidieusement lui laisser croire qu'il n'*est* rien, qu'il est parfaitement interchangeable, et que ce que ce bénévole fait pour lui, il le ferait de la même manière pour n'importe qui ? *N'importe qui* ? Nous devons donc mesurer que, malgré les apparences, malgré la bienséance, une telle attitude et un tel propos sont en réalité de nature à blesser celui que l'on prétend aider ou aimer.

Celui qui prétend agir pour rien, gratuitement, soumet l'autre de deux manières possibles :

- soit il prétend que son aide n'est rien et ce faisant il nie l'autre en tant que personne singulière en la réduisant presque au rang d'objet ;
- soit il prétend que ce don a une valeur, mais il refuse qu'il puisse avoir une contrepartie. Ce faisant, il assigne l'autre à une position de débiteur rendu incapable de rendre et induit une relation déséquilibrée.

Dans les deux cas, il ne saurait s'agir d'une attitude véritablement bienfaisante.

La seule voie réellement éthique est d'assumer que ce geste, même bénévole, *n'est pas gratuit*. Il n'est pas rien, il n'est pas pour rien. Il a une valeur et comporte une contrepartie, même subtile. On l'observe tout particulièrement dans le bénévolat caritatif où il existe bien une contrepartie, mais où le bénéfice retiré n'est évidemment pas financier. Il est d'un autre ordre, relationnel, à travers la rencontre, souvent sincère, avec ces personnes exclues, âgées, handicapées ou encore malades, et leur confiance inouïe à offrir en partage un peu de leur cheminement et de leur condition. Se tenir ainsi au plus près de l'autre permet d'éprouver en écho quelque chose de notre commune condition humaine dans ce qu'elle a de plus dépouillé. Cette expérience constitue souvent alors une puissante et généreuse leçon de vie. À se demander souvent qui accompagne qui... Les bénévoles caritatifs confessent volontiers qu'ils savent ce qu'ils reçoivent, moins bien ce qu'ils donnent.

La personne aidée, même quand elle est à terre, peut alors réaliser qu'elle demeure, en dépit de sa situation de dépendance, un être de don au sens maussien, c'est-à-dire un être pleinement capable de rendre, et donc de faire encore société. Elle peut mesurer qu'elle demeure encore, malgré une apparente impuissance, un être capable de bienfaisance envers celui qui est pourtant censé l'accompagner. Veiller à rétablir l'autre, surtout quand il est à terre, comme un être de don, en lui signifiant ne serait-ce que l'impact qu'il a dans notre propre vie est un impératif et le ressort éthique de fond de la bienfaisance. C'est à cette condition que la personne aidée peut elle aussi prendre conscience de ses capacités toujours intactes de bienveillance et de bienfaisance et réaliser ainsi qu'elle conserve, de manière inaltérée, toute sa dignité d'homme ou de femme, ce que la représentation d'un don prétendument pur tend hélas à occulter.

Ainsi, le bénéfice mutuel est-il légitime et même plus, nécessaire à l'économie secrète et paisible du bénévolat. Le bénévole doit pouvoir explicitement reconnaître qu'il est également le bénéficiaire de la relation. Il doit pouvoir assumer et avouer sans complexe ni fausse pudeur que cette relation lui procure un bienfait en retour qui le vivifie réellement. À cette condition, elle peut alors cesser d'être pensée de manière unilatérale et faussement vertueuse.

Toutefois, il importe que le bénéfice ne soit pas recherché pour lui-même en premier, sous peine que la relation d'aide ne devienne au fond instrumentalisée et inéthique. Dans la mesure où il n'est pas recherché pour lui-même, mais qu'il vient éventuellement par surcroît, ce bénéfice, alors qualifié d'*incident*, est juste et éthique. S'agissant alors d'un bénéfice effectif, le bénévolat perd de fait son critère classique de gratuité puisqu'il n'est pas et ne doit d'ailleurs pas être accompli « pour rien ».

Le bénévole gracieux

La définition classique du bénévolat pensé comme un don accompli « sans rien recevoir en retour » se révèle dès lors trop stricte et même antinomique avec les objectifs visés : aider vraiment l'autre et créer un lien paisible et sain. Le geste bénévole ne doit donc pas être pensé comme gratuit, mais beaucoup plus finement comme un geste gracieux.

Gracieux est d'ailleurs l'adjectif qui initialement s'appliquait aux personnes et signifiait autrefois « bienveillant, bon », ce qui dans le contexte du bénévolat demeure pleinement approprié. Principalement appliqué aux choses et aux relations, il signifie aujourd'hui « qui est accordé, sans être dû, sans que rien soit exigé en retour » (*Le Petit Robert,* 2014). Cela correspond précisément à la notion de bénévolat telle que nous venons de la dévoiler. En effet, si dans le bénévolat, aucun retour n'est exigé, il est normalement espéré et même souvent réel. Pouvoir espérer sans exiger, pouvoir recevoir sans avoir rien induit, est une véritable posture conforme aux principes de l'éthique moderne : l'exercice constant d'une vigilance intérieure qui soit respectueuse de l'autonomie du sujet, bienveillante, bienfaisante et non malfaisante[12].

L'hypothèse d'un bénéfice non prémédité, mais nécessaire, d'un retour sur bénévolat (on pourrait également, suivant Alain Caillé, parler de « retour sur intéressement » et même de *retour sur investissement* tant les bénévoles sont souvent investis dans leur tâche !) répond parfaitement à l'étymologie du mot gracieux. Gracieux provient du latin *gratiosus* qui signifie « obligeant ». Au sens maussien, le don n'est donc pas gratuit, mais plutôt gracieux à travers l'obligation (légitime) de rendre qu'il engendre et qui fait de celui qui reçoit un « obligé » au sens noble du terme. Gracieux nous introduit également dans le registre de la grâce, c'est-à-dire du mystère. Il permet de souligner que la relation est une alchimie mystérieuse qui déborde largement la maîtrise humaine. Elle suit ses voies propres et conserve en toutes circonstances ses espaces de surprise et de fécondité insoupçonnée. On voit bien à quel point le qualificatif de gratuit appauvrit considérablement la notion de bénévolat et à quel point celui de gracieux l'enrichit au contraire.

Il en résulte que la vision exclusivement altruiste du bénévolat ne rend pas compte de la profondeur relationnelle à laquelle peut conduire une juste posture de bénévole. Plus que l'altruisme, trop souvent unilatéral et trop souvent mal compris comme le sacrifice de soi au bénéfice exclusif de l'autre, c'est bien davantage la notion d'altérité, de face à face, de va-et-vient, voire de cœur à cœur entre deux *alter ego* qui peut nous introduire dans la finesse de l'éthique du bénévolat.

C'est sans doute cette représentation qui le caractérise le plus finement en venant souligner à parité la ressemblance autant que la différence.

12. Vigilance provient d'ailleurs du mot veiller et nous ramène à la bienveillance. Sur la vigilance comme concept éthique, on se réfèrera à l'ouvrage de Sylvie Pandelé (2010).

Le bénévole ne se donne alors plus à voir comme un être de don, mais davantage comme un être de partage, dans un mouvement où se donne et se reçoit la richesse de deux humanités qui se confient l'une à l'autre.

Le bénévole, un amateur compétent et gracieux

Attardons-nous pour finir à la question de la compétence. Trop souvent le bénévole est considéré, non sans un brin de condescendance, comme un amateur, par opposition au professionnel qui est par ailleurs normalement rémunéré. C'est là encore une représentation réductrice et inadéquate.

La compétence est nécessaire au cœur de la bienfaisance, car comment être bienfaisant si on n'est pas un minimum compétent ? Il est manifeste que le champ d'action du bénévole s'étend aujourd'hui de plus en plus. Il en résulte qu'on attend du bénévole des compétences de plus en plus pointues, proches de celles qu'on attend d'un professionnel. C'est le cas dans le domaine humanitaire qui recourt largement à des médecins, des psychologues ou des logisticiens non rémunérés. C'est aussi le cas dans le domaine de la gestion des associations où des compétences managériales, financières, juridiques, etc., pointues sont absolument requises. Dans la mesure où le bénévolat moderne devient de plus en plus responsable et donc de plus en plus « professionnel », ce qui est exclu, ce n'est pas la compétence, c'est l'amateurisme.

Pour autant, d'un point de vue éthique, le bénévole doit veiller à demeurer un *amateur*, c'est-à-dire littéralement quelqu'un qui aime : qui aime ce qu'il fait ; qui aime ce pour quoi et ceux pour qui il le fait. Ce n'est donc pas sans raison si l'adjectif gracieux signifie également « avenant, aimable ». Finalement, la qualité nécessaire (mais pas suffisante) pour être bénévole est peut-être fondamentalement la disposition à agir par amour et avec amour (de l'acte, de l'autre, de soi...).

Il en résulte que même un professionnel rémunéré (un soignant, par exemple) peut accompagner gracieusement, à défaut de le faire gratuitement, en agissant *avec un cœur* de bénévole, c'est-à-dire avec générosité et bienveillance, d'une manière qui soit éthique et mutuellement bienfaisante. Ainsi, bénévole est bien davantage un *état d'être* qu'une manière de faire qui serait simplement gratuite. Empreint de délicatesse, voire d'une profonde élégance au cœur de la relation, son plus haut trait est peut-être de savoir simplement rester un amateur, tout autant compétent que gracieux...

CONCLUSION

À partir d'un travail étymologique strict, la relation d'accompagnement se révèle porteuse d'une éthique de l'alliance fondée sur le sens du « être avec » (*cum*). Celle-ci s'illustre par une relation dynamique (*ad*) et vivifiante (*panem*), mais non directive et non préméditée, emplie de présence à soi et de présence à l'autre, respectueuse de l'identité de chacun, et, à ce titre, mutuellement et véritablement bienfaisante.

À son tour, l'étude attentive de la notion de bénévolat conduit à dépasser l'idée immédiate, mais trop réductrice de « gratuit » pour embrasser celle autrement plus vaste de « gracieux » qui vaut pour tout intervenant même rémunéré. Elle révèle alors une éthique de la reconnaissance, marquée à la fois par un état d'esprit de *gratitude* (due à la coexistence de dons et de bénéfices mutuels) et par la possibilité offerte de se reconnaître l'un l'autre au cœur d'une même condition d'alter ego.

Quand on les conjugue enfin, l'éthique de l'accompagnement et l'éthique du bénévolat ouvrent sur une éthique de la communion (fondée sur l'alliance et la reconnaissance) qui consiste à se mettre « comme en union ». L'accompagnement bénévole des personnes en grande vulnérabilité ou en fin de vie peut alors devenir un partage de vie au seuil de la mort. Non pas le partage-séparation, comme on partage un pain en deux, mais le partage-union, comme on dit que deux frères partagent les mêmes parents ou deux amis la même idée. Ce partage met chacun, quelle que soit sa situation, au niveau de l'autre. Là où le don souligne les *différences de situation*, l'accompagnement bénévole, en tant que partage-union, renforce au contraire les *similitudes de condition*. L'accompagnement bénévole, ainsi pensé, conduit alors à revisiter la notion de fraternité en lui donnant des perspectives éthiques et pratiques renouvelées.

RÉFÉRENCES

Bible de Jérusalem (2001). Paris : Desclée de Brouwer (Trad. E. Chouraqui).

Caillé, A. (2007). *Anthropologie du don*. Paris : La Découverte.

Châtel, T. (2010). Le bénévolat, un don? *Ethica Clinica*, 60, 4-11.

Châtel, T. (2010). Éthique du prendre soin: sollicitude, care, accompagnement. Dans E. Hirsch (dir.), *Traité de bioéthique*, (tome 1, p. 84-94). Paris: Eres.

De M'uzan, M. (1977). *De l'art à la mort*. Paris: Gallimard.

Elias, N. (1987). *La solitude des mourants*. Paris: Pocket.

Hirsch, E. et Sicard, D. (2004). *Le devoir de non-abandon, pour une éthique hospitalière du soin*. Paris: Cerf.

Kübler-Ross, E. (1975). *Les derniers instants de la vie*. Genève: Labor et Fides.

Le Petit Robert de la langue française, édition 2014 (2013). Paris: Le Robert.

Mauss, M. (1999). *Sociologie et anthropologie. Essai sur le don*. Paris: PUF, Quadrige.

Pandelé, S. (2010). *La grande vulnérabilité - fin de vie, personnes âgées, handicap. Esquisse d'une éthique de l'accompagnement*. Paris: Seli Arslan.

Paul, M. (2004). *L'accompagnement, une posture professionnelle spécifique*. Paris: L'Harmattan.

PARTIE II

LE BÉNÉVOLAT EN SOINS PALLIATIFS : DIVERSITÉ DE CONTEXTES, DE CLIENTÈLES ET DE MILIEUX

CHAPITRE 3

QUEL BÉNÉVOLAT FACE À LA MORT PÉRINATALE EN SOINS PALLIATIFS ? UNE EXPÉRIENCE FRANÇAISE

Isabelle de Mézerac,
Auteure du livre *Un enfant pour l'éternité* (Éd. du Rocher, France, février 2004) et présidente-fondatrice de l'association SPAMA (Soins Palliatifs et Accompagnement en Maternité).

Françoise Gonnaud,
Docteure en pédopsychiatre au CHU de Lyon.

Chloé Grégoire,
Sage-femme, pôle mère-enfant du CHU de Colombes.

Laurent Storme,
Professeur, Pédiatre néonatologue, responsable de l'unité de réanimation néonatale au CHU de Lille.

Si la mort reste toujours la grande épreuve de la vie, devant le mystère de l'au-delà, celle d'un bébé est bien emblématique des difficultés qu'elle représente par son côté insupportable, voire impensable face aux progrès de la médecine néonatale ! Elle vient s'immiscer dans ce qui n'était que promesse d'avenir… Quel sens donner à une vie naissante qui s'achève déjà ? Tous ceux qui croisent cette mort au détour d'un service de maternité ou de réanimation néonatale, parents ou soignants, sont bien emportés par la turbulence qu'elle suscite sur son passage et la perception brutale qu'elle donne à chacun de sa propre finitude.

En France, si le nombre de naissances s'établit à peu près autour de 830 000 chaque année, environ 3800 bébés ne dépasseront pas un mois de vie. Dans ce cadre, on estime que 600 d'entre eux vont décéder d'une affection dont l'origine se trouve dans la période périnatale (diagnostic de maladie chromosomique, malformations létales, extrême prématurité, accident périnatal). Pour une grande majorité, une décision de soins palliatifs est prise quand leur pronostic vital se trouve engagé et que la médecine ne peut que se résoudre à les accompagner dans leur fin de vie.

L'introduction des soins palliatifs dans ce contexte est une démarche extrêmement récente dans notre pays : c'est la loi du 22 avril 2005 relative aux droits des malades et à la fin de vie, dite loi Leonetti, qui en est la source, en n'ayant donné aucune limite d'âge pour l'accès à cette pratique des soins. Un groupe de réflexion regroupant toutes les spécialités de la médecine autour du nouveau-né (gynécologues obstétriciens, néonatologistes, etc.), mais aussi philosophe, psychologue et juriste s'est alors constitué. Leurs travaux ont abouti à de nombreuses publications : articles dans les Archives françaises de pédiatrie dès juillet 2007, premier ouvrage traitant des « Soins palliatifs chez le nouveau-né » en octobre 2010. C'est bien là tout l'intérêt de cette loi que d'avoir introduit dans les services de maternité et de réanimation néonatale les concepts des soins palliatifs, mais aussi la philosophie qui les porte. Car il ne s'agit pas d'attendre la mort, mais bien d'accompagner une vie aussi courte soit-elle[1], avec la perspective de faire tout ce qu'il y a à faire tant qu'on peut encore le faire auprès de ce nouveau-né (Storme, 2010). Cette fin de vie si particulière, parce que coincée dans le temps du début de la vie, ne déroge pas au principe général qu'elle est un temps de vie précieux, l'enfant restant bien, jusqu'au bout, un vivant parmi les vivants[2]. Soulagement de la douleur, soins proportionnés, confort maximum, prise en compte de l'entourage, tels sont les fondamentaux de cette approche puisque « la médecine palliative est une médecine d'accompagnement d'un projet de vie » (Bétrémieux *et al.*, 2010 : 410). Ce projet sera à construire avec

1. Devise de l'association SPAMA (cf. son site Internet : www.spama.asso.fr).
2. Expression habituelle et courante dans l'univers des soins palliatifs en France.

les parents, premiers interlocuteurs de cette petite personne qui n'aura que cela à vivre !

Vivre une fin de vie, quel que soit son âge et la cause de sa maladie, ne peut se faire sans accompagnement. Les textes législatifs français, relatifs à l'accompagnement des malades en phase terminale, ont ouvert une place au bénévolat, inscrit comme une exigence d'humanité : Article V de la circulaire Laroque en 1986, article 10 de la loi du 9 juin 1999, visant à garantir le droit à l'accès aux soins palliatifs, enfin circulaire du 25 mars 2008 qui consacre, dans son Annexe 5, la participation de bénévoles comme « un élément important de la qualité de ces derniers[3] ». La solidarité et la reconnaissance sociale ne sont pas de vains mots, mais des actes qui se disent silencieusement au chevet du malade, pour manifester l'importance de ces derniers temps de vie (de Mézerac, 2010a).

Dans le contexte de la mort périnatale en soins palliatifs, cette place de bénévoles est encore loin d'être envisagée officiellement par les pouvoirs publics français ou organisée dans les services concernés. On ne la retrouve dans aucun décret. Une circulaire de juin 2009 publiait ses recommandations en matière d'accompagnement du deuil périnatal, mais n'évoquait aucune place pour des bénévoles et n'envisageait ce deuil que sous l'angle des interruptions de grossesse, qu'elles soient spontanées ou médicales (fausse-couche ou IMG). La démarche d'accompagnement en soins palliatifs d'un bébé qui va décéder n'y est même pas indiquée, comme si celle-ci n'avait pas assez de pertinence pour être développée, alors que les parents vont eux aussi connaître une situation de deuil périnatal.

La médecine palliative en maternité et en réanimation néonatale est tellement récente en France qu'elle exige de laisser encore une grande part à la réflexion dans les services concernés, pour une appropriation du rôle de chacun. Pourtant, les parents confrontés à l'accompagnement de la fin de vie de leur nouveau-né, avec la mise en place d'un projet de vie, sont chaque année nombreux à vivre ces drames, que ce soit dans le cadre d'une poursuite de grossesse, après un diagnostic de maladie potentiellement létale sur leur enfant à naître ou que ce soit dans les

3. Circulaire N°DHOS/02/2008/99 du 5 mars 2008 relative à l'organisation des soins palliatifs.

situations postnatales (extrême prématurité, découverte d'une maladie incurable ou accident périnatal).

Bien sûr, dans ces différents contextes, d'autres formes d'accompagnement existent, qu'il s'agisse du soutien de proximité réalisé par les proches, dans un esprit de solidarité familiale ou amicale, ou de services ponctuels assurés par des tiers formés à cela. Dans ce domaine, on peut citer l'action des Blouses Roses qui peuvent parfois être amenées à intervenir, en réanimation néonatale, pour bercer un bébé pendant l'absence de ses parents. Ces différentes formes de soutien ne sont pas de même nature que le bénévolat d'accompagnement qui se caractérise par une présence et une écoute ouverte à l'autre, sans aucune autre prétention. C'est une expérience d'humilité au service de la personne malade ou de son entourage, pour lui ouvrir son espace intérieur et lui manifester qu'elle reste bien sujet de notre société. Ces modalités de bénévolat ne s'opposent pas les unes aux autres, mais viennent se compléter, chacune dans sa mission, avec leurs valeurs communes de bienveillance et de solidarité.

L'approche de la mort d'un bébé est une déchirure pour le cœur des parents : « Elle ouvre en nous la porte à des zones de douleur jamais encore souffertes. [...] On cherche à l'apprivoiser avec du connu pour s'y faire et faire avec elle. Mais aucune douleur déjà vécue ne s'avère être à la hauteur de celle-ci, inégalée, inégalable, tellement sans pareille. Irréparable » (Clerget, 2005 : 9). Au-delà de la reconnaissance de cet enfant par la société, elle mérite une attention toute particulière, une écoute plus large encore, offerte par des personnes sans « blouse blanche, ni rose », pour agrandir le cercle qui porte et soutient en ces temps de grandes souffrances.

L'association SPAMA (Soins Palliatifs et Accompagnement en Maternité) est née en France en 2006, des suites de la publication d'un livre (de Mézerac, 2004). Elle s'est donné comme objectif de contribuer au soutien des parents confrontés à ces situations douloureuses et de participer à la réflexion des soignants pour l'introduction de la philosophie palliative face à la fin de vie des nouveau-nés. Reconnue comme membre de la SFAP (Société Française d'Accompagnement et de Soins Palliatifs)[4], elle travaille en lien avec les acteurs de médecine périnatale et est soutenue

4. Site Internet : www.sfap.org

par un certain nombre d'entre eux. Un site Internet a été ouvert en septembre 2006[5], avec de nombreuses rubriques comportant l'explication de la démarche, des témoignages, des liens vers d'autres sites ou associations... Pour soutenir les parents, a été ouvert en octobre 2006 un Forum qui fonctionne depuis sans discontinuer. Des rencontres se sont aussi très vite organisées, en complément de ces échanges sur le réseau Internet.

Avant de présenter les modalités de la mise en œuvre d'un bénévolat d'accompagnement sur un forum Internet, il nous semble judicieux de revenir sur les besoins spécifiques des parents qui doivent affronter l'annonce d'un diagnostic péjoratif pour leur tout-petit et son décès. Enfin, nous verrons quelles sont les contraintes et limites de ce moyen d'action, tout en ouvrant d'autres perspectives possibles pour l'accompagnement des parents.

LES BESOINS SPÉCIFIQUES DES PARENTS FACE À LA FIN DE VIE DE LEUR BÉBÉ

Le temps de l'annonce

« Comment parler de ce moment, de cet instant où la fragilité de l'être et l'éphémère de la vie se révèlent avec une telle violence » (Soubieux, 2009 : 7) ? Quel que soit le contexte médical, le choc de l'annonce d'une maladie ou de la mort à venir d'un bébé reste incroyablement violent pour ses parents. Le rêve est brisé ; l'identité de parents, parfois juste émergente, est mise en difficulté ; la représentation de l'enfant est envahie par l'image de la maladie ou du handicap. Ce sentiment de rupture, entre un avant et un après, engendré par un diagnostic prénatal, par une naissance trop prématurée ou par la découverte postnatale d'une situation gravissime va soulever chez les parents toutes les réactions psychiques, bien connues en d'autres circonstances, pour tenter de se protéger de l'épreuve annoncée : confusion, déni, sidération, fuite, colère, dépression. La complexité des émotions éprouvées au détour de ces circonstances fait singulièrement écho à la notion de « total pain », telle qu'elle fut analysée par Cicely Sanders.

5. Site Internet : www.spama.asso.fr

L'apport de la médecine palliative

Face à la maladie, la médecine palliative offre un autre rapport au temps pour permettre l'expression des rythmes de chacun, pris dans la tourmente des diagnostics et des décisions à prendre: «Le temps psychique est irrégulier, discontinu, ambivalent. Il autorise des "allers-retours", des "reprises à zéro"» (Mallet *et al.*, 2004: 79). Les soignants en soins palliatifs admettent l'ambivalence des sentiments, le déni comme défense, la fuite dans le rêve, l'état de sidération à dépasser à chaque aggravation. Ces sentiments sont juste le reflet d'un fonctionnement psychique bien ancré dans la vie, comme peut l'être celui de jeunes parents face à l'avenir qu'ils étaient en train de construire. Il en faut de la souplesse, de l'énergie et du soutien pour affronter un tel choc, pour surmonter un tel désordre et apprendre peu à peu à renoncer à ses rêves d'avenir. Pour que s'élabore la perspective d'une autre destinée d'enfant dans la tête des parents et qu'elle puisse prendre un jour sens dans leur vie! Le grand apport de la philosophie palliative est bien de reconnaître que la confrontation à la mort est un cheminement chaotique et qu'il demande un temps indéfini, une écoute incroyablement bienveillante et une infinie compassion.

La perspective de la mort peut faire perdre pied, devant les jours ou les heures qui sont comptés. On en vient parfois à préférer son anticipation. Or, c'est en redonnant de la valeur à ce temps présent et à cette relation qui peut se dire en quelques gestes simples que l'on permet de remettre du sens dans ce temps, avant que l'autre ne soit plus là. Le présent est alors un atout pour inscrire le chemin de vie d'un tout-petit dans une perspective de parents: comme un temps de négociation face à cette mort annoncée, comme une vie captée dans ce qu'elle peut détenir de plus précieux, comme un temps d'apprivoisement et de reconnaissance mutuels, pour devenir parents de cet enfant, pour que cet enfant s'inscrive dans une vie de famille, même très courte autour de lui. «Être enfant n'est pas d'abord une question d'âge, mais de filiation» (Hanus, 2007: 9). Une vie naissante qui se termine est toujours un parcours hors-norme de la vie, mais reste bien un parcours de vie en lui-même.

Le deuil périnatal et ses difficultés

Le deuil qui attend les parents est un deuil difficile: s'il commence à sortir de la conspiration du silence qui prévalait jusque-là, il reste encore aujourd'hui bien mal reconnu du grand public et même de certains soignants. « Pourquoi pleures-tu ? Il a à peine vécu ! », « Tu as un petit ange au ciel maintenant ! », « Oublie tout cela, tu en referas très vite un autre ». Ces commentaires lénifiants sont encore récurrents dans l'entourage des parents endeuillés d'un tout-petit. Quand ce ne sont pas ces paroles maladroites, le silence prévaut. Peu de personnes viennent à leur rencontre, comme s'ils étaient devenus transparents ou contagieux, car porteurs d'un trop grand malheur. L'enfant n'est jamais évoqué, encore moins appelé par son prénom. Et au bout de quelques semaines, tout doit être rentré dans l'ordre ! C'est un deuil dans une formule « à grande vitesse » auquel sont conviés ces parents éprouvés.

Pourtant c'est un deuil d'une particulière violence en raison de la représentation de tout ce qui ne sera plus et qu'il faut bien intégrer psychiquement pour revenir un jour dans la vie. « Il n'est plus avenir, prolongement, tendresse, découverte, projets dans toutes les composantes d'une vie qui s'étire habituellement avec le temps. Dans le cœur d'un parent endeuillé d'un tout-petit, tous ces futurs se sont effondrés, mais ce passé trop court où il n'y a pas eu grand-chose à vivre doit aussi être admis comme une vie entière » (de Mézerac, 2010b : 442). L'absence d'un bébé, c'est bien le poids d'un avenir qui n'a pas eu lieu. Ce deuil est un double deuil, le deuil de son enfant, mais aussi le deuil de soi-même comme parent de cet enfant. Et ce n'est qu'avec l'œuvre du temps, de la parole exprimée, de l'espace où venir déposer ces maux/mots que le processus douloureux du renoncement à l'autre peut s'élaborer. Ce cheminement intérieur ne peut être qu'individuel, inscrit dans la complexité de chaque couple, de chaque relation mère-enfant et père-enfant. S'il y a des similitudes dans les histoires proches les unes des autres, « chaque bébé mort est unique, même s'il ressemble aux autres bébés. À la fois les parents sont reliés à la chaîne des humains, à la fois ils ont l'impression d'être dans un monde déshumain, un monde dépeuplé, un monde qui a perdu son sens de l'humanité » (Soubieux, 2010 : 86). Après le temps de la survie, le cheminement se fera de manière souterraine et imprévisible. Les parents vont parfois donner l'impression de reprendre vie. Pourtant une vraie cohabitation de deuil et de non-deuil se fait dans leur vie et rend la situation difficilement compréhensible pour l'entourage, dans un temps souvent bien long, afin de pouvoir appréhender toutes les facettes de ce deuil.

Les singularités du deuil périnatal et les différentes situations médicales dans lesquelles il peut arriver, n'aident pas à son accompagnement qui se cale mal avec les organisations habituelles d'un bénévolat. Les services concernés sont multiples, depuis le suivi de la grossesse en cas de diagnostic prénatal et de poursuite de la grossesse, jusqu'aux services de maternité ou de réanimation néonatale pour les grands prématurés ou toutes les autres situations de fin de vie qui émergent brutalement au moment de la naissance ou dans les jours qui suivent. Après le décès de l'enfant, les parents ne reviennent plus à l'hôpital et essaient de reprendre le cours de leur vie. Quel espace peut-on alors leur offrir pour qu'ils soient entendus dans leur souffrance ? Quel lieu mettre à leur disposition qui soit le plus ouvert possible et en mesure de répondre à d'autres besoins d'écoute ?

L'EXPÉRIENCE DE L'ASSOCIATION SPAMA

L'utilisation d'Internet dans les relations de soins et de soutien

Si l'arrivée d'Internet a révolutionné l'accès à l'information et l'organisation du travail, elle a aussi modifié la relation aux soins, devenant comme « un tiers invisible dans la relation médecin/patient ». Une grande enquête a été lancée en 2007 par l'INSERM auprès de 4267 internautes français et les conclusions générales précisent que « dans 67,3 % des cas, la consultation d'informations de santé sur Internet se fait sans relation directe avec une consultation médicale. [...] Les motivations avancées par les internautes sont l'intérêt pour les questions de santé, le désir de comprendre, la recherche d'informations complémentaires ou de confirmations » (Tran Thi Mai *et al.*, 2009 : 35-39).

En ce qui concerne les femmes enceintes plus particulièrement, une étude publiée dans la revue *Sage-femme* en 2007 avait apporté des résultats encore plus saisissants : « Concernant Internet comme média de la grossesse, celui-ci est considéré comme un média souverain par les femmes interrogées de par ses multiples qualités comme la gratuité (93,6 %), l'interactivité (93,8 %), la rapidité d'exécution (97, 4 %) [...] À propos des chats et des forums de femmes enceintes [...], elles estimaient que c'est un lieu de parole libre, sans contrainte, voire plus conviviale que le cabinet de consultation de leur praticien » (Chenais, 2007 : 320). Devant cet essor de la place d'Internet dans tous les aspects de la vie des personnes, il n'est donc pas étonnant que des parents touchés par la fin de vie de leur bébé puissent venir sur un forum Internet spécialisé pour y chercher un lieu d'écoute et d'échanges, avec *l'étonnant sentiment d'être enfin compris*, comme l'exprimait spontanément une maman endeuillée !

Les enjeux d'un forum Internet spécifique à cet accompagnement[6]

Un forum Internet est effectivement un espace de liberté où chacun peut venir à son heure et sous la forme qu'il préfère. Que ce soit au milieu de la nuit ou en pleine journée, il y a toujours quelqu'un, là au bout d'un autre clavier ! L'anonymat, plus ou moins réel selon la volonté de la personne connectée et qui prévaut sur les forums, respecte aussi cette dimension de liberté où chacun peut alors être soi-même et enfin lâcher la façade qu'il s'impose parfois pour son entourage. Certes, il ne faut pas en avoir une vision angélique et un forum, comme tout autre espace sur Internet, exige des moyens de contrôle et de supervision afin d'éviter les intrusions malsaines ou les dérapages. Mais il fournit un véritable lieu de liberté où la parole va pouvoir enfin se dire.

Cet espace rompt la solitude du parent, en lui donnant la possibilité de rencontrer des personnes ayant vécu un drame similaire. Les émotions si bouleversantes que ressentent les parents peuvent être écoutées par d'autres, dans toute leur profondeur et leur exactitude. L'entourage étant souvent démuni pour entendre cette douleur, les parents trouvent là un lieu à la mesure de leurs besoins. C'est une nouvelle forme de réseau d'entraide, construit non par affinité, mais par l'épreuve partagée ; et ce réseau est là à la disposition de la personne, tout le temps qu'il lui est nécessaire. Un bon nombre de parents présents sur le forum les premières années l'ont définitivement quitté et n'y sont pas revenus, sauf à venir y donner, pour certains, les dernières nouvelles.

Ce forum entre parents permet le partage d'expériences autour de situations toujours singulières, mais souvent très proches par les émotions rencontrées. En ayant des « rubriques » très ouvertes sur tous les thèmes, chacun peut venir selon ses besoins demander un conseil, chercher une

6. De Mézerac, 2010c : 20.

écoute, une confirmation de ce qu'il éprouve ! Sans jugement, sans idée préconçue sur la bonne manière de vivre ces drames, les parents se répondent entre eux et échangent leurs vécus, dans une juste mesure toujours bienveillante. Dans le cadre d'un deuil périnatal, « les parents doivent puiser en eux des ressources inexplorées jusqu'alors pour se sentir encore vivants » (Soubieux, 2010 :87). Au-delà des aptitudes personnelles de chacun pour assumer un tel traumatisme, le forum vient apporter une aide indéniable en permettant aux parents d'accéder à leurs ressources intérieures par la liberté d'expression qui y est partagée et par l'effet de miroir que ces rencontres peuvent leur faire vivre.

Le forum est donc un lieu de parole bien vivant, parfois même très animé certains soirs. Ces paroles passent par l'écrit, par la mise en mots de toutes ces émotions ressenties face à l'indicible qu'est la perte d'un enfant nouveau-né ! Cette forme de relations implique le choix des mots pour être un lien entre son monde intérieur et celui des autres parents. Tout va pouvoir être dit là en quelques phrases, dans toute sa violence, dans toute son intensité émotionnelle et en même temps contenu dans les termes choisis. Le parent qui accepte d'écrire pour être entendu se retrouve vraiment au cœur de son état émotionnel et, ce faisant, il lui donne une expression, une forme. Ses émotions ne sont plus ce magma qui l'enfermait dans sa douleur, elles sont là, délimitées sur une page d'Internet, pour être reçues par d'autres, entendues comme elles sont et soumises à leur évolution. C'est une forme de thérapie pour soi-même. C'est aussi une sorte de thérapie pour autrui offerte là à tous ceux qui la lisent, surtout s'ils sont dans l'incapacité de s'exprimer eux-mêmes : cette mise en mots faite par un autre sert alors de miroir à leur propre douleur. Dans un message anonyme reçu un jour par courriel, ce cri du cœur d'une maman endeuillée jamais inscrite sur le forum le révèle bien : « Merci pour votre association. Elle est une fenêtre ouverte au désespoir de parents » !

Enfin ce forum est un lieu de mémoire pour ces bébés trop vite repartis ! Mémoire de leur existence si ténue et des traces infimes qu'elle a pu laisser ! Dans une rubrique appelée « Le coin du Souvenir », c'est un mémorial qui se dessine au fil des sujets ouverts par les parents sous le prénom de leur tout-petit. Cette longue liste est émouvante, comme le sont d'autres murs dressés en souvenir de disparus. C'est un lieu de reconnaissance où régulièrement les mamans viennent parler à leur enfant, dans un lien qui semble toujours vivant ! Ce soliloque vient juste rappeler le besoin d'extérioriser l'amour maternel qui n'a pu se donner en son temps. Comme pour se rassurer d'être une bonne mère, au-delà de cette mort inconcevable !

Un forum Internet comme lieu d'accompagnement par des bénévoles

L'association SPAMA faisant partie du mouvement national de soins palliatifs, il lui était nécessaire d'appliquer les exigences prônées officiellement par le mouvement pour les bénévoles qui s'y engagent, même dans le cadre d'un forum Internet. Ainsi toute personne, non professionnelle de santé, qui entre dans l'association pour participer à l'accompagnement des parents voit sa candidature examinée par le responsable de l'association, puis par un psychologue afin de comprendre ses motivations et de définir son rôle. Après cette validation, la personne s'inscrit dans un cycle de formation à l'écoute et au deuil, avant même de pouvoir intervenir au nom de l'association. Ces personnes s'engagent en signant la Charte des Bénévoles SPAMA[7] et vont prendre le titre de *parents-référents* pour leur région d'origine, afin de pouvoir être en relation avec des parents en souffrance dans leur secteur géographique ; cet engagement est renouvelé chaque année. Une journée de formation continue est obligatoire pour tous ces bénévoles : elle est aussi l'occasion d'une reprise générale de leurs actions et d'un renforcement du lien entre eux. De multiples contacts par courriel, par blogue interne ou par téléphone assurent l'évaluation de leurs actions tout au long de l'année, les confortent en cas de situation difficile. Ces parents sont les animateurs du forum : ils prennent la décision d'y venir, au moins une fois par semaine (sauf contraintes de santé ou impossibilité passagère), pour y apporter soutien et attention aux parents qui s'y inscrivent. La qualité des réponses à apporter est une recherche permanente pour eux, sans pour autant perdre de leur spontanéité. Être à l'écoute par écrit exige le même niveau d'abandon de toute représentation ou connaissance ; c'est une présence à l'autre qui se donne dans un message, avec une intensité chaque fois renouvelée. Là aussi, *accompagner* signifie progresser ensemble sur un même chemin, et non pas donner des conseils ou son avis. Une permanence est assurée sur

7. Document consultable sur le site Internet de l'association, dans la rubrique « L'association » : www.spama.asso.fr

le forum toute l'année, surtout pendant la période cruciale des vacances d'été où la solitude est parfois la plus pesante pour ces parents endeuillés. C'est une exigence quotidienne pour les bénévoles qui l'animent, d'autant plus que le forum repose aussi sur un principe éthique de fonctionnement qui veut que tout message reçoive, dans les vingt-quatre heures qui suivent, une réponse, quelle que soit la teneur du message.

Les parents qui utilisent ce lieu virtuel comme mode de soutien, même de façon inactive (sans s'inscrire, mais en venant lire ou suivre les messages qu'il contient), sont les plus divers possible, comme nous l'a révélé une étude interne menée en septembre 2010. Cette étude a porté sur 73 familles, ayant laissé au moins deux messages. Les résultats ont été établis à partir de ce que les parents nous disent d'eux-mêmes. En très grande majorité (80 %), ce sont surtout les mamans qui postent des messages. Néanmoins, il est intéressant de relever que cinq papas sont venus seuls, huit (soit 11 %) sont intervenus en couple et une personne l'a fait pour sa sœur qui n'avait pas d'ordinateur. Sur 40 situations professionnelles connues, les professions intermédiaires sont celles qui sont les plus représentées (56 %, pour des situations d'institutrices, d'infirmières, d'agents administratifs, etc.). Les cadres et professions intellectuelles supérieures sont représentées à la hauteur de 12 %, les employés de même ; un parent était ouvrier du bâtiment, deux étaient exploitants agricoles et deux sans activité salariée (chômage et une maman étudiante) : nous retrouvons bien là le profil type des utilisateurs d'Internet. Enfin, contrairement à une idée reçue, ce sont les mamans primipares qui ont été les plus nombreuses (30 %) à venir s'y inscrire. C'est donc avec souplesse que les bénévoles doivent intervenir pour que chacun, selon sa situation personnelle et familiale, se sente accueilli et soutenu dans le drame qui le frappe. Aucun jugement, aucune distance ne doivent s'exprimer, le bénévole n'étant que le témoin de tout ce que vit la personne en souffrance.

C'est pour cela que quatre parents-référents sont aussi appelés *modérateurs* du forum, avec l'idée de maintenir une qualité d'écoute et de bienveillance constante, à l'égard de tous. Tous les forums sur Internet connaissent une forme de surveillance quant aux écrits qui peuvent être partagés dans un tel réseau, d'autant plus qu'il est consultable par chacun. C'est une exigence permanente aussi pour notre association. Si nous n'avons jamais connu de débordement, notre vigilance porte beaucoup plus sur le « bien-être » de chaque parent accueilli : des petits messages de soutien personnalisés sont déposés au moment des anniversaires, des passages difficiles, des silences douloureux, des résultats d'examens médicaux. Une véritable animation du forum est aussi engagée par les modérateurs qui doivent sentir le bon moment pour proposer une rencontre virtuelle, une nouvelle ligne de discussion, un message de bienvenue. Ces modérateurs, qui se trouvent être en première ligne face à toutes les situations douloureuses se présentant sur le forum, bénéficient d'une supervision régulière par une psychologue de l'association : une fois par trimestre, une séance-bilan avec cette professionnelle permet d'analyser et de prendre du recul par rapport à tout ce vécu souvent bien difficile. En cas d'urgence, un contact par courriel et des rendez-vous complémentaires peuvent prendre le relais. Une évaluation des réponses faites leur est donnée par la thérapeute et celle-ci apporte aussi son concours en cas de grande détresse d'un parent sur le forum, afin d'aider les modérateurs à ajuster leurs réponses à la situation.

Cette organisation sous-jacente n'est pas perceptible par les utilisateurs du forum, tant ces parents-référents et les modérateurs de notre association ont à cœur de rester dans une réelle dimension d'égalité et d'attention à l'autre. Ils sont, dans leur très grande majorité, des parents qui ont vécu eux aussi ce drame du décès d'un bébé et ils connaissent de l'intérieur le poids des mots, le sens caché de cette souffrance.

QUESTIONNEMENTS ET PERSPECTIVES

Limites et contraintes de cette forme d'accompagnement

Bien sûr, ce forum n'est pas un but en soi, il n'est qu'un moyen mis à la disposition des parents qui vivent de tels drames afin de les aider à se reconstruire par une écoute active pendant l'accompagnement de leur bébé et le temps de leur deuil. Il peut ne pas convenir à tous, tant la forme de cet accompagnement est nouvelle. Elle a un intérêt évident pour les jeunes couples, mais, pour certains, le passage à l'écrit est impossible ; pour d'autres, la mise en relation sur Internet est trop difficile, voire impensable. De toutes les façons, le premier message reste toujours une première barrière à franchir et notre vigilance est grande quant à l'accueil de tout nouveau parent qui vient de s'inscrire sur le forum : un message personnalisé lui est systématiquement envoyé par une de nos bénévoles ; une ligne d'accueil est parfois ouverte pour lui souhaiter la bienvenue, quand cette personne est repérée comme régulière, mais silencieuse. D'ailleurs, l'expérience montre qu'elle va alors saisir ce message, comme une main tendue qui lui serait proposée.

Ce mode d'accompagnement n'est pas la seule possibilité qu'offre l'association pour apporter soutien et écoute : son site Internet propose aussi une série d'adresses courriel celles des parents-référents, et cela semble convenir à certains de pouvoir tisser ainsi une relation plus interpersonnelle avec une seule bénévole. L'association a très vite proposé une écoute téléphonique : si elle reste aujourd'hui peu utilisée, elle offre le mérite de pouvoir soutenir les parents dans les situations d'urgence (par exemple, en cas d'accouchement précipité) ou de compléter notre écoute dans les cas les plus douloureux (maman isolée, à l'étranger, maman ayant déjà vécu un autre décès d'enfant ou ayant connu le décès d'un jumeau, etc.).

Perspectives de développement

Le développement de notre association nous a permis d'envisager assez rapidement la mise en œuvre de rencontres de parents pour servir de relais à ce premier mode d'accompagnement. Une rencontre nationale annuelle a vu le jour dès 2007 à Paris. Elle offre la possibilité aux parents de mettre enfin un visage sur un pseudonyme souvent aperçu sur le forum et, malgré la rupture de l'anonymat, elle leur procure une vraie joie qui frappe tous ceux qui y assistent. Rien de moins morose que ces rencontres ! Au cours de l'année 2010-2011, des réunions trimestrielles se sont mises en place dans quatre régions, avec une organisation proche des groupes de parole. Cette formule complémentaire vient apporter une vraie relance dans la qualité des échanges sur le forum et permet aussi aux papas d'être plus participatifs. Mais pour certains parents particulièrement vulnérables, la régularité trimestrielle n'est peut-être pas assez pertinente pour leur offrir un soutien suffisant. D'autres, malgré tout, se sont sentis très à l'aise autant dans ces rencontres trimestrielles que sur le forum et ont ressenti un véritable soutien par tous les échanges ou messages qu'ils ont reçus en retour.

À l'extrême diversité des situations rencontrées, l'association a aussi à faire face à l'éclatement géographique des personnes qui utilisent son site Internet et à sa grande jeunesse. L'association n'a que sept années de fonctionnement derrière elle ; au-delà de la nécessité de se développer, elle a dû faire face tout d'abord aux exigences des milieux médicaux d'avoir à accepter pareille démarche, cette philosophie palliative qui fait regarder la fin de vie d'un bébé comme un temps précieux. « Ajouter de la vie aux jours quand on ne peut plus ajouter de jours à la vie », cette merveilleuse maxime du professeur Jean Bernard vaut aussi pour un tout-petit qui va mourir et son entourage familial. Encore faut-il laisser aux soignants du temps pour apprivoiser les modalités d'action de cette médecine et leur permettre de regarder l'association comme un véritable partenaire pour le soutien de ces situations si douloureuses. *Bénévole* ne veut pas dire *amateur* ! Et on sait combien l'écoute entre pairs apporte un véritable bienfait à ceux qui la sollicitent.

Le temps d'accompagnement d'un bébé en fin de vie est parfois très court, quelques minutes à peine, quelques heures ou quelques jours. Les parents, et la mère en particulier, sont présents dans un service hospitalier dans un temps fort limité, alors que le deuil de ce tout-petit va s'étirer sur des mois, voire des années, tant l'épreuve est redoutable. À ces parents souvent isolés face à l'incompréhension de leur entourage, ou son épuisement, l'association SPAMA offre un accompagnement dans la durée, avec tout le respect et l'attention dus à ces personnes en grande fragilité. Une écoute continue sur un forum Internet apporte une nouvelle manière d'exercer un bénévolat qui n'est pas dépourvue d'intérêt, sans pour autant prétendre être « la seule » solution et répondre à tous les besoins. Ce forum doit être regardé avec ouverture et attention, pour être conseillé à ceux qui désespèrent parfois de trouver écoute et soutien en pareilles circonstances, et cela, dès l'annonce du diagnostic. Bien sûr, d'autres associations œuvrent aussi pour accompagner le deuil périnatal, mais chacune s'est créée à partir d'une situation particulière (fausse-couche spontanée, interruption de grossesse, mort subite du nouveau-né, etc.), ce qui donne une coloration particulière à l'accompagnement qu'elle propose. S'il est bon d'offrir aux parents une diversité de formes de soutien, en fonction de leur vécu, il n'est peut-être pas judicieux de chercher à mélanger toutes ces situations. En tout cas, la question mérite d'être posée et débattue !

RÉFÉRENCES

Bétrémieux, P., Gold, F., Parat, S., Caeymaex, L., Danan, C., De Dreuzy, P., Vernier, D., Viallard, M.-L. et Kuhn P. (2010). *Réflexions et propositions autour des soins palliatifs en période néonatale,* Archives de pédiatrie, 17, 407-425.

Borghini, A. et Muller Nix, C. (2008). *Un étrange petit inconnu. La rencontre avec l'enfant né prématuré.* Toulouse: Erès.

Chenais, G. et Lansac, J. (2007). Internet pour la femme enceinte? *Revue Sage-femme,* 6, 312-321.

Clerget, J. (2005). *Bébé est mort.* Toulouse: Erès.

De Mézerac, I. (2004). *Un enfant pour l'éternité. Suivi de Réflexions autour d'un berceau vide.* Paris: Éditions du Rocher.

De Mézerac, I. (2009). Face au diagnostic anténatal d'une maladie létale sur l'enfant à naître, pourquoi laisser la grossesse se poursuivre? Quel sens donner à cette démarche? Le point de vue des parents. *Revue Sage-femme,* 8, 334-339.

De Mézerac, I., Jacquemin, D., Rakza, T., Yamgnane A., Deruelle P., Neveux-Hubbes, C. et Storme L. (2010a). L'accompagnement des parents face à la fin de vie de l'enfant à naître ou nouveau-né. Place du bénévolat en maternité et en réanimation néonatale? *Revue de médecine périnatale,* 2(2), 77-83.

De Mézerac, I. (2010b). Les pratiques autour du fœtus ou de l'enfant mort. Dans M.J. Thiel (dir.), *Quand la vie naissante se termine* (p. 439-447). Strasbourg: Presses Universitaires de Strasbourg.

De Mézerac, I. (2010c). Pour le soutien des parents confrontés à la fin de vie de leur bébé: L'association SPAMA et son forum Internet. *Revue ASP Liaisons,* 42, 19-22.

Hanus, M. (2007). L'enfant qui n'est plus. Dans M. Hanus (dir.), *La mort d'un enfant* (p. 9-18). Paris: Vuibert.

Mallet, D., Lucot, J.P., de Mézerac, I. et Jacquemin D. (2004). Diagnostic prénatal et soins palliatifs: plaidoyer pour un espace de liberté. *Médecine Palliative,* 3, 78-82.

Siméoni, U., Dehan, M. et Jarreau, P.H. (2007). Les aspects éthiques de la médecine périnatale: Réflexions d'un groupe de travail multidisciplinaire. *Archives de pédiatrie,* 14, 1171-1173.

Soubieux, M.J. (2009). *Le deuil périnatal*. Bruxelles: Yapaka Be.

Soubieux, M.J. (2010). *Le Berceau vide*. Toulouse: Erès.

Storme, L. et de Mézerac, I. (2010). L'accompagnement des parents face à une mort annoncée en périnatalité: Pour l'introduction d'une démarche de soins palliatifs en maternité et en néo-natologie. *Bulletin de l'Académie Nationale de Médecine*, 194(6), 879-890.

Storme, L. (2010). Quelle place pour les traitements curatifs dans un projet de soins palliatifs appliqués au nouveau-né? Dans P. Bétrémieux (dir.), *Soins palliatifs chez le nouveau-né* (p. 140-154). Paris: Springer.

Tran Thi Mai, Chekroud, H., Thiery, P. et Julienne A. (2009). Internet et soins: un tiers invisible dans la relation médecin/patient? *Ethica Clinica*, 53, 35-39.

Sites Internet suggérés

L'association Soins Palliatifs et Accompagnement en Maternité (SPAMA): www.spama.asso.fr

La Société Française d'Accompagnement et de Soins Palliatifs (SFAP): www.sfap.org

CHAPITRE 4

OFFRIR BÉNÉVOLEMENT DU RÉPIT À DES FAMILLES D'ENFANTS GRAVEMENT MALADES

Manon Champagne,
Ph. D., professeure, Département des sciences de la santé, Université du Québec en Abitibi-Témiscamingue

Suzanne Mongeau,
Ph. D., professeure, École de travail social, Université du Québec à Montréal

Emma Comeau,
Chef du service des bénévoles et de la pastorale, Hôpital de Verdun ; auparavant coordonnatrice des ressources bénévoles, Le Phare, Enfants et Familles (de 2003 à 2011)

INTRODUCTION

Le répit est une composante essentielle des soins palliatifs pédiatriques (ACT et RCPCH, 2003; Groupe de travail sur les normes en matière de soins palliatifs pédiatriques, 2006). Divers auteurs et organismes ont souligné, dans la dernière décennie, que les bénévoles peuvent jouer un rôle important dans l'offre de répit aux familles d'enfants gravement malades (ACSP et RCSPE, 2006; ACT et RCPCH, 2003; Horsburgh,

Trenholme et Huckle, 2002). Néanmoins, très peu de recherches ont étudié les pratiques bénévoles dans ce contexte (Champagne *et al.*, 2004). Le présent chapitre fait état d'une partie des résultats de deux recherches menées au Phare, Enfants et Familles[1] qui se sont notamment intéressées aux pratiques bénévoles relatives au répit dans deux environnements différents, soit dans le contexte du programme Répit à domicile (PRD) et à la Maison André-Gratton (MAG). Les défis que sont amenés à relever les bénévoles dans ces deux environnements et les retombées que cela entraîne dans leur vie y sont présentés. Ces résultats proviennent d'entretiens semi-structurés réalisés avec 24 bénévoles d'âges variés, étant majoritairement des femmes (19/24) et ayant une expérience de bénévolat d'au moins six mois à domicile (seize bénévoles) ou à la MAG (huit bénévoles). Certaines données proviennent aussi d'un groupe de discussion effectué avec neuf bénévoles (sept femmes et deux hommes) ayant au moins trois mois d'expérience à domicile. Cinq d'entre eux avaient déjà été interrogés dans le cadre des entretiens semi-structurés.

CONTEXTE

Une brève mise en contexte va permettre, dans un premier temps, de définir les soins palliatifs pédiatriques et de présenter l'organisme Le Phare, Enfants et Familles. Des progrès accomplis dans le domaine biomédical ces dernières années ont entraîné la prolongation de la vie d'enfants très gravement malades, au prix, toutefois, de la complexification des soins qui leur sont offerts et de l'alourdissement de leur prise en charge pour les parents. Pour plusieurs de ces enfants, des soins palliatifs s'avèrent nécessaires :

> Les soins palliatifs destinés aux enfants et aux adolescents atteints d'une maladie à issue fatale sont des soins actifs et complets, englobant les dimensions physiques, émotionnelles, sociales et spirituelles. Le but des soins palliatifs est d'obtenir la meilleure qualité de vie possible pour l'enfant et d'offrir du soutien à sa famille, ceci incluant la lutte contre la douleur et autres symptômes pénibles, l'offre de répit et la

1. Financement : Fonds québécois de recherche sur la société et la culture (2002-2004) ; Programme d'aide financière à la recherche et à la création, Services aux collectivités de l'Université du Québec à Montréal (2007-2008) ; Conseil de recherches en sciences humaines du Canada (2008-2011).

poursuite des soins pendant les périodes du décès et du deuil (ACT et RCPCH, 2003 : 6, traduction libre).

Plusieurs facteurs contribuent à différencier les soins palliatifs pédiatriques des soins palliatifs destinés aux adultes. Le nombre d'enfants nécessitant des soins palliatifs est peu élevé si on le compare avec le nombre d'adultes nécessitant ce type de soins ; par ailleurs, plusieurs des conditions médicales présentées par les enfants sont très rares et ne se rencontrent que chez ces derniers. La durée de la maladie chez l'enfant est habituellement plus longue que chez l'adulte, ce qui explique, en partie, l'importance du répit à accorder aux familles. Les intervenants en soins palliatifs pédiatriques doivent tenir compte de l'ensemble de la famille, les parents, les grands-parents et la fratrie étant spécialement vulnérables (ACT et RCPCH, 2003 ; Groupe de travail […], 2006). Sur un autre plan, il faut considérer que les enfants atteints d'une maladie à issue fatale ont besoin de jouer et d'apprendre, comme tous les autres enfants. Des activités de jeu, de loisir, de stimulation multisensorielle ou d'apprentissage, adaptées à leur niveau développemental et à leurs capacités, leur procurent un sentiment de normalité et de continuité (ACT et RCPCH, 2003 ; Cordier, 2001 ; Ernoult, 2001 ; Groupe de travail […], 2006 ; Mongeau *et al.*, 2004a).

Le Phare, Enfants et Familles est un organisme sans but lucratif ayant été fondé en 1999. Sa mission consiste à contribuer « au mieux-être des enfants dont la vie est menacée par une maladie nécessitant des soins complexes, afin d'apporter répit et soutien à leurs familles » (Le Phare, Enfants et Familles, 2011, p. 3). Pour remplir sa mission, Le Phare a d'abord mis sur pied, en janvier 2001, le programme Répit à domicile (PRD). Celui-ci est offert par des bénévoles sélectionnés, formés et soutenus, et il prend la forme d'activités récréatives effectuées avec l'enfant malade lors de visites hebdomadaires d'une durée d'environ trois heures. Dans le cas d'enfants recevant des soins complexes, un des parents doit demeurer à domicile pendant les visites bénévoles. Chaque famille est jumelée à un bénévole s'engageant pour une période d'au moins six mois. Les objectifs principaux en sont de procurer des moments de ressourcement aux familles et des activités de loisirs aux enfants malades.

Parallèlement à l'offre de répit à domicile, les fondateurs du Phare ont aussi travaillé à la mise sur pied d'une maison en se ralliant à des parents d'enfants malades, à des intervenants du milieu et au ministère de la Santé et des Services sociaux du Québec. C'est ainsi que Le Phare a pu célébrer, en juin 2007, l'ouverture de la Maison André-Gratton (MAG), première maison de soins palliatifs pédiatriques au Québec. Un programme de répit ainsi que des soins de fin de vie sont offerts dans cette maison qui peut accueillir jusqu'à douze enfants à la fois. Dans le contexte de son programme de répit, la MAG propose aux parents d'accueillir leur enfant pour des séjours d'une durée variable pouvant atteindre jusqu'à trois semaines par année. Lors de ces séjours, les enfants participent :

> [...] à de multiples activités récréatives et stimulantes. Des soins médicaux et des services divers sont assurés par une équipe interdisciplinaire composée de médecins et d'infirmières spécialisés en soins pédiatriques, et de plusieurs spécialistes, aides-soignants, stagiaires et bénévoles qui, tous, veillent au bien-être des enfants (Le Phare, Enfants et Familles, 2011 : 7).

LE RÔLE DU BÉNÉVOLE

Avant de présenter les défis et retombées associés au rôle de bénévole offrant du répit en contexte de soins palliatifs pédiatriques, il apparaît essentiel de dresser rapidement un portrait de ce rôle. Tant à domicile qu'à la MAG, le rôle du bénévole est fortement influencé par l'importance du jeu pour l'enfant malade et exige de fortes capacités d'observation, d'adaptation et de collaboration. Par l'entremise du jeu, les bénévoles s'intéressent et s'adressent à la partie de l'enfant qui peut encore jouir de la vie, et c'est grâce à cette relation ludique qu'un lien significatif peut être établi. Les propos suivants d'une bénévole à domicile témoignent de l'importance, pour les enfants, d'être reconnus à travers le prisme du jeu plutôt qu'à travers celui de la maladie : « C'est comme s'il ne veut pas faire voir sa maladie. [...] En fait, je suis vraiment là pour jouer. Ma tâche, c'est de jouer. [...] Il veut être normal » (GD)[2]. Invités à décrire leur rôle à la MAG, les bénévoles insistent également sur l'importance du jeu : « Je viens à tous les vendredis grosso modo et ma tâche, c'est de jouer avec les enfants » (EIM). Ils mentionnent aussi qu'ils sont là pour répondre aux besoins physiques des enfants : « Parfois, c'est juste de pousser un

2. Le code indique d'où provient l'extrait rapporté : EID (entretien individuel, bénévole à domicile) ; EIM (entretien individuel, bénévole à la MAG) ; GD (groupe de discussion).

fauteuil roulant, d'enlever un chandail quand l'enfant a chaud ou de l'essuyer avec une débarbouillette» (EIM). Un autre point sur lequel ils insistent est le suivant: «Je suis présent, ça c'est bien important» (EIM).

Les capacités d'observation et d'adaptation des bénévoles sont constamment sollicitées, à domicile et à la MAG. Plusieurs des bénévoles à domicile ont souligné que travailler auprès d'enfants gravement malades requiert la capacité à changer rapidement de plan pour répondre aux besoins et aux souhaits des enfants, car la condition de ces derniers est souvent instable: «C'est d'avoir des activités de prêtes mais de les adapter, de prendre rapidement le pouls en rentrant» (GD). Les bénévoles doivent également se montrer sensibles à l'atmosphère qui règne dans la maison au moment de leur arrivée: «Le rôle, la tâche, souvent, c'est en fonction de la dynamique au moment où j'arrive» (GD). Cette prise en compte de la dynamique se vit également à la MAG: «Même si ça fait un an que je suis bénévole ici, je ne peux pas établir de routine» (EIM). Les capacités d'observation sont aussi largement sollicitées à la MAG: «Il faut réagir à mesure, voir ce que les enfants ont envie de faire, ce qui a l'air de les ennuyer, ce qui pourrait leur changer les idées un petit peu» (EIM). Les capacités de collaboration des bénévoles sont également mises à contribution. À domicile, cette collaboration se vit avec les parents. À la MAG, elle prend place avec les membres du personnel: «Quand j'arrive l'après-midi, c'est souvent l'heure du dîner, donc je fais manger un enfant et j'essaie de donner un peu de répit aux infirmières et aux préposés pour qu'ils mangent eux autres aussi» (EIM). De plus, elle s'établit avec d'autres bénévoles: «C'est le fun avec deux bénévoles aussi d'être capables de faire des activités avec plus d'enfants» (EIM).

LES DÉFIS[3]

Les défis relevés par les bénévoles sont généralement différents selon le lieu où est offert le répit, mais ils ont cependant pu être regroupés sous cinq grandes catégories: 1) prendre sa place, 2) maintenir une juste

3. Les défis et retombées associés au bénévolat à domicile ont déjà fait l'objet de publications dont nous nous sommes inspirées pour ce chapitre (voir Champagne *et al.*, 2004; Mongeau *et al.*, 2004a; Mongeau *et al.*, 2004b; Mongeau *et al.*, 2006). Quant aux défis et retombées associés au bénévolat à la MAG, ils ont fait l'objet de communications orales, mais d'aucune publication.

proximité, 3) transiger avec les limites du rôle de bénévole, 4) accorder une juste place tant au plaisir qu'à la souffrance et 5) entretenir une vision réaliste de la portée de son engagement bénévole.

Prendre sa place

À domicile : Prendre sa place sans intrusion et dans la durée

Dès lors qu'un bénévole accompagne un enfant à domicile, le fait d'offrir sa présence implique qu'il doit pénétrer dans l'intimité d'une famille. Lors de sa première visite, la coordonnatrice du PRD se joint à lui, ce qui facilite le contact initial avec la famille. Toutefois, par la suite, il doit parvenir seul à relever certains défis. Un de ceux-ci consiste à décoder les habitudes et les règles familiales afin d'être en mesure de les respecter: « Est-ce que c'est une famille où les enfants ne rentrent jamais dans le salon ou non ? [...] C'est quoi un petit peu toutes les règles de la maison » (GD) ? Le bénévole doit également gagner la confiance de l'enfant et de ses parents. Les débuts sont particulièrement exigeants, comme l'explique une bénévole: « Au début, c'est une étrangère qui arrive dans la maison » (GD). De manière plus particulière, les bénévoles engagés auprès d'enfants lourdement handicapés doivent consentir des efforts et du temps avant d'arriver à se sentir à l'aise et en sécurité: « Je ne pouvais pas [la] prendre au début, je n'étais pas capable parce qu'il y a une façon de la prendre... [Maintenant,] je sais plus comment ses machines fonctionnent, je sais qu'est-ce qu'il faut faire avec elle, je sais comment la prendre » (EID). Cet apprivoisement de l'enfant et de sa condition est largement facilité, pour certains bénévoles, par le soutien des parents. Toutefois, même des parents soutenants peuvent mettre du temps à accorder leur confiance: « C'est sûr qu'avec un enfant qui nécessite autant de soins [...], au début, les parents ne laissent pas aller facilement, ils viennent surveiller souvent et c'est normal. Mais, à un moment donné, j'ai senti une confiance s'installer » (EID). Pour la majorité des bénévoles du PRD, le temps passé en compagnie de l'enfant et de sa famille est une condition permettant un approfondissement du lien: « La relation est beaucoup plus intense dans la continuité et dans la durée » (GD).

À la MAG : Prendre sa place parmi les autres, dans l'immédiateté et auprès d'enfants lourdement handicapés

Même si cela semble à première vue plus simple de prendre sa place à la MAG plutôt qu'à domicile, il faut cependant y prendre sa place parmi les autres, ce qui peut entraîner certaines frustrations :

> Des fois je trouve déplaisant le fait que je n'aie pas le choix, si je veux avoir des choses à faire, de demander : « Est-ce que je peux t'aider ? Quel enfant aurait besoin qu'on l'accompagne ? » [...] Je suis toujours dépendante du personnel pour savoir ce que j'ai à faire (EIM).

Il faut aussi y prendre sa place dans l'immédiateté, les relations tissées avec les enfants ne s'inscrivant habituellement pas dans une longue durée. On s'expose ainsi à des refus comme l'explique une bénévole avec qui une enfant avait refusé de jouer :

> Je pense [...] que ce n'est pas parce qu'ils sont malades qu'ils n'ont pas de sensibilité, puis qu'ils n'ont pas le droit de dire : « Non, ça ne me tente pas de jouer avec toi. Toi, tu es peut-être venue jouer ici avec des enfants malades, mais moi, ça ne me tente pas, fait que bye bye » (EIM).

En outre, le fait d'agir dans l'immédiateté peut entraîner des difficultés en termes d'adaptation et de créativité : « C'est tout le temps des enfants différents. [...] Chaque fois que je rentre, je recommence mon bénévolat, alors c'est difficile de se sentir 100 % confortable dans l'environnement au début, car tu dois t'adapter à chaque fois » (EIM). Cette difficulté amène certains bénévoles à penser que le PRD leur conviendrait peut-être mieux : « Je me dis que peut-être que... (soupir) ça serait mieux pour moi si j'étais à domicile où il y aurait un enfant avec qui je pourrais développer une relation beaucoup plus poussée, un enfant qui me reconnaîtrait quand j'arrive » (EIM). Par ailleurs, le temps et la durée jouent quand même un rôle facilitant à la MAG comme l'expriment plusieurs bénévoles : « J'aime ça quand je peux revoir les enfants [...]. Quand on sait déjà qu'ils aiment une chose et pas l'autre, c'est déjà ça, on y va tout de suite là-dedans, dans ce qu'ils aiment, donc ça favorise notre contact » (EIM).

Un autre défi est qu'à la MAG, et bien que le soutien des employés soit très présent, l'aide des parents pour apprendre à connaître l'enfant n'est généralement pas disponible. Les rares fois où elle le devient, les bénévoles en sont satisfaits :

> Un parent qui vient reconduire son enfant, souvent il va avoir le goût de nous dire: "Ah, elle a besoin d'un oreiller à telle place ou son sourire, ça veut dire telle chose", alors ça nous aide à décoder les besoins des enfants (EIM).

Un dernier défi à souligner ici est que les enfants accueillis à la MAG sont plus nombreux à être limités par d'importants handicaps[4]. Plusieurs bénévoles ont de la difficulté à trouver une zone de confort lorsqu'ils se trouvent auprès d'enfants lourdement handicapés:

> Je pense que mes défis, c'est plus avec les enfants lourdement handicapés. Je m'arrête aux limites que je perçois. Cet enfant-là, c'est impossible d'interagir avec, fait que je vais juste jouer avec ses mains, lui flatter les cheveux. Puis là, je vois un employé arriver, lui parler, jouer avec, faire taper les mains. Je me rends compte que j'aurais pu faire plus. Mais c'est comme si cette difficulté d'interaction-là me freine un peu (EIM).

Relativement à ce défi, le temps joue aussi un rôle facilitant: « Maintenant, j'arrive plus détendue parce que je connais mieux le centre, parce qu'aussi je commence à apprivoiser mieux le handicap [...] » (EIM).

Maintenir une juste proximité

À domicile : Se tenir ni trop près, ni trop loin

Invités à décrire leur expérience d'accompagnement à domicile, une majorité de bénévoles mentionnent qu'un lien significatif s'est créé entre eux et l'enfant, et dans certains cas, entre eux et la famille. Ce lien est parfois comparé à de l'amitié, d'autres fois, à un lien familial: « J'ai l'impression que je m'en vais visiter des amis plus qu'autre chose » (EID) ou encore: « C'est comme si j'allais voir des petits-neveux ou des petits-cousins » (EID). Dans un bon nombre de familles, le bénévole devient également un interlocuteur privilégié pour les parents, et ce, principalement

---

4. Cette affirmation est basée sur la comparaison entre les conditions médicales des enfants (n = 27) de l'échantillon de 24 familles ayant participé à la recherche sur le PRD entre 2002 et 2004 et les conditions médicales des enfants (n = 27) de l'échantillon de 25 familles ayant participé à la recherche concernant le programme de répit offert à la MAG entre 2007 et 2011. Elle se base également sur des observations faites par le personnel du Phare.

pour la mère : « La première demi-heure de mon bloc de quatre heures, c'est la maman qui me raconte la semaine » (GD). Toutefois, il n'est pas toujours simple de maintenir la juste proximité, de ne pas glisser vers une relation dans laquelle le rôle du bénévole s'effacerait au profit de celui d'ami : « On y retourne semaine après semaine et on connaît tout le monde et on connaît tous les dessous de la famille. On est un petit peu dans les limites du rôle de bénévole qui est d'amener du répit » (GD).

Pour les bénévoles interrogés, cette proximité n'exclut pas la capacité de placer des limites. Comme le mentionne l'une d'entre elles : « Le défi, c'est de garder sa place. [...] Je suis bénévole une fois par semaine. Ce n'est pas ma sœur, ce n'est pas ma fille, je ne suis pas sa mère, ce n'est pas ma meilleure amie » (EID). Cela demande un certain détachement qui, paradoxalement, peut permettre à la relation de durer dans le temps :

> [Il faut] être capable de sortir de là en te disant : « Je ferme la porte. » C'est certain que ça prend quelques heures pour décompresser, mais après ça il faut que tu passes à autre chose. Tu ne peux pas rester accroché aux difficultés et à la peine de cette famille-là, parce que sinon tu n'en sors plus (EID).

À la MAG : Se tenir ni trop près, ni trop loin / En savoir juste assez, mais pas trop

Pour les bénévoles qui œuvrent à la MAG, les liens créés dans l'immédiateté sont en général moins profonds. Cependant, ceux-ci comparent eux aussi le lien établi avec les enfants à un lien familial. Par exemple, un bénévole dit qu'il est « comme le mononcle » (EIM), celui qu'on ne voit pas souvent, mais avec qui on peut faire le fou. Une bénévole compare ce qu'elle fait à la MAG à son rôle de grand-mère. Il n'est donc pas surprenant que certains bénévoles de la MAG aient aussi relevé la difficulté à maintenir une juste proximité : « Je pense que c'est un défi aussi de se dire que oui, je veux passer des moments avec l'enfant, je veux réussir à être là, puis à le faire rire, [...] mais aussi il faut que j'apprenne qu'à la fin de la journée, je dois être détachée et me dire que ce qui arrive est hors de mon contrôle » (EIM).

Pour les bénévoles à la MAG, maintenir une juste proximité peut aussi prendre la forme d'une tension entre le respect de la loi sur la confidentialité et le désir d'obtenir davantage d'informations sur les enfants pour mieux les accompagner. En fait, certains bénévoles se sentent parfois démunis face à des enfants en crise dont ils connaissent peu de choses relativement au contexte médical ou familial. Ils se demandent si, dans certains cas, il ne serait pas mieux pour l'enfant que le bénévole soit mis au courant du contexte. Ces bénévoles apprécient grandement connaître la *situation du moment* comme l'explique l'un d'eux :

> Quand je suis arrivé, je suis allé au poste de garde et [...] elle [l'infirmière] a pris le temps. [...] Elle m'a dit : « Cet enfant-là, il a fait ça aujourd'hui. Il est un petit peu plus bougonneux, etc. Tel enfant, il faut faire attention à ça et à ça. » Ça, j'ai beaucoup, beaucoup apprécié. C'est pas toutes les fois qu'ils font ça. Des fois, ils sont peut-être dans le jus ou ils pensent que tu connais l'enfant. Mais même si on connaît l'enfant, la situation du moment, elle est importante à savoir (EIM).

Des bénévoles croient plutôt que cela est aidant de ne pas savoir certains détails : « Je veux dire qu'au début, on a la curiosité de savoir de quoi sont atteints les enfants, mais je pense que de ne pas savoir nous permet justement d'aller plus simplement vers l'enfant, plus ouvertement » (EIM). Une autre bénévole explique comment le fait d'être nouveaux dans la vie des enfants peut rendre les bénévoles plus disponibles pour écouter : « Il y en a un qui a dit : "C'est parce que je suis écœuré de ces pilules-là ! [...]" Ça sort, tout ça. Les parents doivent être tannés d'entendre toujours la même chose, mais moi je ne suis pas tannée alors c'est correct, vas-y » (EIM).

Transiger avec les limites du rôle de bénévole

À domicile : Accompagner ou intervenir ?

Les bénévoles à domicile ne poursuivent pas d'objectifs de changement à l'égard des familles et essaient plutôt de se situer le plus près possible de ce que souhaitent les parents et les enfants, comme l'illustre ce témoignage : « Je pense qu'on a tous certaines valeurs et tout, mais quand on arrive dans des familles comme ça, il faut savoir être à l'écoute, s'adapter, et il ne faut pas porter de jugement. Il faut accepter les limites du rôle qu'on veut nous faire jouer » (GD). Cependant, les conditions de vie extrêmement ardues des familles de même que l'importance de leurs besoins font en sorte qu'il peut être tentant de devenir un sauveur pour elles. Certains des bénévoles constatent par exemple à quel point les parents manquent de soutien : « Elle [la mère] n'a pas personne avec qui elle peut parler. Ça fait tellement longtemps que c'est dans sa vie que tout le monde le prend pour acquis » (EID). D'autres sont inquiets quant à l'état de grande fatigue de certaines mères. Une bénévole exprime qu'elle est davantage attristée par la situation actuelle de la famille que par l'éventualité de la mort de l'enfant. Face à de telles situations, comment demeurer dans une position d'écoute sans glisser vers le désir d'intervenir ?

> Au début, on se dit que c'est facile, on va faire de l'écoute active, mais à un moment donné ça ne se fait pas comme ça, on rentre dans l'intimité de cette famille-là. […] Il faut faire de l'écoute active, mais il ne faut pas devenir un intervenant. Des fois, ce n'est pas si évident que ça, la ligne n'est pas aussi claire (GD).

À la MAG : Reconnaître la grandeur des petits gestes

Pour les bénévoles à la MAG, la limite entre l'accompagnement et l'intervention est plus claire. Cependant, une tension existe entre leur désir de faire une différence et l'acceptation des limites de leur rôle. Six des huit bénévoles interrogés ont, de manière spontanée, raconté au moins un épisode où ils ont pris conscience de la grandeur des petits gestes et de l'humilité qu'ils doivent démontrer pour bien jouer leur rôle, avec les limites que cela comporte. Voici un de ces témoignages :

> J'étais contente d'être là avec la petite fille, puis sa maman ce matin-là. C'est une petite action. Même si c'est minuscule, je sais que c'est bien important dans ces périodes-là d'avoir beaucoup de chaleur, de monde alentour qui est là juste au bon moment, pour des petites choses et pas nécessairement des grandes. (EIM)

Accorder une juste place tant au plaisir qu'à la souffrance

À domicile : Procurer du plaisir à un enfant malade, tout en prenant en compte la souffrance de cet enfant, celle de ses proches et sa propre souffrance

Comme il a été mentionné précédemment, la relation avec le bénévole doit, pour l'enfant gravement malade, être orientée non pas vers la maladie, mais vers le plaisir de jouer. Ainsi, peu importe la condition des enfants accompagnés, le but premier des bénévoles à domicile consiste à leur faire vivre des moments agréables : « Mon défi, dans le fond, c'était ça, c'était de dire : cet enfant-là, quand j'arrive, je veux qu'il soit content et quand je pars, je veux qu'il ait eu au moins deux heures de plaisir… » (EID). Cependant, tout en s'intéressant à l'enfant en dehors de sa maladie, le bénévole ne peut rester insensible à la souffrance de l'enfant et de la famille, tout comme à sa propre souffrance. Il demeure ainsi un observateur attentif des effets de la maladie sur l'enfant et la famille afin de pouvoir s'adapter rapidement aux changements. Cela est exigeant, comme en témoigne une bénévole : « C'est sûr que parfois je trouve ça difficile, tu vois [l'enfant] et tu te dis : "Il n'est pas chanceux", et tu vois ses parents, dans les périodes où il est malade et que ça amène beaucoup de stress, et c'est difficile » (EID).

À la MAG : Prendre en compte le fait que la MAG est à la fois un milieu de vie et un milieu de fin de vie

À la MAG, la même difficulté est vécue, mais d'une façon différente. En effet, certains bénévoles expriment leur difficulté à envisager comment peut être préservé l'équilibre entre l'aspect feutré d'une telle maison, surtout quand des enfants y sont admis pour des soins de fin de vie, et la vitalité qui doit y être entretenue étant donné qu'il s'agit d'un milieu de vie. Une bénévole explique cette difficulté à travers la description d'un moment où elle jouait avec un enfant alors que la famille d'un enfant en fin de vie prenait son repas à proximité :

> Je trouvais ça difficile, car il y avait un enfant à côté de moi, fait qu'il fallait que je l'amuse, que je le fasse rire. […] Mais de l'autre côté, tu as les personnes de la famille qui mangent, puis tu vois qu'ils sont à terre, puis je les comprends totalement : leur enfant est en train de mourir. Mais l'enfant qui est à côté de moi, c'est sa fin de semaine de répit. Tu sais déjà qu'il le sent, que l'air est lourd. Est-ce qu'il faudrait que je compromette sa fin de semaine ? Il a le droit de rire aussi (EIM).

Entretenir une vision réaliste de la portée de son engagement bénévole

À domicile : Rester convaincu de l'importance de son action bénévole malgré les incompréhensions de certains de ses proches

L'accompagnement offert par les bénévoles à domicile se situe à contre-courant des valeurs sociales dominantes de productivité, d'efficacité et d'individualisme. Malgré la satisfaction intense et la grande valorisation qu'ils retirent de leur engagement bénévole, certains trouvent difficile de devoir faire face à l'incompréhension de leur entourage : « Moi, c'est : "Tu fais encore ton bénévolat en fin de semaine ?" – Ça fait un an que je le fais, quand est-ce que vous allez comprendre que je le fais pour un bon bout ? » (GD). Une bénévole qui est retraitée explique : « [Mes amis] me disent : "T'as bien assez travaillé" » (GD).

À la MAG : Se sentir utile à la société, en toute humilité, à travers une action bénévole commune

Le défi précédent, vécu par certains des bénévoles à domicile, n'a pas été exprimé par ceux qui œuvrent à la MAG. Est-ce que le bénévolat à la MAG serait mieux perçu que celui à domicile ? Nous faisons ici l'hypothèse que les efforts déployés ces dernières années pour mieux faire connaître Le Phare pourraient expliquer une meilleure compréhension de la part de l'entourage des bénévoles. Il est intéressant de constater qu'à l'inverse des bénévoles à domicile qui doivent rester convaincus de l'importance de leur action individuelle pour maintenir leur engagement, les bénévoles à la MAG doivent plutôt être en mesure de considérer que c'est en groupe qu'ils font une différence et qu'ils deviennent utiles à la société. Ces notions sont revenues à plusieurs reprises dans le discours des bénévoles de la MAG : « C'est de faire partie d'un projet de société, entre guillemets » (EIM). Ou encore :

> J'ai l'impression de les aider en fait, sans prétention du tout, mais de faire partie de leur routine. Comme je ne suis là que ponctuellement, je ne suis pas sûre qu'ils me reconnaissent, mais de faire partie, d'aider justement cette grande vague, je trouve ça valorisant (EIM).

Bref, ils ont l'impression d'apporter leur contribution, en tant que citoyens, à un projet social.

LES RETOMBÉES

L'expérience de bénévolat à domicile ou à la MAG entraîne généralement des retombées positives dans la vie des bénévoles interrogés. Le changement mentionné le plus souvent est le sentiment d'utilité et la valorisation qu'ils retirent de leur expérience. Alors que pour les bénévoles à domicile, ce sentiment est vécu relativement à l'enfant et à la famille (« Je me sens valorisé. Je sens que je suis important pour l'enfant » [EID]), il est aussi vécu en lien avec le personnel pour les bénévoles de la MAG (« Les employés, quand je quitte, c'est toujours : "Merci, tu as été bien utile." C'est très valorisant d'avoir apporté aussi au personnel autant qu'aux enfants » [EIM]). En parallèle à ce sentiment de valorisation, un fort sentiment de réciprocité est vécu : « Ça m'apporte énormément et ça me pousse à aller au-delà. [...] Ça m'en prend vraiment beaucoup [d'énergie], mais ça me fait grandir aussi » (EIM).

Un autre changement souvent signalé par les bénévoles à domicile concerne la perception qu'ils ont de leur propre vie et de la vie en général. Ainsi, la moitié des bénévoles confient que cette expérience les amène à avoir une vision plus positive de la vie : « Ça permet de mesurer tout ce qu'on a et qu'on aurait pu ne jamais avoir. Avec [cet enfant], j'ai retrouvé une façon tout à fait autre de voir les choses » (EID). Une seule bénévole de la MAG a relevé une retombée de ce genre : « Je trouve que ça a dédramatisé un peu [mes préoccupations]. [...] Fait qu'un moment donné, c'est de remettre les choses en perspective, de se dire : arrête un peu d'exagérer » (EIM).

Un autre point positif, bien que mentionné moins souvent, se rapporte au changement d'attitudes découlant de l'expérience de bénévolat à domicile ou à la MAG. Un petit nombre de bénévoles découvrent qu'on peut être heureux, malgré la maladie : « Même si c'est très triste, ils sont heureux, c'est une famille heureuse. Peut-être, je pense, que ça me fait moins peur qu'au début » (EID). D'autres bénévoles perdent des préjugés et font l'expérience d'une plus grande « ouverture aux autres et à la réalité de la maladie » (EID). Une bénévole explique qu'elle est plus ouverte et plus humaine depuis qu'elle fait du bénévolat à la MAG : « Toutes ces réflexions sur la maladie, la mort, la souffrance, ça me rend plus ouverte, plus humaine là peut-être. [...] Peut-être une meilleure compréhension qui va faire que je vais mieux accepter les décisions que prennent certains parents face à leur enfant » (EIM).

Le quart des bénévoles à domicile et une bénévole à la MAG expliquent que cette expérience leur permet de faire des apprentissages : meilleure connaissance de soi, des enfants et des adolescents : « C'est dans l'apprivoisement des enfants lourdement handicapés. [...] Je sais maintenant que [...] même si chaque enfant est différent, c'est une réalité que je connais mieux » (EIM). Pour trois jeunes bénévoles à la MAG, leur expérience a entraîné la confirmation d'un choix de carrière : « Ça m'a aussi confirmé que je suis faite pour ce type de travail » (EIM).

Finalement, pour quelques bénévoles, l'expérience au Phare permet de rencontrer des gens et de tisser des liens : « Ça m'a permis de rencontrer des gens extraordinaires, autant au Phare, j'entends, que dans la famille. Donc, ça a créé des nouveaux liens d'attachement, des nouveaux liens importants dans ma vie » (EID). Une bénévole à la MAG explique que cela illumine ses samedis soir qu'elle trouvait souvent « moches » auparavant car elle vit seule.

Plus de la moitié des bénévoles à domicile et à la MAG n'arrivent pas à relever de retombées négatives relativement à leur expérience. Quelques-uns mentionnent toutefois faire face à des problèmes de motivation en lien avec différents aspects de leur engagement, dont la fréquence des visites : « Les changements négatifs, c'est vraiment la lourdeur de la tâche. La lourdeur de dire : "Je m'en vais là une fois par semaine, j'y vais, je ne cancelle pas, même si aujourd'hui je ne file pas. J'ai dit que j'irais et il faut que j'y aille" » (EID). Les autres aspects ayant une influence négative sur la motivation des bénévoles sont le moment de la semaine où les visites ont lieu ainsi que la longue durée des visites et du temps de transport. Ainsi, une bénévole à la MAG explique : « C'est une sacrée gestion de temps de me dire que ma journée de dimanche est presque... pas fichue, ce n'est pas le terme, mais elle est complète » (EIM).

EN CONCLUSION

C'est à travers des témoignages de bénévoles qu'il a été possible dans ce chapitre de mieux connaître et comprendre certains des éléments caractérisant l'accompagnement en soins palliatifs pédiatriques, en contexte d'offre de répit, et ce, dans deux environnements différents, soit le domicile et une maison de soins palliatifs pédiatriques. Une meilleure connaissance et compréhension du rôle de ces bénévoles, des défis qu'ils doivent relever et des retombées de leur action bénévole sur eux-mêmes peut être avantageuse sur différents plans. Sur le plan administratif, cela peut permettre de mieux orienter le recrutement et la sélection des bénévoles, de même que la formation, l'encadrement et le soutien qui leur sont offerts en fonction de l'environnement dans lequel ils désirent s'engager. Sur le plan social, cela peut contribuer à améliorer la qualité du soutien proposé aux familles. Sur le plan de la recherche, et bien que les cinq grandes catégories de défis et les retombées ayant émergé de l'analyse apparaissent communes au bénévolat en soins palliatifs quelle qu'en soit la forme, les résultats présentés dans ce chapitre mettent en relief plusieurs des spécificités du bénévolat en soins palliatifs pédiatriques. Ainsi, au-delà du nécessaire « savoir-être », qui sous-entend une capacité à se mettre au diapason des enfants et des familles, un « savoir-faire » et une grande créativité sont essentiels chez ces bénévoles, tout comme une volonté de développer ses capacités à interagir avec les enfants, sachant que plusieurs sont lourdement handicapés.

RÉFÉRENCES

ACSP [Association canadienne de soins palliatifs] et RCSPE [Réseau canadien de soins palliatifs pour les enfants]. (2006). *Soins palliatifs pédiatriques. Principes directeurs et normes de pratique.* Ottawa : ACSP.

ACT [Association for Children with Life-threatening or Terminal Conditions and their Families] et RCPCH [Royal College of Paediatrics and Child Health]. (2003). *A guide to the development of children's palliative care services* (2e éd.). Bristol : ACT.

Champagne, M., Mongeau, S., Laurendeau, M.-C., Liben, S. et Carignan, P. (2004). Conditions d'une bonne relation entre le bénévole, l'enfant atteint d'une maladie à issue fatale et sa famille. *Cahiers de soins palliatifs*, 5(2), 5-28.

Cordier, G. (2001). Le rôle du bénévole auprès de l'enfant et de sa famille. Dans D. Jacquemin (dir.), *Manuel de soins palliatifs* (2e éd.). Paris : Dunod.

Ernoult, A. (2001). Parents, équipe médicale et bénévoles autour de l'enfant en fin de vie. Dans D. Jacquemin (dir.), *Manuel de soins palliatifs* (2e éd.). Paris: Dunod.

Groupe de travail sur les normes en matière de soins palliatifs pédiatriques (2006). *Normes en matière de soins palliatifs pédiatriques.* Québec: Direction des communications du ministère de la Santé et des Services sociaux, Gouvernement du Québec.

Horsburgh, M., A. Trenholme et T. Huckle (2002). Paediatric respite care: A literature review from New Zealand. *Palliative Medicine*, 16(2), 99-105.

Le Phare, Enfants et Familles (2011). *Philosophie et valeurs des employés et des bénévoles.* Montréal: Le Phare, Enfants et Familles.

Mongeau, S., Carignan, P., Champagne, M., Laurendeau, M.-C. et Liben, S. (2004a). *Au-delà du répit et des activités... un message de solidarité - Évaluation du programme Répit à domicile, Le Phare, Enfants et Familles, Phase II.* Montréal: Université du Québec à Montréal / Le Phare, Enfants et Familles.

Mongeau, S., Champagne, M. et Carignan, P. (2004b). L'accompagnement bénévole d'enfants atteints d'une maladie à issue fatale: des tensions contradictoires à l'œuvre. *Frontières*, 17(1), 48-56.

Mongeau, S., Champagne, M. et Carignan, P. (2006). Au-delà du répit... un message de solidarité. *Cahiers de soins palliatifs*, 6(2), 81-103.

CHAPITRE 5

LE BÉNÉVOLAT AUPRÈS DES AÎNÉS QUI REÇOIVENT DES SOINS PALLIATIFS À DOMICILE : UN SURVOL DE LA SITUATION QUÉBÉCOISE

Andrée Sévigny,
Travailleuse sociale, post-Ph. D., professeure associée au Département de médecine familiale, directrice adjointe au Centre d'excellence sur le vieillissement de Québec (CEVQ), directrice adjointe à l'Institut sur le vieillissement et la participation sociale des aînés (IVPSA)

Julie Castonguay,
Étudiante au doctorat en gérontologie à l'Université de Sherbrooke, assistante de recherche au Centre d'excellence sur le vieillissement de Québec (CEVQ)

Au Canada, et particulièrement au Québec, le vieillissement de la population suit une courbe ascendante marquée, qui a des répercussions considérables sur les besoins en matière de services de santé et de services sociaux (Institut national de santé publique du Québec [INSPQ], 2010 ; Ministère de la Famille et des Aînés [MFA] et Ministère de la Santé et des Services sociaux [MSSS], 2012 ; MSSS, 2004). Les orientations étatiques québécoises, conjuguées aux avancées dans le domaine des soins palliatifs, tendent à favoriser le soutien à domicile de personnes atteintes de maladies avec un pronostic réservé (Association québécoise des soins palliatifs [AQSP], 2005; MSSS, 2004). Dans cette foulée, les soins palliatifs offerts par les Centres de santé et de services sociaux (CSSS) québécois se sont développés rapidement, notamment par la mise en place d'équipes dédiées aux soins palliatifs à domicile.

Toutefois, dans la situation particulière des aînés, les familles assument la plus grande part du soutien, et ce, à l'heure même où le modèle traditionnel de la famille tend à se transformer au profit de nouveaux modes d'organisation familiale moins propices à une telle prise en charge (Turcotte et Schellenberg, 2007). Les familles ont elles-mêmes besoin de soutien et les bénévoles apparaissent comme une des ressources vers laquelle ils peuvent se tourner pour recevoir ce précieux soutien (Association d'Entraide Ville-Marie, 2009; Castonguay, 2010, 2012; Jovelin, 2005; Lalande, 2002; Sévigny, 2002; Sévigny, Dumont, Cohen et Frappier, 2009; Sévigny *et al.*, 2012; Vézina et Membrado, 2005).

Historiquement, l'action bénévole inscrite dans des organismes communautaires (OC) a été le moteur de l'instauration et de l'essor des soins palliatifs (Dunet-Larousse, 2000; Mount, 1992). Cependant, la nature de la participation des bénévoles (motivations, valeurs, principes) et son étendue (fonctions, responsabilités, tâches) sont encore difficiles à cerner. Les frontières qui délimitent leur action par rapport à celle des autres intervenants (membres des familles, amis, professionnels) sont souples et mouvantes (Paine, Hill et Rochester, 2010; Sévigny et Vézina, 2007). À cette difficulté, s'ajoute une grande variation de l'accès aux soins palliatifs selon les milieux de soins (MSSS, 2004; Turgeon, Dumont, St-Pierre, Sévigny et Vézina, 2006) et selon les différentes réalités régionales, notamment entre les milieux urbain et rural. On note des difficultés dans l'organisation des soins palliatifs à domicile en milieu rural: isolement géographique, problèmes de transport, difficultés de recrutement et de rétention de professionnels et de bénévoles (Evans, Stone et Elwyn, 2003). L'arrivée des baby-boomers dans le champ de l'action bénévole change aussi la donne (Ammeter *et al.*, 2009; Thibault, Fortier et Leclerc, 2011). Ceux-ci accordent une grande importance à la liberté et à l'autonomie et seront sans doute davantage sélectifs que leurs prédécesseurs quant à leur milieu d'engagement et leurs horaires (Hientz et Speevak Sladowski, 2011).

Afin de soutenir les efforts des organisations qui tentent d'aplanir ces difficultés, nous avons réalisé des travaux portant sur la nature et l'étendue du bénévolat auprès des aînés, notamment celui qui s'intéresse aux aînés qui reçoivent des soins palliatifs ou de fin de vie à domicile[1] (Sévigny, 2002, 2004; Sévigny et Vézina, 2007; Sévigny, Blondeau, Proulx et Guillot, 2008; Sévigny *et al.*, 2009; Sévigny, Paquet et Frappier, 2009; Sévigny, Tourigny et Proulx, 2010; Sévigny, Cohen, Dumont et Frappier, 2010). Nous nous sommes aussi intéressés à la place des bénévoles dans un univers où interviennent plusieurs acteurs, dont des intervenants professionnels et des proches aidants (Sévigny et Frappier, 2010; Sévigny *et al.*, 2012). Ces travaux ont été réalisés dans diverses régions, rurales et urbaines, du Québec. Le présent chapitre présente des faits saillants émergeant des résultats de ces travaux afin d'alimenter la réflexion et de tracer un aperçu de la situation du bénévolat auprès des aînés qui sont en fin de vie ou qui reçoivent des soins palliatifs à domicile. Les éléments rapportés sont, bien souvent, appuyés par des extraits d'entretiens de recherche. La lettre qui suit chacun de ces extraits indique s'il s'agit d'un bénévole (B), d'un intervenant professionnel (I), d'une personne âgée qui reçoit les services de bénévoles (A) ou d'un proche aidant (PA) de celle-ci. Nous n'exposerons pas les approches théoriques ou les méthodes utilisées pour chacun de ces travaux[2]. Mentionnons toutefois qu'ils s'appuient tous sur des méthodes qualitatives et une approche constructiviste. Suivant cette approche, la réalité sociale n'est pas considérée comme fixe et mesurable (Mucchielli, 2005). Elle découle de la compréhension du point de vue subjectif de l'acteur et de la signification qu'il lui donne et elle se transforme constamment. En conclusion, nous proposons des pistes en ce qui a trait au développement de la recherche et de la pratique dans le domaine du bénévolat réalisé *par* et *pour* des aînés et, plus particulièrement, celui des soins palliatifs ou de fin de vie.

1. Ces travaux ont été menés par la première auteure de cet article et des collègues qui s'intéressent à l'action bénévole et à la participation sociale des aînés.
2. Les lecteurs désireux d'avoir des informations supplémentaires sur ces aspects peuvent se référer aux articles déjà publiés et mentionnés dans les références bibliographiques qui accompagnent ce texte (notamment, Sévigny, Dumont et Cohen, 2005; Sévigny, 2002, 2004; Sévigny *et al.*, 2008, 2009).

LA NATURE DE L'ACTION BÉNÉVOLE

Le bénévolat actuel dans le domaine des soins palliatifs se caractérise par la liberté et la gratuité du geste. Le bénévole fait le choix d'aider parce qu'il aime le faire et parce qu'il évalue en avoir la capacité, sans intention d'en retirer un salaire ou d'accumuler un profit d'ordre financier. Cette forme de gratuité n'exclut en rien le sentiment que le bénévole éprouve de recevoir beaucoup (sentiment d'être utile, de rendre ce qu'il a reçu, d'être valorisé, etc.) :« Tu vas aider cette personne-là puis tu sais que tu fais ça bénévolement, tu n'as pas de retour, ça te comble énormément ! Parce que je sais que je lui apporte quelque chose, il est heureux... c'est une satisfaction personnelle » (B).

Les bénévoles estiment recevoir beaucoup plus qu'ils ne donnent. En ce sens, le sentiment d'être utile à l'autre ou à la collectivité constitue à la fois une motivation et un gain important. Les bénévoles en retirent reconnaissance et valorisation : « Le bénévolat, pour moi actuellement, c'est une partie de ma vie très importante, motivante, qui permet de me rendre compte que je peux peut-être être encore utile [...] c'est quelque chose d'important et de valorisant » (B).

La liberté et la gratuité du geste en appellent aussi à la souplesse dans l'application des pratiques bénévoles : « Mais ce n'est pas un commerce tu sais. Ce n'est pas automatique. [...] un moment donné y'ont besoin et ils disent : "Ah mais oui, vous êtes là !" » (B). Non seulement le bénévole a la possibilité de choisir le type d'engagement, de tâche ou de personnes à qui il souhaite apporter du soutien, mais il peut aussi décider de se retirer s'il le désire. De même, les aînés et leurs proches sont libres de refuser leur présence.

Fondé sur de telles caractéristiques, le bénévolat en soins palliatifs ne peut, à lui seul, assurer l'accès à tous aux services essentiels à leur bien-être, ni leur continuité dans le temps. Son actualisation suppose une négociation constante entre les attentes des bénévoles et celles des personnes qui reçoivent leurs services. Elle nécessite un ajustement continuel de la place que les bénévoles sont en mesure d'occuper auprès des aînés et de leur famille qui ont besoin de soutien.

L'ÉTENDUE DE LA PARTICIPATION

Mais quelle place les bénévoles occupent-ils dans cet univers de soins et services aux aînés et à leur famille ? Quels sont les principaux apports du bénévole au mieux-être des individus et de la collectivité ? Les personnes qui ont participé à nos travaux (bénévoles et coordonnateurs d'OC, intervenants professionnels, aînés ou proches aidants) se réfèrent systématiquement à la notion d'*accompagnement* pour décrire cette contribution (Sévigny, 2004 ; Sévigny et Vézina, 2007 ; Sévigny *et al.*, 2010, 2012). Dans l'univers des soins palliatifs, la notion d'accompagnement signifie généralement : faire le chemin avec, partager la route, se tenir au côté de quelqu'un (La Marne, 2005). Ancré au cœur de la relation entre *soi* et l'*autre*, l'accompagnement vise avant tout la création d'une relation authentique entre le bénévole, la personne malade et ses proches. Le lien que le bénévole tend à créer s'inscrit dans un mouvement d'aller-retour qui rend difficile une lecture trop statique de la réalité suivant laquelle il y aurait une personne aidante et une personne aidée, puisqu'en général, les bénévoles estiment recevoir beaucoup plus qu'ils ne donnent (Grimaud, 2002 ; Sévigny, 2002, 2004).

Rendre service et avoir le sentiment du devoir accompli

Pour certains, le fait de rendre service est intimement lié à leur satisfaction face au sentiment du devoir accompli. Nous entrons ici dans l'univers de l'obligation normative où l'action est motivée par l'accomplissement de quelque chose de convenable, selon le système moral de chacun. Rendre service devient la norme à suivre pour être satisfait de soi et relève de l'obligation imposée par le sujet lui-même. Bien que des pressions extérieures agissent dans la détermination de la norme, il ne s'agit pas d'une contrainte imposée uniquement de l'extérieur.

Faire plaisir en se faisant plaisir

Tout en faisant plaisir aux autres, plusieurs bénévoles font part du bonheur que leur action leur procure. Ils sont heureux de rendre l'autre heureux : « C'est ma paye ça ! Moi, je suis contente pour eux autres ! Ils sont contents, fait qu'on est contents ! C'est notre paye ça ! On dirait que c'est une satisfaction personnelle» (B). Cette satisfaction n'est pas liée à l'objet qui circule, mais au geste lui-même. Ainsi, le service n'est pas une finalité en soi: c'est le fait de le rendre qui rend heureux.

Aimer et être aimé: soutien moral et réconfort

Plusieurs bénévoles apportent du réconfort aux personnes âgées. Ils les consolent et les soutiennent moralement: «Ben, je ne sais pas. Il nous manquerait quelque chose parce qu'ils nous relèvent le courage. Ben oui, des fois, on est déprimés, pis ils arrivent, pis ça nous remonte» (A). Par ailleurs, les bénévoles estiment recevoir aussi: ils donnent, ils reçoivent, ils rendent de l'amour: «Moi, c'est comme de l'affection que je vais chercher aussi. J'ai tellement un manque d'affection. Pis j'en ai tellement à donner» (B). Ces liens qui se tissent font en sorte que certains des bénévoles deviennent des confidents. Les personnes âgées profitent de leur présence pour parler de leurs problèmes et leur confier leurs inquiétudes. Ces conversations sont spontanées et se tiennent pendant des activités comme le transport et accompagnement ou les visites et appels d'amitié.

Réagir aux changements qui surviennent chez soi et chez l'autre

Le bénévolat est aussi considéré comme un moyen de réagir aux changements qui peuvent survenir chez la personne âgée comme chez le bénévole. La maladie entraîne dans son sillage des incapacités et le bénévole tentera de pallier certaines de celles-ci, notamment en ce qui concerne l'accès aux services de santé. De leur côté, certains bénévoles vivent des changements dans leur vie qui les obligent à se réorganiser. Il peut s'agir d'une retraite ou d'une préretraite, d'un déménagement ou du départ des enfants: «J'ai pris ma retraite, pis tout d'un coup, je tombais à rien faire. Avant de m'ennuyer, j'ai décidé d'être bénévole…» (B). Le bénévolat est alors envisagé comme un moyen pour s'adapter au changement et réorganiser sa vie en fonction de nouveaux paramètres.

Valoriser et être valorisé: être quelqu'un!

L'attention particulière que le bénévole porte à la personne âgée lui indique qu'elle est appréciée par quelqu'un, qu'elle a de la valeur aux yeux d'autrui : « Ben, je me dis que ça me rend beaucoup service, pis après ça, je me dis, il faut croire que je suis appréciée de quelqu'un… je le sais pas » (A). Cependant, le geste bénévole confère une valeur non seulement à celui qui reçoit l'aide, mais aussi à l'individu qui la donne. Des bénévoles affirment également qu'ils s'enrichissent au contact de l'autre, qu'ils développent de nouvelles habiletés et qu'ils acquièrent de l'assurance et de la confiance en eux. Pour certains, le bénévolat contribue à leur réalisation personnelle et donne un sens à leur vie :

> Ils [les bénévoles] sortent de la maison avec un but. À place de dire j'vas sortir, je vais aller marcher, je vais aller virer au bout de la rue, pis je reviens. Y'a rien au bout de la rue là. C'est quelque chose qui donne un sens à la vie (B).

DES PARTICULARITÉS DU BÉNÉVOLAT À DOMICILE

Le bénévolat à domicile comporte certaines particularités méritant d'être soulignées, car elles peuvent avoir une influence sur le choix du milieu d'intervention qui sera privilégié par les bénévoles. Selon certains bénévoles, le domicile est un lieu plus propice à l'échange que le centre hospitalier (CH). Il y est plus facile de créer un lien d'intimité qui favorise la confidence, y compris avec les proches de la personne malade. Par ailleurs, les bénévoles ne souhaitent pas se substituer à la famille. Leur présence vise plutôt à leur apporter un peu de répit. Les familles n'ont pas toujours toutes les ressources nécessaires pour soutenir leurs aînés et sont, parfois, au bord de l'épuisement. Cet apport bénévole est apprécié par les aidants, mais aussi par les intervenants professionnels :

> Leur mission c'est de venir appuyer la famille, de les aider, leur donner un souffle, changer les idées […]. Ça va beaucoup mieux depuis qu'il a ses bénévoles aussi. Puis pour madame [une aidante], ça lui donne la chance aussi de se réénergiser puis d'être efficace puis de poursuivre aussi, de garder monsieur à la maison. Sinon, je ne suis pas sûr que ce soit envisageable à 100 % (I).

La présence de bénévoles au domicile peut alors participer à la réduction des périodes d'utilisation des lits de répit en hébergement : « Bon là, on va regarder vers [nom d'un organisme bénévole]… il faut que vous fassiez ça parce que vous ne pouvez pas laisser votre femme parce que sans ça, elle va être hospitalisée. On ne pourra pas la laisser toute seule » (I).

Cependant, les bénévoles estiment occuper une position qui leur est propre dans le système de soins et de services. Ils ne souhaitent pas s'interposer dans des situations qui concernent la famille et tentent de soutenir l'action des professionnels, sans prendre leur place. Ils laisseront ceux-ci informer le patient sur le diagnostic, les traitements ou l'évolution de la maladie. Par contre, les bénévoles sont en mesure de réaliser une certaine surveillance, de détecter des besoins, ou de dépister des problèmes et d'en faire part aux professionnels (dans le respect de la volonté des personnes qui leur font des confidences).

Lorsque le bénévole qui offre du répit aux proches se retrouve seul avec la personne malade durant quelques heures, il peut être appelé à faire face seul à différentes situations et à décider de la meilleure marche à suivre. Cela peut créer chez lui une certaine crainte. De plus, le domicile n'est pas un milieu « neutre ». Le malade et ses proches sont chez eux, dans *leur* environnement. Ainsi, le bénévole peut vivre une certaine insécurité, car il doit aller seul à la rencontre d'un inconnu avec lequel il aura à établir une relation. Cet inconfort peut être aplani si l'équipe de coordination de l'organisme au sein duquel il s'implique le présente à la personne malade et à sa famille. Pour ces différentes raisons, la place des bénévoles à domicile est moins facile à cerner que celle qu'ils occupent dans les établissements (maison spécialisée et CH) où leurs tâches sont déterminées par des conventions ou ententes plus officielles.

LA COLLABORATION : UNE QUESTION D'ÉQUILIBRE

La participation bénévole auprès des aînés malades à domicile et de leur famille repose sur une diversité de facteurs. La seule identification de ces facteurs ne peut rendre compte de la réalité complexe et mouvante de la collaboration des bénévoles avec les autres acteurs impliqués dans les soins palliatifs ou de fin de vie. Le défi consiste surtout à préserver un équilibre, parfois précaire, entre ces divers facteurs (Castonguay, 2012 ; Sévigny *et al.*, 2012).

Équilibre entre la proximité et la distance

Le bénévole sera en mesure d'accompagner le malade et ses proches s'il arrive à développer une relation de confiance avec eux, tout en gardant une certaine distance. Il est comme « un ami », comme « de la famille », mais il n'est ni un ami, ni un membre de la famille. Il doit faire sa place sans représenter un risque pour la préservation de l'intimité et de la vie privée : « C'est un étranger qui rentre dans leur maison, c'est un étranger qui rentre dans leur peine, c'est un étranger qui rentre dans leur problème... » (B). Le défi est d'autant plus grand s'il intervient auprès de personnes pour qui le recours au bénévole vient ébranler la certitude que l'aide doit être assurée par la famille : « Reconnaître nos propres limites, peut-être que c'est difficile [...], dire qu'on a besoin d'aide pis qu'on n'est pas capable de s'organiser au niveau de la famille, que ça nous prend quelqu'un de l'extérieur. C'est comme une défaite » (I).

Lorsque le bénévole est impliqué assez tôt dans le processus de la maladie, il peut réussir à créer une relation de confiance et devenir quelqu'un de très significatif dans les circonstances particulières reliées à la fin de vie (expression d'émotions, besoin de faire des confidences, etc.). La personne aînée en fin de vie risque d'accepter plus facilement le bénévole s'il partage avec elle certaines caractéristiques sociodémographiques et des valeurs communes. Cette proximité peut amorcer et maintenir le lien de confiance entre l'aîné, la famille et le bénévole.

La bonne connaissance de l'organisme bénévole peut aussi faciliter l'entrée du bénévole au domicile. Cependant, le fait que cet organisme soit connu et identifié aux soins palliatifs et de fin de vie peut avoir l'effet contraire chez les personnes qui éprouvent certaines craintes face aux soins palliatifs et à la mort.

Équilibre entre la flexibilité et l'encadrement

La participation des bénévoles aux soins palliatifs est aussi reliée à la présence d'un certain équilibre entre la présence d'un encadrement de l'action des bénévoles et le besoin de flexibilité. De ce point de vue, les bénévoles apprécient l'existence de règles de base qui balisent leur action tout en leur laissant une marge de manœuvre pour s'adapter aux différentes situations. Rappelons-nous que pour les bénévoles, la liberté et la gratuité constituent les fondements majeurs de leur implication. Le bénévole s'engage librement, dans un type d'accompagnement qu'il privilégie, dans un horaire, une durée d'accompagnement et le choix des tâches à accomplir.

> Je dirais que nous on n'a pas de mandat professionnel. On n'a pas à soulager physiquement, on n'a pas à voir si elle a de la douleur, on n'a pas de mandat précis, sauf d'être présente à ses besoins qui sont... ça peut être physique [...] c'est plus le mental, le spirituel, le psychologique et parfois c'est rien (B).

L'aîné ou la famille peuvent aussi mettre fin aux services d'un bénévole pour diverses raisons : une mauvaise expérience vécue avec un bénévole, le sentiment pour l'aîné d'une obligation d'entretenir une conversation soutenue avec le bénévole alors qu'il ne le souhaite pas, la volonté de préserver les derniers moments de vie avec les proches : « Dans les derniers moments de la vie des personnes, je pense que ce n'est pas la place des bénévoles » (PA). L'aîné ou la famille peuvent également, en tout temps, choisir une personne bénévole avec qui ils ont des affinités ou une bonne entente : « Nous, y'ont droit à six heures par semaine, pis des fois, c'est plus que ça [...] quand ça marche pas, on change de personne » (I). Ils ont aussi la possibilité de choisir un accompagnement par un homme ou une femme. Dans tous les cas, le coordonnateur de l'organisation bénévole doit s'adapter à la disponibilité des bénévoles et à ces demandes particulières. Aussi, le manque de flexibilité dans les règles des organisations risque de mettre en péril la volonté des bénévoles de s'engager et de compromettre la spécificité même du geste bénévole.

Cela dit, la coordination de la présence et des contributions respectives des professionnels et des bénévoles est primordiale pour optimiser le soutien aux aînés et à leurs proches. À cet égard, certaines règles adoptées par l'organisme viennent établir la possibilité ou non pour les bénévoles de réaliser certaines tâches ou de poser certains gestes tels que l'aide à l'administration de médicaments ou l'exécution de certaines tâches ménagères : « On explique à l'usager que le bénévole est là pour telle chose. Y'a certaines demandes que le bénévole ne peut pas combler, etc. On essaie un p'tit peu de cadrer pour ne pas déborder... on essaie » (I).

Les organisations bénévoles établissent aussi des normes au regard des horaires, des attitudes à adopter, des compétences ou aptitudes à posséder où à acquérir, etc. En ce sens, elles vont offrir une formation de base. Les bénévoles peuvent alors consolider leur savoir-faire (habiletés techniques pour les déplacements sécuritaires, connaissances minimales des soins palliatifs, communication, relation d'aide, etc.) et leur savoir-être (comportements, attitudes, écoute, respect) : « On essaie de prendre juste notre place, juste notre p'tite place là [...] alors on y va ben tranquillement... » (B). Une telle formation est incontournable ; elle a aussi pour effet de rassurer les personnes aînées, leur famille et les professionnels qui interviennent au domicile.

Enfin, les bénévoles s'engagent à la discrétion et à la confidentialité en respectant le code de déontologie de leur organisation (Sévigny *et al.*, 2008). Cette disposition peut inciter ou favoriser le transfert d'informations (condition médicale ou familiale des personnes aînées) de la part des professionnels vers les bénévoles et créer un meilleur climat de confiance entre tous les partenaires :

> Le but premier, c'est que le patient reçoive tout ce dont il a besoin [...] alors on travaille tous dans le même but [...] c'est pour ça que la communication est à la base de notre collaboration parce que si on se communique pas l'information, ben on va arriver à un mur à un moment donné... (B).

Des rencontres de groupe peuvent ainsi être consacrées à des sujets variés, depuis les difficultés vécues par les bénévoles dans leur accompagnement, en passant par une connaissance plus approfondie des tâches des uns et des autres, jusqu'à des discussions sur les soins palliatifs, la mort, le deuil, etc.

Équilibre entre les communications informelles et formelles

Afin de favoriser un recours optimal aux bénévoles, l'équilibre doit aussi être maintenu entre la présence et le maintien de communications informelles entre les bénévoles et les autres intervenants, notamment les professionnels, tout en prévoyant l'établissement de mécanismes formels de communication.

Lorsque les bénévoles et les intervenants professionnels se connaissent personnellement, cela semble représenter un atout de taille afin de favoriser la présence des bénévoles et leur complémentarité avec les autres acteurs (professionnels et proches). Plusieurs d'entre eux communiquent spontanément sans obligation de part et d'autre. Ces liens informels ont aussi pour effet de renforcer la confiance et de faciliter les échanges profitables au bon fonctionnement du soutien offert aux aînés.

Par contre, la stabilité de cette collaboration ne peut reposer uniquement que sur ces communications informelles. La collaboration serait trop largement tributaire de la motivation des acteurs impliqués. Il suffirait d'un bris de confiance ou du départ de l'une ou l'autre des personnes pour menacer la collaboration ou y mettre un terme. Enfin, en demeurant dans la sphère de l'informel, le temps que les intervenants professionnels consacrent à ces échanges n'est pas nécessairement reconnu et considéré comme une de leurs tâches par leurs employeurs.

Pour toutes ces raisons, il importe de mettre en place des mécanismes structurés de communications entre bénévoles, familles et professionnels de la santé. Plusieurs exemples témoignent de l'existence de ces mécanismes. Par exemple, à certains endroits les professionnels du réseau de la santé préparent, à l'intention des bénévoles, un « cahier de bord » contenant une liste de ressources utiles. Ils distribuent aussi aux familles un dépliant et des explications sur le service bénévole d'accompagnement. Il existe aussi des protocoles qui régissent les références entre les organisations (OC, CSSS, etc.). Lorsque de telles ententes sont appliquées, les chances sont plus grandes que les intervenants et les bénévoles soient mieux informés sur les OC et le rôle que les bénévoles peuvent jouer dans l'accompagnement à domicile et qu'ils en informent aussi les aînés malades et leur famille. Les professionnels seront aussi plus enclins à informer les bénévoles de certains aspects liés à la condition médicale et sociale de la personne aînée afin de mieux les préparer à l'accompagner (dans le respect des règles de la confidentialité qui régissent de tels échanges). Cependant, jusqu'à maintenant, il n'y a pas de consensus sur la pertinence du meilleur moment pour faire cette référence aux bénévoles. Ceux-ci estiment qu'ils interviennent tardivement auprès de la personne aînée. Si le réseau familial est restreint, les aidants sont alors dans un grave état d'épuisement et une arrivée tardive laisse peu de temps pour établir une relation significative avec la personne accompagnée : « Ils vont finir par dire oui à des offres de répit, de bénévoles, quand la personne est sur le bord de la mort. Ça, c'est ben dommage parce que le contact n'a pas été établi » (B).

La plupart du temps, le coordonnateur des bénévoles agit à titre d'intermédiaire entre les professionnels et les bénévoles. À ce titre, dans certains endroits, il participe aux rencontres de l'équipe des soins palliatifs du CSSS. Ces rencontres lui fournissent des informations supplémentaires sur la situation de la personne aînée au domicile, lui donnent accès à des conseils techniques afin de soutenir l'intervention des bénévoles dans le registre des actions qui leur sont dévolues et permettent une efficacité accrue de la collaboration. Le respect de la règle de confidentialité s'impose néanmoins dans ces rencontres.

CONCLUSION

Lors de la réalisation de nos travaux, plusieurs participants ont souligné l'importance de la contribution des bénévoles en affirmant que « le bénévolat, c'est la vie » (Sévigny, 2002 : 289). En analysant leurs propos qui mettent en lumière la nature de leur engagement (le don libre et gratuit), son étendue (les apports individuels, mais aussi collectifs) et les facteurs qui la favorisent ou qui la freinent, nous découvrons toute la portée de cette affirmation.

D'abord, le bénévolat c'est la vie, car il contribue non seulement à améliorer le bien-être de l'individu qui a besoin de soutien pour demeurer à domicile, mais aussi à maintenir les liens avec l'extérieur (extérieur de son domicile, extérieur à sa famille, l'*étranger*). Lorsque le bénévole entre dans sa maison, c'est aussi une ouverture vers la société qui lui est offerte. Les membres de la famille ou les travailleurs salariés peuvent réaliser les mêmes activités que les bénévoles, mais ces derniers s'engagent librement et gratuitement hors de l'obligation familiale ou du cadre d'un contrat de travail. Ces caractéristiques du bénévolat confèrent une valeur aux personnes et à leur expérience. Par l'accompagnement, les bénévoles donnent de l'importance à l'autre en l'écoutant, en lui apportant un soutien moral et en recevant ses confidences qui expriment des questions ou des réflexions importantes pour les aînés. De plus, les bénévoles considèrent recevoir encore plus qu'ils ne donnent. L'action des bénévoles répond à leur besoin de se rendre utiles à la société. Ils y puisent de la valorisation et de la reconnaissance (Association d'Entraide Ville-Marie, 2009). Le bénévolat est une occasion de réalisation personnelle, mais aussi de solidarité. Les contacts sociaux permettent aux aînés malades de se sentir moins seuls, de communiquer avec leurs semblables, de faire part de leurs désirs et d'avoir le sentiment d'être bien entourés. Dès lors, il semble essentiel de continuer à développer les connaissances sur le bénévolat comme un espace de construction identitaire.

Ce qui nous amène à considérer que le bénévolat c'est la vie, c'est aussi que son actualisation s'inscrit dans les interactions entre une diversité d'acteurs individuels et d'organisations bien différentes, notamment les OC et les CSSS. La place du bénévole fait donc inévitablement l'objet d'une constante négociation afin de trouver et de maintenir un état d'équilibre entre les divers facteurs (d'ordre individuel, organisationnel ou structurel) qui favorisent ou qui freinent la participation des bénévoles. Il serait essentiel de poursuivre le développement des connaissances sur cette dynamique d'interactions entre les divers acteurs, mais aussi sur les interactions entre ces acteurs et les structures à l'intérieur desquelles ils agissent. C'est en considérant les pratiques professionnelles et bénévoles, les ressources déjà en place ou à créer, les modes de communication et les règles de fonctionnement institutionnel que les futures études serviraient la réflexion et les actions visant la mise en place de conditions facilitant le développement de l'action bénévole (Giddens, 1987). Dans cette optique, il serait opportun de procéder à des travaux, s'inscrivant dans le courant de la recherche participative, afin de mettre en place des stratégies d'action, notamment pour le recrutement, l'accueil et la rétention des bénévoles, et d'évaluer leur faisabilité et leur portée sur le mieux-être des aînés, de leur famille et des bénévoles eux-mêmes.

Enfin, les résultats de ces futurs travaux seraient fort aidants afin d'éviter des dérapages qui mettraient en péril la participation des bénévoles aux soins palliatifs ou de fin de vie. Alors que les politiques étatiques favorisent le soutien à domicile des aînés, tout en éprouvant des difficultés notoires à y associer toutes les ressources nécessaires, il importe de demeurer vigilant afin de respecter les disponibilités, les capacités et surtout la nature et les limites de l'action bénévole. De tels travaux nous semblent essentiels afin d'optimiser la participation et d'atteindre une plus grande efficacité dans l'actualisation de la mission des soins de fin de vie aux aînés, dans un contexte de soutien à domicile.

RÉFÉRENCES

Ammeter, D., Berry, C., Brophy, J., Bowkett, F., Clark, P., Cutler, J., Delisle, N., Desjarlais, S., Feaver, C., Gardner, D., Lapierre, D., MacKenzie, R., Ryu, J.-S., Spadafora, P., Swan, J., et Vautour-MacKay, A. (2009). *Les baby-boomers: Vos nouveaux bénévoles. Guide d'introduction:*

Repenser l'approche de votre organisme pour susciter la participation des bénévoles baby-boomers. Canada : Bénévoles Canada.

Association d'Entraide Ville-Marie (2009). *Une qualité de vie jusqu'à la fin... des soins palliatifs à domicile.* Montréal : Richard Vézina.

Association québécoise des soins palliatifs (2005). *Normes nationales pour les bénévoles [National standards for volunteers].* Consulté le 3 juin 2012 sur le site Internet de l'Association québécoise des soins palliatifs www.aqsp.org.

Castonguay, J. (2010). L'engagement bénévole dans les organismes communautaires en soutien à domicile aux aînés : les facteurs favorisants et contraignants. *Revue canadienne de service social,* 27, 79-94.

Castonguay, J. (2012). *L'engagement bénévole dans les organismes communautaires en soutien à domicile aux aînés : les facteurs favorisants et contraignants.* Mémoire de maîtrise, Université Laval, Québec, Canada.

Dunet-Larousse, E. (2000). Droit et fin de vie. *Gérontologie et société,* 93, 187-200.

Evans, R., Stone, D. et Elwyn, G. (2003). Organizing palliative care for rural populations : a systematic review of the evidence. *Family Practice,* 20(3), 304-310.

Giddens, A. (1987). *La constitution de la société : éléments de la théorie de la structuration.* Paris : Presses universitaires de France.

Grimaud, C. (2002). L'accompagnement des malades par les bénévoles des « Petits Frères des Pauvres ». *Revue française des affaires sociales,* 4(4), 53-62.

Hientz, M. et Speevak Sladowski, P. (2011). *Composantes fondamentales de l'engagement bénévole des baby-boomers.* Ottawa : Bénévoles Canada.

Institut national de santé publique du Québec (INSPQ) (2010). *Vieillissement de la population, état fonctionnel des personnes âgées et besoins futurs en soins de longue durée au Québec.* Québec.

Jovelin, E. (2005). Bénévolat et action sociale. L'action des bénévoles auprès des personnes âgées. *Pensée plurielle,* 1, 101-117.

Lalande, G. (2002). *La persévérance des aînés bénévoles et les pratiques d'encadrement, de formation et de soutien dans les organismes communautaires et bénévoles de maintien à domicile.* Mémoire de maîtrise, Université de Sherbrooke, Québec, Canada.

La Marne, P. (2005). *Vers une mort solidaire* (1re éd.). Paris : Presses universitaires de France.

Ministère de la Famille et des Aînés (MFA) et Ministère de la Santé et des Services sociaux (MSSS) (2012). *Politique Vieillir et vivre ensemble – Chez soi, dans sa communauté, au Québec.* Québec : Gouvernement du Québec.

Ministère de la Santé et des Services sociaux (2004). *Politique en soins palliatifs de fin de vie.* Québec : Gouvernement du Québec.

Mount, B. M. (1992). Volunteer support services, a key component of palliative care. *Journal of Palliative Care*, 8(1), 59-64.

Mucchielli, A. (2005). *Le développement des méthodes qualitatives et l'approche constructiviste des phénomènes humains.* Actes du colloque : Recherche qualitative et production de savoirs, UQAM, 12 mai 2004.

Paine, A. E., Hill, M. et Rochester, C. (2010). *A rose by any other name... Revisiting the question "what exactly is volunteering?".* Londres : Institute for Volunteering Research.

Sévigny, A. (2002). *La contribution des bénévoles, inscrits dans un organisme communautaire bénévole, au soutien à domicile des personnes âgées.* Thèse de doctorat inédite, Université Laval, Québec, Canada.

Sévigny, A. (2004). Le bénévolat : une quête de sens. *Les cahiers des soins palliatifs*, 5(2), 51-64.

Sévigny, A. et Frappier, A. (2010). Le bénévolat « par » et « pour » les aînés. Dans M. Charpentier, N. Guberman, V. Billette, J.-P. Lavoie, A. Grenier. et I. Olazabal (dir.), *Vieillir au pluriel : Perspectives sociales.* Québec : Presses de l'Université du Québec.

Sévigny, A. et Vézina, A. (2007). La contribution des bénévoles au soutien à domicile des personnes âgées : Les frontières de leur action. *Revue canadienne du vieillissement*, 26(2).

Sévigny, A., Aubin, M., Tourigny, A., Dumont, S., Guirguis-Younger, M., Fortier, M. et Castonguay, J. (2012). *L'intégration des bénévoles aînés : le cas des soins palliatifs à domicile.* Communication orale, 4e Colloque International du RÉIACTIS *Le Droit de vieillir : Citoyenneté, intégration sociale et participation politique des personnes âgées*, 25 au 27 janvier 2012, Dijon.

Sévigny, A., Blondeau, D., Proulx, S. et Guillot, V. (2008). Un code d'éthique élaboré « par » et « pour » les bénévoles en soins palliatifs. *Les Cahiers francophones de soins palliatifs*, 8(2), 51-59.

Sévigny, A., Cohen, S. R., Dumont, S. et Frappier, A. (2010). Making sense of health and illness in palliative care: Volunteers' perspectives. *Palliative and Supportive Care*, 8, 325-334.

Sévigny, A., Dumont, S. et Cohen, R. (2005). *Volunteer Practices in Palliative Care: A Canadian Multi-site Study. Just be there!* Cancer Research Across the Spectrum, National Meeting for Trainees. Mont-Tremblant, Québec, 9-11 mai.

Sévigny, A., Dumont, S., Cohen, S. R. et Frappier, A. (2009). Helping them live until they die: Volunteer practices in palliative home care. *Nonprofit and Voluntary Sector Quarterly*, 39(4), 734-752.

Sévigny, A., Paquet, S. et Frappier, A. (2009). Proximité et identité: la question du bénévolat revisitée. *Réciproques*, 2, 115-124.

Sévigny, A., Tourigny, A. et Proulx, S. (2010). Être âgé et bénévole en soins palliatifs à domicile en milieu rural québécois. *Réciproques*, 3, 71-86.

Thibault, A., Fortier, J. et Leclerc, D. (2011). *Bénévolats nouveaux, approches nouvelles*. Trois-Rivières: Réseau de l'action bénévole du Québec.

Turcotte, M. et Schellenberg, G. (2007). *Un portrait des aînés au Canada, 2006*. Ottawa: Statistique Canada.

Turgeon, J., Dumont, S., St-Pierre, M., Sévigny, A. et Vézina, L. (2006). La continuité des soins oncologiques au Québec: au-delà des symptômes. *Le médecin de famille canadien/Canadian Family Physician*, 52, 1572-1573.

Vézina, A. et Membrado, M. (2005). La demande d'aide et de soins à l'extérieur des membres de la famille. Dans S. Clément et J.-P. Lavoie (dir.), *Prendre soin d'un proche âgé. Les enseignements de la France et du Québec* (p. 187-243). Toulouse: Erès.

CHAPITRE 6

L'ACTIVITÉ BÉNÉVOLE ET LES CONTEXTES DE SOINS ONCOLOGIQUES

Hélène Marche,
Docteure en sociologie, chercheure contractuelle CNRS, Espaces et Sociétés UMR 6590, Université Rennes 2, France

INTRODUCTION

Dans les services de soins des établissements spécialisés dans le traitement du cancer, il n'est pas rare de croiser, l'après-midi, au moment où la plus grande partie du travail médical a été accompli, des individus qui se distinguent à la fois des professionnels et de l'entourage des patients. Sans blouse, munis d'un badge sur lequel figure leur prénom, ils pénètrent dans la salle de transmission où se trouvent les soignants, saluent discrètement l'équipe, consultent la liste des malades hospitalisés et demandent à une ou deux infirmières quels patients seraient susceptibles d'accueillir leur présence. Ces individus, circulant dans des espaces qui habituellement ne sont pas accessibles aux non-professionnels, sont des bénévoles d'une association d'accompagnement des malades en fin de vie. D'autres se rendent dans l'institution oncologique plus occasionnellement afin de rendre visite à un patient rencontré et accompagné à l'extérieur de l'établissement, mais qui, pour des raisons de nécessité médicale, a dû être à nouveau hospitalisé. Ces bénévoles-là sont membres d'un réseau de soins palliatifs à domicile.

En prenant appui sur une enquête ethnographique réalisée en France dans des services de cancérologie, de soins palliatifs et d'aide au maintien à domicile, l'objectif de ce texte est d'étudier les principales variations de l'activité bénévole, selon les séquences et les contextes de l'accompagnement[1]. L'enquête ethnographique est une méthode d'investigation qui consiste à observer de manière détaillée les activités d'individus ou de groupes d'individus sur un terrain donné. Elle suppose l'intégration de l'enquêteur au groupe observé. Elle prend appui sur diverses techniques mobilisées en vue d'obtenir une qualité de l'information (observation participante, entretiens formels ou informels, entretiens répétés, etc.). L'enquête, portant sur la relation de soins en cancérologie, conduit de façon indirecte à étudier les activités de bénévoles, intervenant dans les services observés. Des entretiens compréhensifs ont été réalisés auprès de quatre d'entre eux : Géraldine[2], 70 ans, enseignante, intervenante dans un établissement réservé au traitement des cancers ; Gérard, 61 ans, instituteur spécialisé, bénévole au sein d'un réseau de soins palliatifs et d'aide au maintien à domicile ; Valentine, 49 ans, infirmière puis commerçante, intervenant dans une unité de soins palliatifs, et enfin Camille, 69 ans, assistante sociale, responsable d'une association de bénévoles intervenant à domicile. Des observations ont également été réalisées lors de groupes de paroles rassemblant les bénévoles de l'association dont Camille est responsable. Enfin, tout au long de l'enquête, des entretiens informels ont été menés auprès de bénévoles rencontrés dans les services.

Partant de ces données, il s'agit dans un premier temps d'analyser comment l'individu devient bénévole et quelles sont les conditions de son engagement dans cette activité. Dans un second temps, le contexte de la rencontre entre bénévoles et patients et l'enjeu de présentation de soi qui le caractérise seront présentés. Un troisième temps sera accordé aux

1. Ces données sont issues d'une recherche postdoctorale subventionnée par la Fondation de France (Engt 2009 005989) et l'Institut National du Cancer (Convention 2010-040) portant sur les trajectoires de soins des patients atteints de cancer avancé (2010-2013).

2. Les prénoms figurant dans ce texte sont fictifs.

modalités de l'écoute bénévole et de la relation d'aide, ainsi qu'à leurs dynamiques au fil des situations de maladie. La conclusion du chapitre interroge l'articulation entre activité bénévole et organisation des soins, en fournissant des éléments de réflexion sur la place de l'activité bénévole dans un contexte plus large de transformation des prises en charge oncologiques.

LES CONDITIONS DE L'ENGAGEMENT BÉNÉVOLE

Si la retraite apparaît le plus souvent comme un moment du cycle de la vie qui s'avère opportun à l'engagement bénévole, une activité professionnelle à temps partiel y est également favorable. Pour les personnes rencontrées au cours de l'enquête, l'engagement dans une carrière de bénévole[3] répond à un événement déclencheur : la maladie et/ou le décès d'un proche. Cet événement amène certains bénévoles, et plus particulièrement des femmes, à prendre conscience de leurs « aptitudes » à la relation d'aide (qualités d'écoute, « compréhension » des difficultés d'autrui). Une volonté d'accompagner des individus extérieurs à la sphère privée en mobilisant les dispositions acquises au sein du groupe familial fait son apparition :

> [...] les premières années de ma retraite, j'ai eu envie de me lancer dans le bénévolat, j'étais très prise par ma mère qui était encore en vie et qui est décédée il y a bientôt deux ans. Je pensais toujours faire quelque chose pour les autres en dehors de la famille. C'est pour ça que j'ai pensé... en particulier parce que j'ai eu des amies qui étaient mortes d'un cancer, j'ai pensé m'intéresser en particulier à des gens en fin de vie, mais des cancéreux (Géraldine).

Parfois, le décès d'un proche peut donner lieu à l'émergence d'un regret de n'avoir pas pu, au moment opportun, être disponible pour accompagner le malade et servir d'interface dans la relation médecin-patient. L'engagement bénévole est alors perçu comme une possibilité de contribuer à

3. Le terme de « carrière », tel qu'il est mobilisé par les sociologues interactionnistes depuis les travaux précurseurs de Hugues (Hugues, [1937] 1996), renvoie à l'idée d'un parcours ou d'une partie de celui-ci, pour lequel il existe à la fois une transformation du statut et de la position sociale d'un individu qui s'accompagne d'un changement de perspective ou de logiques d'action, selon les séquences de la carrière et des interactions qui s'y déploient.

la transformation de l'institution médicale, par exemple en interrogeant les pratiques professionnelles et leurs limites :

> Au décès de ma mère, on n'était pas une équipée, on réagissait chacun à notre manière, on souffrait chacun dans son coin à notre façon. Et quand le médecin venait, quand il y avait les soins on sortait… on se sentait un peu… un peu rejeté… quand mon frère est allé habiter avec ma mère, il était célibataire donc il était proche de ma mère, c'est lui qui avait les rapports avec les médecins, je n'allais pas interférer… c'était lui qui avait ça en charge. En résumé, c'était pas le genre de décès que je souhaitais à tout le monde en général. J'ai entendu parler de l'association qui parlait de ce thème, je l'ai un peu intégré. Je me suis dit : on peut se faire plaisir d'avoir un rôle social là-dedans (Gérard).

Par ailleurs, l'observation du travail relationnel mené par des soignants formés aux soins palliatifs est susceptible de déclencher une véritable « vocation », comme en témoigne Valentine, ayant travaillé par le passé en tant qu'infirmière dans un service de chirurgie :

> J'ai perdu mes parents assez jeune, à un an et demi d'écart, et mon père la nuit de sa mort à l'hôpital à P., on a eu comme infirmière une remplaçante qui venait des soins palliatifs, et c'était un petit peu difficile (…), j'étais avec une de mes sœurs là, et cette infirmière sans savoir du tout ce qui s'était passé a commencé à nous dire que notre père voulait pas partir et à nous expliquer pourquoi. Et je me suis dit, quand j'y arriverai, je veux absolument faire ça. Et j'ai mis six ans à maturer ma décision (Valentine).

Le suivi d'une année de formation est une autre étape de l'initiation à l'accompagnement bénévole, qui implique un apprentissage des conduites à adopter à l'égard des « aidés » et vis-à-vis de l'organisation des soins. Au cours des séances de formation, les témoignages d'autres bénévoles, de médecins et de psychologues, se succèdent, apportant des éclairages sur l'expérience de la « personne en fin de vie », « tant sur le plan médical que sur le plan surtout psychologique » (Camille). Les formateurs indiquent également les limites à ne pas franchir dans les activités d'aide et recommandent l'instauration d'une « juste distance » permettant d'aider sans imposer, de soutenir sans s'épuiser. Ces recommandations portent notamment sur le rapprochement au corps du malade. Par exemple, plutôt que de saisir la main d'un patient afin de le réconforter, il s'agit de maintenir sa propre main à disposition, paume ouverte, afin que le malade puisse éventuellement s'en saisir s'il le souhaite. Par ailleurs, comme le souligne la responsable d'une association : « La place du bénévole c'est une écoute, pas de gestes techniques, une présence, des petits services, mais surtout pas de gestes techniques. C'est ce que nous recommandons beaucoup » (Camille). L'interdiction d'accomplir des gestes « techniques », tels que l'aide pour la toilette ou l'alimentation, vise à ne pas mettre le malade en danger et à ne pas empiéter sur le travail du personnel soignant. De même, la transmission aux professionnels d'un certain nombre d'observations sur l'état de santé du patient et sur son « bien-être » peut être menée, mais « (...) avec parcimonie, de façon à ne pas gêner le personnel médical. Parce que c'est mal reçu disons, en général... » (Camille).

Outre le suivi de cette formation, l'engagement dans une carrière de bénévole consiste également à endosser un nouveau statut qui s'avère parfois stigmatisant dans la vie ordinaire, ce qui conduit certains bénévoles à éviter de parler de cette activité avec leur entourage :

> C'est quelque chose que j'ai beaucoup de mal à aborder, avec ma belle-famille, avec mon entourage, c'est quelque chose que j'ai beaucoup de mal à aborder, en plus faire ça en tant que bénévole... il y a le côté macabre, on a l'impression que tu fais ça pour le macabre... et ça c'est peut-être la chose que j'ai le plus de mal à assumer (Valentine).

RENCONTRER LES MALADES : L'ENJEU DE LA PRÉSENTATION DE SOI

La situation de rencontre du patient est considérée par les bénévoles comme étant de toute première importance dans l'instauration d'une relation d'accompagnement. C'est d'abord les « manières de dire » et l'image que l'on renvoie à l'autre qui fondent la rencontre (Gagnon *et al.*, 2001), comme le souligne Gérard : « Le premier contact, ça a été rapide. Je n'ai pas de souvenirs précis, si ce n'est que... que j'étais soucieux que ma tête lui revienne, que les mots que j'utilisais lui conviennent ».

Les réticences des malades et de leurs proches à la présence des bénévoles peuvent être interprétées selon différentes logiques. D'une part, il peut s'agir d'un conflit de « goût » ou d'affinités telle une appartenance religieuse, comme le souligne ce patient dans l'extrait suivant :

> La semaine dernière, il y a un bénévole qui est venu dans ma chambre. Je l'ai repéré à 40 kilomètres, c'était un cureton. Alors ces histoires de religion, si vous saviez ce que j'en ai à faire, je lui ai dit... je préfère être franc. Et puis avec tout ce que j'ai vécu, la religion, c'est le cadet de mes souci (Entretien informel avec un patient atteint d'un cancer du larynx, chambre d'un service de cancérologie).

Ce malade « repère » auprès du bénévole une appartenance religieuse qu'il ne partage pas et refuse de s'entretenir avec lui. Si l'évitement de tout prosélytisme oriente le recrutement des bénévoles (Verchère, 2002), certains d'entre eux arborent les signes d'une croyance (port d'un collier avec une croix ou la figure de la vierge Marie) ou renvoient par leurs propos et leurs gestes, aux yeux des patients, une certaine image de l'écoute religieuse ou confessionnelle. D'autres réticences sont relatives à la difficulté, pour les malades, à cerner l'utilité et les enjeux de la présence bénévole :

> Et puis je suis allé chez lui, c'est sa femme qui m'a accueilli, gentiment, par sa profession (secrétaire médicale) elle était au clair sur le rôle que je pouvais jouer, et euh... elle m'a demandé si elle pouvait rester ou pas, je lui ai dit : pas de problèmes, je lui ai dit que ça pourrait être intéressant que je sois de temps en temps seul avec lui, mais elle était bienvenue, je n'avais rien à imposer. On a passé plus d'une heure avec son mari, son questionnement c'était à quoi je peux servir... on discutait très librement de façon pas du tout conflictuelle... quelle aide je voulais lui apporter quoi, on discutait de ça. Il n'était pas convaincu, donc j'étais un peu... un peu gêné quoi. Je savais pas trop quelle était ma place (Gérard).

L'enjeu de discrétion du bénévole, celui de ne pas s'imposer dans la relation d'aide, suppose donc de repérer le plus rapidement possible si les malades ou leur entourage sont disposés à passer du temps avec eux. Pour une intervenante en institution, cette ouverture ou résistance à la présence bénévole devient, au fil des mois et au-delà des mots, facilement repérable :

> Donc ça des refus on en a assez souvent. Enfin ça arrive. Pas très souvent, mais ça arrive. On le sent tout de suite d'ailleurs, quand on a un peu l'habitude, au bout de quelques mois, on... on n'a presque pas besoin d'entendre la réponse, on voit rien qu'à leur regard s'ils ont envie ou pas d'une présence (Géraldine).

Les rencontres entre bénévoles et patients, qu'elles aient lieu à l'hôpital ou à domicile, font l'objet d'un contrôle par les professionnels. Dans un des services de cancérologie observés, l'accès à certaines chambres est proscrit par les soignants. Il s'agit de patients situés, du point de vue de l'équipe, dans les dernières phases de la trajectoire du mourir, ou encore de malades considérés comme étant « angoissés » et qui nécessitent un suivi psychologique ou psychiatrique. Dans ces situations de maladie, l'activité bénévole est considérée comme étant inefficace, voire problématique.

Par ailleurs, l'intégration du bénévole à l'équipe soignante se différencie fortement selon le type de service. Si la présence bénévole est valorisée dans les unités de soins palliatifs (participation aux réunions, proposition au patient de rencontrer un bénévole dès son entrée dans le service), il n'en est pas de même dans les services de cancérologie où une plus grande distance est observée entre professionnels et bénévoles :

> Écoutez… moi je peux vous dire qu'ici (service de cancérologie) je ne vois jamais les médecins, ou alors une fois j'ai croisé le docteur H. (algologue) qui a été charmant et qui m'a amenée chez un malade ; d'ailleurs, il a dû penser que ma visite lui ferait du bien, et… il y a pas de mauvaise volonté du tout, mais… le hasard fait que on les rencontre pas… et l'infirmerie nous donne quelques noms, disons qu'ils sont corrects, assez gentils… mais… ils ne sont pas très coopérants quand même. Personnellement je ne trouve pas. On voit qu'ils n'ont pas du tout l'intention de nous repousser, mais on ne peut pas dire qu'on soit accueilli à bras ouverts. Ils sont très occupés et ils ont d'autres soucis, et quand on leur demande des noms de personnes… quelquefois ils ne nous signalent pas de toute évidence des gens qui auraient pu être visités. Et qu'on rencontre dans le couloir, parce que la porte est ouverte, on reconnaît quelqu'un que justement on avait eu la chance, si on peut dire entre guillemets, d'avoir déjà vu et… on ne sait pas qu'ils étaient là, qu'ils étaient seuls et […] (Géraldine).

Lorsque l'équipe se tient en retrait, le bénévole doit, par lui-même, proposer sa présence aux malades hospitalisés, sans disposer d'informations concernant leur situation. Il apparaît cependant que les bénévoles ayant exercé une activité professionnelle dans le domaine médical ou paramédical sont davantage intégrés que les autres au groupe des soignants, sans doute parce qu'ils disposent d'une meilleure connaissance de l'organisation des soins et qu'une expertise dans la relation d'aide leur est reconnue (Hoad, 1991). L'absence de coopération entre professionnels et bénévoles est susceptible de générer des situations de gêne au moment de la rencontre : « [...] parce qu'ici les patients ils ne sont pas trop prévenus, ils nous voient arriver quelques fois en se demandant d'où nous sortons [...] » (Géraldine). La rétention d'informations par l'équipe compromet la façon dont le bénévole se prépare à la situation de rencontre. Celle-ci peut se caractériser par un véritable « choc émotionnel » lorsque le bénévole découvre en poussant la porte de la chambre que l'apparence corporelle du malade est particulièrement altérée :

> Je vous ai déjà raconté cet accompagnement. C'était une jeune femme qui avait un cancer de la gorge. Elle était complètement (voix étranglée) défigurée, la langue qui pendait... quand je suis entrée dans la chambre et que je l'ai vue, j'ai d'abord posé mon regard ailleurs. Je me suis fait violence pour lui parler, pour faire comme si de rien n'était. Quand je suis sortie de la chambre, j'ai mis du temps à m'en remettre. C'était horrible, vraiment horrible. J'espère qu'elle ne l'aura pas vu, ce regard de frayeur (Bernadette, bénévole. Extrait du journal de terrain, réunion de bénévoles).

L'enjeu de la mise en forme du regard posé sur le patient, soulevé par Bernadette, est d'importance. En effet, dans leurs activités de rencontre et d'écoute des malades, les bénévoles effectuent également un travail sur leurs propres émotions. Le regard posé sur le malade doit être « neutre », il ne doit pas laisser apparaître des émotions telles que le dégoût ou la peur, il ne doit pas être insistant, il ne doit pas traduire un sentiment de pitié, il doit rester autant que possible étranger à la présence de la maladie :

> J'évite d'avoir un regard... ça intrigue la personne, "elle me regarde comme quelqu'un de...", j'essaie de la regarder comme une personne normale. Je pense qu'il faut être naturel (Germaine, bénévole).

> Il faut alors se faire violence sur ce que l'on exprime. Alors il faut se barricader un petit peu, quand même ! Ce serait un petit peu contre-productif pour le malade ! (Éric, bénévole).

> On peut l'avoir intérieurement, ce regard de compassion. On a un cœur (Clotilde bénévole).

> Le mobile, c'est ça, mais tu as pas à l'extérioriser ! Quand tu donnes des sous à un SDF, tu le fais pas en pleurant ! (Éric, bénévole. Extrait du journal de terrain, réunion de bénévoles).

Cette mise en forme du regard vise le maintien du « bon moral » du patient (Saillant, 1988). Ce regard est également sous-tendu par des valeurs qui traversent l'organisation des soins palliatifs, telles la reconnaissance du patient en tant que « sujet », la protection de son intégrité corporelle et la préservation de sa dignité.

Si ces enjeux sont également présents pour les bénévoles intervenant à domicile, les conditions de la rencontre se posent d'une manière très différente. Le patient et son entourage sont informés par l'équipe mobile de soins palliatifs de l'existence de bénévoles disponibles pour passer du temps avec eux. Si une demande est formulée, une première rencontre est organisée. Le choix du bénévole susceptible de réaliser l'accompagnement est effectué par la présidente de l'association, médecin généraliste spécialisée dans les soins palliatifs, en accord avec la responsable :

> Notre présidente connaît bien les bénévoles, puisqu'elle participe à la formation. Donc quelquefois elle me dit : Moi je verrais bien Gérard ou Francine, etc., à moi de dire si ces bénévoles sont disponibles, s'ils ne sont pas dans une autre famille ou... selon leurs activités personnelles aussi. C'est à la fois la présidente et moi-même (Camille).

Ce choix a pour objectif de favoriser une relation affinitaire entre les acteurs :

> Avec le réseau, c'est assez facile de choisir le bénévole qui correspond le mieux au malade. Si c'est un homme, une femme, quelqu'un qui est intéressé par le jardinage ou si c'est quelqu'un qui est très proche sur le plan religieux, etc., on a des bénévoles plus ou moins... pas formés, mais qui peuvent répondre plus facilement à une demande (Camille).

Le bénévole désigné, quant à lui, est renseigné sur la trajectoire sanitaire du malade et sur son histoire familiale, en amont de la situation de rencontre.

> [...] la première situation qu'on m'a proposée sur le terrain, c'est un couple de retraités qui pour des raisons climatiques avait décidé de venir dans notre coin par ici, qui avait acheté une maison, et puis la femme avait eu un cancer du cerveau, le projet de retraite est complètement démoli, avec plusieurs retours à l'hôpital, et le mari qui était perturbé. On m'a demandé surtout d'aller tenir compagnie au mari, d'aller aider le monsieur (Gérard).

Lors de la première rencontre, la présidente de l'association (ou bien la responsable des bénévoles) est présente. Elle participe à la mise en place d'une planification des visites (jour, fréquence, durée des rencontres). Elle signale par ailleurs être disponible et joignable à tout moment pour répondre aux besoins du malade et de sa famille. Une fois franchie cette étape, le bénévole se rend seul, comme il a été convenu, au domicile du patient. L'objectif est alors de construire une relation « suivie » avec les profanes.

LES DYNAMIQUES DE L'ACTIVITÉ D'ÉCOUTE ET DE LA RELATION D'AIDE

Dans les services de cancérologie, les conditions d'hospitalisation ne garantissent pas aux bénévoles l'établissement d'une relation de « suivi » et de confiance avec les patients (malades hospitalisés en chambre double, transfert du patient dans un autre service ou établissement, etc.). Le suivi des malades est entravé par l'organisation des soins et par la rétention d'informations dont dispose l'équipe soignante. S'ensuit alors un certain « désenchantement » du bénévole, constatant l'écart qui subsiste entre l'image qu'il avait de son activité et les possibilités d'accompagnement qui s'offrent à lui.

> Ici, justement, je n'ai pas trouvé dans un premier temps ce que j'attendais. J'étais prête à accompagner quelqu'un jusqu'au bout et à entendre de lui toute sa peine, son angoisse, sa peur, etc. Or ici, nous voyons des gens que nous n'accompagnons pas vraiment au sens où nous ne les suivons pas, nous les accompagnons peut-être, mais très ponctuellement. Puisqu'ils vont et viennent, ils sont là et la semaine d'après on ne les revoit pas, ou alors on les revoit un mois après parce qu'ils sont revenus pour un traitement... et je me suis sentie un peu frustrée. Parce que je me suis rendu compte que notre tâche s'approchait davantage d'un rôle de visiteur médical... enfin, visiteur d'hôpitaux, que d'accompagnant (Géraldine).

L'écoute « idéale » et « utile », pour cette bénévole, est celle où une relation de confiance propice à la confidence se met en place, une relation favorisant la purgation des émotions négatives du patient (peine, angoisse, peur). Les récits qu'elle accueille en institution prennent davantage la forme d'une banalisation de l'expérience du cancer (parler de tout et de rien, « sauf de la maladie »), ou d'une description du parcours de soin effectuée sans tonalité affective particulière (détailler le diagnostic, les différents traitements suivis, sans évoquer la part de « ressenti » de la maladie ou ses conséquences sur la vie quotidienne).

Du point de vue des bénévoles, la présence de l'entourage du malade dans les chambres est également un obstacle à la confidence :

> On a des rapports totalement différents avec les patients quand il y a la famille dans la chambre ou quand on est seul avec eux. Les gens se confient beaucoup plus quand on est seul avec eux que quand la famille est là, ils essaient plus de présenter la famille au bénévole et ils essaient de se faire oublier... quand la personne est seule avec moi, elle parle d'elle alors que quand la famille est là, elle parle de la famille, mais jamais de la maladie, jamais de la maladie ou de la mort (Valentine).

Pour les bénévoles intervenant à domicile, la relation au malade et à son entourage s'accompagne d'un certain nombre de précautions visant d'une part à ne pas s'« imposer » dans l'univers domestique (établir avec ces derniers une planification mutuellement approuvée, leur rappeler qu'en cas de problèmes, ils ont la possibilité de joindre la responsable des bénévoles), mais aussi à établir une relation de réciprocité :

> Alors... à la fin de chaque séance je lui [époux d'une malade]... je lui suggérai éventuellement de m'appeler lui-même quelques jours après pour me donner des nouvelles. En lui disant bien que si lui le faisait pas, moi je le ferais dans quelques jours. Tantôt il appelait, tantôt c'était moi. Je voulais consolider l'impression que j'avais, qu'il m'acceptait (Gérard).

L'établissement d'une relation de suivi est également relatif au réseau personnel d'aide et de soutien dont dispose le malade (membres de la famille, amis, voisins). Au domicile des patients, la relation d'accompagnement est entravée par les temps de l'urgence médicale ou par les visites d'amis et de membres de la famille :

> [...] donc là, je passe les détails, j'y suis retourné 8 jours après, il avait un gros problème de... on venait de lui installer une pompe à morphine, donc c'était pas encore... le réglage de la pompe et autre, c'était en période... ça fonctionnait pas, il appelait l'infirmière libérale qui devait venir, il était préoccupé par ça... donc on n'a eu pratiquement aucun échange, j'ai rediscuté un peu avec sa femme, mais euh... je

> discutais avec sa femme dans le couloir, euh... sa mère à elle a téléphoné donc euh... elle a pris le combiné, je suis parti (Gérard).

Certains malades ou proches peuvent ainsi être « très demandeurs » d'une présence extérieure. Il s'agit le plus souvent d'individus qui viennent d'arriver « en région » et qui n'ont pas encore établi de relation de proximité avec d'autres personnes, ou bien d'individus dont les trajectoires familiales ont été rompues (ruptures affectives ou prise de distance avec les parents, le conjoint, la fratrie, les enfants). Dans ce contexte, les confidences sont susceptibles de porter sur des difficultés relationnelles rencontrées au sein du groupe familial. Ce type de récit remet en question les modalités de la relation d'aide qui était jusqu'alors sous-tendue par l'enjeu de « discrétion », amenant le bénévole à réinterroger le sens de son engagement dans la relation d'aide :

> Alors on entre aussi dans le... c'est là où... les relations sociales c'est quelque chose de complexe et là on entre dans l'intimité de familles, de relations familiales, c'est... on finit par se dire des fois : est-ce qu'on n'est pas un peu voyeur ? C'est une question... qui mérite qu'on se la pose des fois (Gérard).

Certaines séquences des trajectoires de maladie favorisent une relation de proximité. La diminution des capacités d'action du patient amène le bénévole à transgresser les limites de la relation d'aide telles qu'elles étaient préconisées lors de sa formation. Une relation « suivie » et « confiante » avec des malades peut l'amener à se comporter « comme un aide-soignant », ce que décrit Gérard dans l'extrait suivant :

> Il m'est arrivé d'aller voir des personnes à domicile, mais qui repartaient 15 jours en milieu hospitalier, donc j'allais les voir en milieu hospitalier. J'y allais souvent à l'heure du repas. Et si elles ne pouvaient pas manger, je leur donnais à manger. Je suis quoi là, je suis soignant ou... pour moi c'était naturel, dans la familiarité que j'avais avec elles c'est un moment très riche de contacts possibles, je remplaçais l'aide-soignante à l'hôpital, mais j'avais pas le statut d'aide-soignant. Je ne jouais pas l'aide-soignant. C'est une relation de présence, je l'aidais à manger, c'est tout. Ou de lui mettre un coussin, de remonter le coussin. C'est pas des actes techniques ou autres (Gérard).

Ces gestes, tels que l'aide pour les repas, le transfert du malade de son lit au fauteuil, la mise en place d'un oreiller derrière son dos, sont davantage valorisés par Gérard dans leur dimension « affective » et

« communicationnelle » que « technique » et « médicale ». Pour la plupart des bénévoles, le maintien d'une « bonne communication » s'élabore en effet à travers des tactiques de rapprochement au corps du malade, quand ce dernier les autorise.

En outre, lorsque les capacités communicationnelles du malade se réduisent, une plus grande proximité entre le bénévole et l'entourage peut se déployer :

> L'état de la personne que j'allais voir a décliné très régulièrement, elle déclinait petit à petit, donc la communication avec moi, mais surtout avec son mari était de plus en plus euh... réduite. Très réduite. Plusieurs mois où elle était vraiment réduite au regard, un tremblement de main, très très peu de choses. Ce qui était difficile à vivre par le mari. Ce peu de contact. Il me parlait de sa femme. De comment se situer par rapport à la maladie de sa femme (Gérard).

À force de promenades aux abords du village, de temps passé dans la cuisine de la maison à côté de la chambre où Mme J. termine ses jours, l'époux se confie au bénévole qui l'accompagne :

> Et... je pense que la confiance est arrivée de sa part, je n'ai pas ressenti de sa part de réticence pour parler avec moi. Pour parler de ses préoccupations. De sa femme qui mourait, de ses projets qu'ils avaient prévus pour la retraite qui s'effondraient (Gérard).

Comme il a été indiqué, le bénévole apprend au cours d'une formation à « garder sa place », c'est-à-dire ne pas empiéter sur le travail des soignants. Dans la relation au malade, il est cependant amené à observer les soins des professionnels, leur suivi dans la relation, leur présence auprès du malade. Il peut également être à l'écoute de plaintes formulées par le malade ou ses proches quant à la qualité des soins reçus.

> En tant que bénévole, on a droit de regard sur les cahiers qui sont dans la chambre des malades, et on peut aussi marquer ce que l'on veut. C'est des cahiers de liaison et on a notre place. Les malades ou les... leur proche entourage que l'on peut fréquenter des fois ne sont pas contents, ils souffrent encore ou ceci cela, ils peuvent avoir des remarques à faire par rapport aux soins qui leur sont donnés. Nous, on n'a pas à se substituer à eux, on a à écouter leurs problèmes. Et éventuellement, à les inviter à les marquer sur le cahier. Ou à leur dire : parlez-en. Dans certains cas, on peut... s'ils n'osent pas, on peut

> leur proposer : est-ce que vous voulez que je fasse le lien ? Se proposer, en y mettant des gants, pour faciliter les relations. Entre le malade, la famille et les soignants (silence) (Gérard).

Ce rôle de médiateur dans la relation de soin, dont Gérard souligne l'importance au cours de l'entretien, est cependant limité : « (...) quand on entend des choses, on peut... on réagit en fonction de ce qu'on entend, donc des fois on peut être agacé. Après des solutions pour faire évoluer les choses, en tant que bénévole on n'a pas beaucoup de pouvoir » (Gérard).

Il importe donc que puisse être préservé autant que possible le « petit pouvoir » dont dispose le bénévole pris dans les contextes de l'organisation des soins, en institution et à domicile : celui de rester auprès des malades qui ont accepté sa présence et d'être gratifié du travail relationnel accompli.

CONCLUSION

Si l'entrée dans une carrière de bénévole répond à une variété de logiques (renforcer une aptitude au « care », parvenir à une meilleure connaissance du monde médical, contribuer à sa transformation, etc.), les conditions d'accompagnement auxquelles les bénévoles se confrontent les amènent à remettre en question leur positionnement dans la relation d'aide et le sens de leur activité (Papadaniel, 2009). La relation d'accompagnement s'inscrit pleinement dans le contexte de l'organisation des soins (type de service, durée et conditions d'hospitalisation des malades) et varie selon le degré d'intégration du bénévole à l'équipe des professionnels (accès à l'information concernant les patients, rencontre des malades facilitée par l'équipe).

En outre, la relation engagée entre le bénévole et le malade dépend des effets de proximité ou de distance sociale entre les acteurs et du réseau de relations personnelles dont dispose le patient (entourage présent ou non, favorable ou hostile à la présence bénévole). Cette relation tend à varier selon les contextes de soins (hôpital, domicile) et selon les situations liées à la maladie (diminution des capacités communicationnelles du patient, temps de l'urgence médicale, etc.). Dans un contexte de rationalisation des soins oncologiques et de réduction des séjours hospitaliers, la gestion des trajectoires de cancer avancé s'effectue dans une pluralité de lieux (alternance entre prise en charge hospitalière et à domicile, mobilité du patient entre différents services et établissements) qui tend à complexifier l'établissement d'une relation d'accompagnement et à recomposer ses frontières. Le suivi des malades amène certains bénévoles à circuler entre différents espaces de soins et à interagir avec une pluralité d'individus (équipes des services, professionnels libéraux, proches, visiteurs occasionnels), ce qui suppose de leur part une adaptation constante aux diverses situations rencontrées.

La principale limite de cette étude est le faible nombre de bénévoles interviewés. Aussi, les logiques de l'activité bénévole et les expériences d'accompagnement, telles qu'elles sont restituées dans ce texte, ne sont pas exhaustives. Dans la perspective de travaux futurs, il serait intéressant d'inclure un plus grand nombre de participants à l'enquête. Par ailleurs, le fait de focaliser sur les témoignages des bénévoles, tout en prenant en compte les points de vue du patient, de ses proches, mais également des soignants permettrait de souligner les rapports de sens et les éventuels conflits de perspectives qui émergent entre ces différents acteurs du soin.

En éclairant le contexte actuel des soins oncologiques, la recherche menée invite à poursuivre la réflexion sur la place de l'activité bénévole à la croisée de l'univers domestique et des établissements de soins ainsi que sur les marges de manœuvre dont disposent les bénévoles dans l'accomplissement du travail relationnel. En termes d'action, cette recherche pourrait permettre de mieux comprendre ce que chacun des acteurs du soin (patients, proches, professionnels et bénévoles) attend du bénévolat, selon les situations liées à la maladie et selon les contextes de l'accompagnement. Des retombées sont également possibles sur le plan de l'information nécessaire aux professionnels en termes d'accueil et d'intégration des bénévoles à l'organisation des soins, au bénéfice des patients et de leurs proches.

RÉFÉRENCES

Gagnon, E., Saillant, F., Montgomery, C., Paquet, S. et Sévigny, R. (2001). *De la dépendance et de l'accompagnement. Soins à domicile et liens sociaux*. Québec : Les Presses de l'Université Laval, coll. Sociétés, cultures et santé.

Hoad, P. (1991). Volunteers in the independant hospice movement. *Sociology of Health and illness*, 13(2), 231-248.

Hugues, E. (1996) [1937]. Carrières. Dans *Le regard sociologique: essais choisis* (p. 175). Paris: Éditions de l'EHESS.

Papadaniel, Y. (2009). Accompagner bénévolement les personnes en fin de vie: donner du sens à ce qui n'en a pas? *Pensée plurielle*, 3(22), 65-75.

Saillant, F. (1988). *Cancer et culture. Produire le sens de la maladie.* Montréal: Éditions Saint-Martin.

Verchère, S. (2002). Le bénévolat dans une unité de soins palliatifs, *Revue française des affaires sociales*, 4(4), 37-51.

CHAPITRE 7

Accompagner des détenus gravement malades ou en fin de vie à l'Établissement public de santé national à Fresnes (France)

Philippe Le Pelley Fonteny,
Bénévole à l'association des petits frères des Pauvres

> « Le traitement qu'une société réserve à ses détenus témoigne du respect qu'elle accorde à la dignité humaine ».
>
> Rapport parlementaire « Les prisons françaises : une humiliation pour la République »

Les représentations de la prison française vont de l'hôtel cinq étoiles, du détenu nourri, logé et blanchi aux frais de l'administration pénitentiaire, aux images plus répandues de violences entre détenus, d'école du crime, de surpopulation. En trois mots : un environnement hostile et dégradant.

La prison constitue un espace cumulant des facteurs élevés de risque pour la santé des personnes. En effet, beaucoup de détenus sont touchés par des pathologies graves (sida, hépatites, tuberculose, cancer, etc.) par manque de prévention et de moyens suffisants. La précarité carcérale concourt également à un risque sanitaire supplémentaire. À la suite des accidents de la vie (chômage, divorce, exclusion), trop de gens enfermés sont frappés par l'indigence comparativement à la population civile. Quelques chiffres en attestent : avant l'incarcération, près de 18 % étaient sans protection sociale, 5 % sans abri et 10 % en hébergement temporaire ; 10 % de la population carcérale est sous le seuil de pauvreté. La santé et l'intégrité physique sont souvent menacées d'après l'étude *La santé à l'entrée en prison : un cumul des facteurs de risque* de janvier 1999 du ministère de l'Emploi et de la Solidarité.

En dehors des toxicomanes ou des dépendants à l'alcool (30 %) et des malades mentaux, on dénombre environ 7 500 personnes âgées de plus de cinquante ans (11 % des détenus en France).Une enquête « Prison, santé et vieillissement : enjeux et impacts de la détention pour les personnes de plus de 60 ans » en Rhône-Alpes et Auvergne souligne un vieillissement marqué par le polyhandicap et une santé fragile de cette population.

Nous avons franchi la porte de cet univers opaque en simples citoyens. Ce *nous*, c'est une équipe de bénévoles qui s'est constituée au fil du temps pour rencontrer des personnes à la fois détenues et malades ou en fin de vie. Nos représentations tombent dès la porte franchie et dès que nous portons un intérêt à ceux qui survivent dans cet univers à part. Cet hôpital est situé dans la même enceinte qu'une maison d'arrêt assez vétuste dit le Grand Quartier, deuxième prison française par sa taille (avec environ 2500 détenus pour 1700 places) après celle de Fleury-Mérogis et d'une maison d'arrêt pour femmes (100 places). Nous sommes habilités à pénétrer en voiture et à nous présenter (sans téléphone portable, « les poches vides en entrant et en sortant ») au poste d'entrée avec notre laissez-passer.

UN BÉNÉVOLAT SPÉCIFIQUE EN PRISON : LA SITUATION SINGULIÈRE DE L'HÔPITAL DE FRESNES

L'Établissement public de santé national de Fresnes (EPSNF) est une unité hospitalière interrégionale en complémentarité de l'AP - HP[1]. L'EPSNF

1. AP-HP : Assistance publique – Hôpitaux de Paris.

a une capacité de quatre-vingts lits dont vingt lits de médecine interne, quarante lits de médecine physique et de réadaptation et vingt lits de moyen séjour. Depuis la création d'une UHSI[2] en décembre 2008, les personnes devant être hospitalisées pour des durées supérieures à quarante-huit heures bénéficient des différentes spécialités et d'un plateau technique dont dispose ce grand pôle sanitaire sud-parisien.

Une phase expérimentale pour le bénévolat d'accompagnement : une place à prendre, un rôle à faire reconnaître

Fin 2001, un médecin et un aumônier de l'hôpital ont sollicité l'association les petits frères des Pauvres pour construire un partenariat. Il s'agissait de rencontrer les personnes détenues gravement malades et en fin de vie dans le cadre de la loi du 9 juin 1999 visant le droit à l'accès aux soins palliatifs.

Les premiers accompagnements ont débuté en août 2002. J'ai été volontaire, car j'avais l'expérience de dix années comme visiteur de prison. Dès le début, j'ai été confronté à deux logiques différentes : l'une de l'ordre sécuritaire et l'autre hospitalière : la première est placée sous la responsabilité de surveillants, agents de l'administration pénitentiaire, et la seconde relève des équipes soignantes qui dépendent du ministère de la Santé. Peu à peu, je me suis fait accepter par les *anges gardiens* de cet établissement bien particulier. L'intervention s'est centrée au départ dans le service de médecine et a abouti à la signature de la première convention[3] qui définit explicitement les missions du bénévolat d'accompagnement en juillet 2003. Le contenu de la convention décline les différentes exigences de ce partenariat dans les termes suivants :

- Préparation et sensibilisation préalables des professionnels de santé ;
- Responsabilités de l'association au niveau de la sélection, du recrutement, de la formation initiale et continue ;
- Soutien et suivi des bénévoles ;

2. UHSI – unité hospitalière sécurisée interrégionale située à l'hôpital La Pitié-Salpêtrière à Paris.
3. Décret n° 2000-1004 du 16 octobre 2000 relatif à la convention type prévue L.1111-5 du Code de santé publique.

- Nomination d'un coordinateur interne à l'association et d'un référent institutionnel ;
- Identification de l'équipe de bénévoles ;
- Respect par les bénévoles de la Charte de l'association ;
- Conditions d'intervention des bénévoles : rythme, horaires, mode de mise en relation avec les malades ;
- Obligations d'informations réciproques - mode de collaboration et de communication avec les soignants ;
- Mode et rythme d'évaluation ou de bilan ;
- Conditions d'élaboration de la convention : signataires, référents unités ;
- Clauses de résiliation de la convention.

Prendre soin par une écoute et un regard empathique

Les bénévoles sont à chaque fois confrontés à des personnes relevant de problématiques complexes. Ils mesurent au fur et à mesure le poids et la durée de la détention, l'affaire (souvent dans ses détails) et la situation pénale qui est abordée par les malades eux-mêmes dès la première entrevue. Vient ensuite dans la conversation la raison de leur hospitalisation ; ils nomment alors plus ou moins bien leur pathologie et son évolution. La préoccupation quant à leur santé, légitime et angoissante, est largement exprimée. Bien souvent, il nous semble que la maladie a été détectée trop tardivement faute d'examens ou de moyens dans l'unité de consultations et de soins ambulatoires (UCSA) de la prison d'origine. Nous sommes témoins aussi de dégradations psychologiques qui peuvent être passagères ou graves, d'états suicidaires avec passage quelquefois à l'acte, sans parler de problèmes psychiatriques plus ou moins prononcés. Nous n'avons pas de pouvoir, mais notre simple présence est bien appréciée ; une relation forte peut s'installer aussitôt et dans la durée avec ces personnes marginalisées et en grande souffrance.

L'assistante sociale, mais davantage les soignants, signalent les malades aux bénévoles. Nos critères de visites sont pluriels : l'annonce du diagnostic de maladie grave qui constitue un choc, les phases de crise ou d'angoisse, les refus de traitement, les grèves de la faim, le grand âge, la fin de vie.

Notre après-midi se déroule au rythme des échanges en tête-à-tête quand les malades sont seuls dans ces neuf mètres carrés. Les échanges sont plus difficiles dans les chambres à deux ou trois lits pour ce qui est de la confidentialité. Notre écoute doit être soutenue pour entendre le quotidien qui pèse par la solitude, l'inquiétude ou l'angoisse, leur histoire tragique – toute récente ou remontant à l'enfance –, la maladie (attente de résultats, d'interventions à subir, diagnostic annoncé, etc.). Les confidences sont fréquentes, car la confiance s'établit très vite : « ça fait du bien de parler avec vous », « il y a des promenades, mais je préfère être avec vous », « nous sommes entre les vivants et les morts », « personne ne s'assied comme vous près de mon lit », « c'est un visiteur ? Non, c'est un ami ».

En dehors des bénévoles et de l'aumônier, ces malades n'ont personne de *neutre* à qui parler ! Nous leur offrons un espace-temps le plus ouvert possible et sans jugement. Ils évoquent leur préoccupation de ne pas mourir en prison, l'absence de nouvelles ou l'abandon de leur conjoint, d'un enfant, etc. Ces accompagnements sont très lourds par la densité des échanges et des émotions déversées devant nous. Nous leur permettons de dire leurs souffrances de toutes sortes, leurs espoirs ou pas dans la médecine, dans la justice, dans leur famille. Un tête-à-tête grave ou léger, inattendu et authentique !

Si on peut parler de bilan, celui-ci est très positif au dire de nos partenaires quant au sens de cette présence de bénévoles, conforme au projet associatif 2010-2015 intitulé « avec les plus pauvres, vivre la fraternité » des petits frères des Pauvres. En 2010, 135 personnes gravement malades ou en fin de vie ont bénéficié de 700 visites effectuées par cinq bénévoles.

Face aux soignants : un positionnement parfois délicat et jamais acquis

Nous étions les premiers accompagnateurs de détenus malades à pénétrer au cœur de cet établissement hospitalier unique. Pas à pas, nous avons clarifié notre rôle : être auprès des personnes malades dans une écoute attentive et empathique, les accompagner dans leurs épreuves de la maladie, de la fin de vie et de l'incarcération dans une complémentarité avec les services médicaux et sociaux.

Il s'agit de « prendre soin globalement » de la personne vulnérable et isolée dans sa singularité et dans l'altérité. Les soignants disent : « c'est bien que vous soyez là, nous n'avons pas le temps », « allez voir monsieur X., cela lui fera du bien ».

Pour illustrer le rôle du bénévole dans le rapport annuel d'activité de notre association, nous avons recueilli des témoignages de soignants :

D'abord, nous apprécions, tous, leur discrétion et leur simplicité, disons : leur *style*. Nous apprécions leur souci de se renseigner de qui est à voir en priorité dans le service, leur disponibilité par rapport aux personnes que nous leur signalons et le suivi assidu qu'ils assurent, au cours des semaines, des patients signalés. Tout en étant discrets, ils nous font remonter des informations importantes par rapport à la prise en charge des patients, et nous font souvent un bilan de leurs entretiens, ce qui est précieux pour nous pour une meilleure connaissance et un meilleur suivi de la personne. Nous apprécions leur action également par rapport au temps d'écoute différente et plus approfondie que celui du personnel soignant (Olivier, infirmier en service de médecine).

Ceci est tout bénéfice pour le patient, heureux d'avoir leurs visites régulières, et pour nous, c'est aussi un allègement à notre charge de travail ainsi qu'un soulagement moral. D'une manière générale, nous avons toujours de la part des patients un retour positif vis-à-vis des petits frères. Les petits frères suivent des patients qui ne sont, en général, pas « faciles » (dépressions graves, pathologies lourdes, moyen et long séjour, isolement familial et social) et ils sont un réel soutien pour ces malades, bien souvent isolés familialement et socialement (Dominique, infirmière en service de médecine).

Le signe de l'intégration des petits frères dans le service et de la complémentarité de leur travail par rapport au nôtre est la présence de leur cahier de suivi des patients dans notre salle de soins, à une place attitrée et dans lequel plusieurs membres de l'équipe soignante écrivent, à l'occasion, pour signaler un patient à voir. Nous apprécions enfin que le nombre des petits frères soit allé en progressant depuis leurs débuts à l'hôpital, car les besoins sont immenses (Pauline, aide-soignante en service de moyen séjour).

À travers nos rencontres avec les patients, nous entendons leur mécontentement, leur plainte dans des domaines touchant leur prise en charge et leur condition de détenu, par exemple :

- La difficulté à avoir accès à un psychologue ou à un psychiatre, plus par manque d'effectif que par mauvaise volonté ! Il y a beaucoup de situations dans lesquelles nous constatons des angoisses fortes, de la décompensation, le syndrome de glissement[4] ;
- Les conditions d'extraction pour consultation vers un hôpital parisien ou celui de Kremlin-Bicêtre ;
- Les refus ou les réticences des malades pour se rendre en consultations extérieures parce qu'ils sont menottés jusqu'à la salle d'attente et souvent la présence d'un(e) surveillant(e) lors de la consultation ;
- Les médicaments pas toujours distribués à l'heure (antalgiques par exemple), source de tension du malade ;
- Des attentes pour des rendez-vous extérieurs (dentiste, ophtalmo, reconstruction du nez, etc.) anormalement longues (trois à cinq mois).

L'UHSI de la Salpêtrière est une unité ultramoderne avec de bonnes équipes de soignants et de surveillants, mais on constate un isolement complet des personnes malades, sans cour de promenade ni possibilité de fumer. Un modèle que l'on pourrait qualifier de trop technocratique et sécuritaire où manquerait un lien constant entre patients et service social, familles et visiteurs ou bénévoles.

Les bénévoles constatent aussi des réticences voire des difficultés avec des médecins praticiens, difficultés qui ont souvent à voir avec le secret médical. La loi du 9 juin 1999[5] instituant le bénévolat d'accompagnement dans le cadre des soins palliatifs impose à la fois la confidentialité au bénévole dans l'exercice de son bénévolat et l'absence d'interférence dans les soins. On parle également du secret partagé. Le bénévole n'a

4. Le syndrome de glissement est une décompensation rapide de l'état général faisant suite à une affection aiguë qui est en voie de guérison et qui paraît guérir. La personne semble refuser inconsciemment de vivre.
5. Loi n° 99-477 du 9 juin 1999 visant à garantir le droit à l'accès aux soins palliatifs. L'article 10 de ce texte traite des conditions d'intervention des associations de bénévoles d'accompagnement auprès des personnes malades et de leurs proches, et notamment à l'hôpital.

pas à connaître la pathologie proprement dite, mais l'état dans lequel le malade se trouve au moment présent : paisible, en révolte, sans expression, douloureux, triste, etc. Rappelons qu'il ne fait pas partie de l'équipe des soignants et qu'il ne peut, sans l'accord du patient, transmettre à un tiers une parole, un trouble, une plainte entendue.

Des interrogations éthiques sur les pratiques

Nous avons été étonnés, dans les premières années de notre intervention, de manquements graves au secret médical. L'exemple le plus frappant : ce certificat médical apposé sur la porte de la *chambre-cellule* sur lequel était mentionné : « Vu le pronostic vital engagé de la personne, la porte doit rester ouverte ». Ce certificat étant à la vue des surveillants et de tous les visiteurs. Ceci n'existe plus heureusement ! Les surveillants de prison sont au courant des traitements en cours comme le diabète sévère ou d'autres affections graves, ce qui n'est pas conforme aux règles actuelles. En outre, la charte du patient hospitalisé lui garantit la protection de son dossier médical et de toutes indications particulières le concernant.

Une démarche de certification a permis d'améliorer certains aspects de la qualité des soins, mais il reste beaucoup à faire pour le traitement de la douleur et la prise en charge de la fin de vie du détenu et de son entourage. En tant que citoyen et témoin, nous avons un devoir de témoigner. À cet effet, nous avons rencontré le délégué du Contrôleur général des lieux de privation de liberté[6] (organisme indépendant) en 2010 lors de son évaluation auprès de tous les acteurs (direction, soignants, détenus, partenaires). Nous lui avons suggéré en particulier la création de quelques lits réservés aux soins palliatifs avec bien sûr la formation idoine du personnel médical et paramédical. Le patient détenu dispose par la loi des mêmes droits que tout citoyen en termes d'accès aux soins palliatifs.

Nous lui avons transmis les remarques spontanées des personnes détenues recueillies par l'équipe de bénévoles sur leur vie quotidienne, les soins journaliers et notre regard sur la suspension de peine[7] pour raisons médicales et les soins palliatifs. Les résultats de la certification[8] effectuée

6. Voir le site cglpl.fr comportant les rapports d'activité annuels.
7. La suspension de peine sera traitée dans le paragraphe suivant.
8. Rapport réalisé par PLM Marketing Research,22 juillet 2010.

par la Haute Autorité de Santé corroborent bien nos observations sur deux critères d'évaluation (inférieur à la moyenne nationale) : les prises en charge de la douleur et de la fin de vie ainsi que l'accompagnement des proches lors d'un décès. Sont signalés aussi, mais à un degré moindre, les aspects touchant à la confidentialité du dossier médical et le respect des droits des patients[9]. Des pistes d'amélioration pour 2010-2011 sont inscrites sur ces thèmes. Par ailleurs, l'administration pénitentiaire s'est engagée dans un processus de démarche qualité à travers la labellisation de la procédure d'accueil et dans la déclinaison en droit français des règles pénitentiaires européennes (RPE).

ACCOMPAGNER LA FIN DE VIE... HORS DE LA PRISON, C'EST POSSIBLE !

La loi du 4 mars 2002 (dite loi Kouchner) prévoit des mesures de suspension de peine pour raisons de santé quand le pronostic vital est engagé ou que les conditions d'incarcération sont durablement incompatibles avec l'état de santé du détenu. Nous sommes alors sollicités par l'assistante sociale ou un médecin de l'hôpital pour l'héberger (hors des solutions familiales). Une évaluation de la situation par l'équipe de l'association est réalisée après avoir eu un entretien avec la personne elle-même, et avoir rencontré l'assistante sociale et le médecin. Il nous faut répondre avant tout à la question essentielle : Serons-nous en capacité d'accompagner cette personne et de s'y engager jusqu'au bout ?

Avant d'être présenté à la juridiction locale, le dossier du détenu doit comporter deux expertises concordantes et favorables, mais aussi une garantie d'hébergement à l'extérieur. Une commission présidée par le juge d'application des peines (JAP) après examen du dossier médical et du certificat d'hébergement autorise la libération du malade.

Nous prenons en charge le détenu dès la porte de l'hôpital pour le conduire dans un appartement (s'il est vraiment autonome au départ et selon ses désirs), mais plus généralement dans une résidence collective de l'association. Avec un bail à son nom, cette personne acquiert un nouveau statut à part entière et retrouve une part de sa dignité. Nous mettons en place les démarches administratives nécessaires (carte d'identité,

9. Charte du patient hospitalisé.

de séjour, régime d'assurance maladie, complémentaire santé, compte en banque, etc.). Nous prévoyons un médecin traitant de proximité et, selon l'évolution de la maladie, la mise en place d'une hospitalisation à domicile (HAD), d'un auxiliaire de vie et, tout au long de ce parcours, le choix et la fréquence de visite d'un bénévole (à domicile, aux rendez-vous de consultation ou lors d'une hospitalisation). Quand il n'y pas de famille, nous assurons le relais avec le médecin, l'hôpital, la justice.

C'est le 1er décembre 2002 que nous avons accueilli en appartement à Paris la première personne bénéficiant de cette mesure *pronostic vital engagé*. Nous l'avons accompagnée avec nos partenaires jusqu'au bout (enterrement compris), car elle était totalement rejetée par sa famille. Elle est décédée soixante jours après l'entrée en appartement. Cette personne a pu témoigner de vive voix et avec beaucoup d'émotion de ce qu'elle a vécu grâce à cette libération avant sa mort imminente.

Ces accompagnements sont très lourds dans la réalité, éprouvants pour tous les accompagnateurs, surtout au moment de la fin de vie. Cela exige à la fois compétence, grande disponibilité et motivation entière pour gérer, accompagner la personne et s'ajuster en permanence à son état physique, psychologique et moral.

Le savoir-faire acquis au cours de ces neuf années a permis d'élaborer des outils de bonne pratique, des procédures et référentiels éprouvés dans le temps :

a) La transmission : après chaque temps d'accompagnement, chaque bénévole retransmet (le plus souvent au téléphone) l'essentiel de ce qui s'est vécu : état physique et moral de la personne ; expressions de souffrance, de désirs, de difficultés ; ressentis ; choses lourdes que nous avons portées et qui font un écho particulier à notre propre histoire. La transmission assure la continuité des accompagnements, elle offre un espace de parole et de soutien à chaque bénévole, elle aide au questionnement, elle permet de s'ajuster aux situations, de prendre du recul. C'est le premier « sas » pour déposer une situation délicate ou préoccupante.

b) Le groupe de parole : animé par une psychologue (clinicienne) toutes les trois semaines, d'une durée de deux heures, il constitue un espace d'expression libre indispensable, de soutien, d'aide au questionnement, de compréhension des situations, d'ajustement de sa posture d'accompagnant, de partage des situations. Les principes essentiels à respecter par chacun des participants sont le non-jugement, le respect de la confidentialité des échanges du groupe, l'assiduité au cours de l'année, une écoute attentive des autres et une implication personnelle. La richesse des échanges et du travail provient de la diversité des participants intervenant dans différents terrains : domicile, services aigus, de réanimation, de soins palliatifs, de longs séjours, etc.

c) La formation continue incluant un week-end de rentrée sur un thème général qui ouvre notre année.

d) Nous avons aussi bénéficié d'une session sur l'analyse de nos pratiques d'accompagnement des personnes malades ou en fin de vie en prison, animée par une psychologue qui a travaillé en prison auprès des détenus atteints du VIH.

La réussite n'est possible qu'à travers un travail d'équipe, la collaboration confiante et complémentaire des partenaires (sur les plans médical, social et judiciaire) de la prison et de la Cité. Ainsi nous avons pu accueillir quinze personnes depuis la fin 2002, dont douze ont été suivies à ce jour jusqu'au bout !

La durée de vie constatée (médiane) est de quatre-vingt-dix-sept jours, soit un peu plus de trois mois. Nous organisons avec les services compétents les dernières formalités administratives et les obsèques lorsque la famille (quand il y en a une) ne souhaite pas se manifester. De belles histoires se vivent quelquefois quand une famille (frères et sœurs, parents, enfants, etc.) se retrouve pour conduire leur parent jusqu'à sa dernière demeure après des années, voire des décennies, de conflit et de séparation.

LES DIFFICULTÉS

Le recrutement de nouveaux bénévoles entraîne certes des difficultés. Cela requiert au préalable un travail à la fois sur les motivations du candidat, mais aussi sur la capacité de lever les freins liés à nos représentations mentales sur la prison, la population pénale, au tabou de la fin de vie et de la mort en prison. Chaque année, nous avons beaucoup de mal à recruter des bénévoles : sur 200 candidats en moyenne pour

Paris, seulement 10 % rejoignent nos équipes. Avant deux ans, 50 % abandonnent leur bénévolat pour différentes raisons (mobilité professionnelle, mariage, etc.). Rappelons que ce bénévolat est très exigeant.

Le parcours d'intégration a pour objectif de clarifier les motivations des candidats, de les sensibiliser aux enjeux de l'engagement et de personnaliser l'intégration.

a) Le processus de recrutement se veut impliquant et rassurant pour le bénévole. Il comporte quatre temps différents : trois entretiens individuels avec deux référents[10] différents et une session de deux jours (sensibilisation collective) pour l'aider à clarifier ses motivations. Il s'agit pour le candidat d'un processus de réflexion, de discernement et de maturation avant toute décision.

b) Un accompagnement à l'arrivée dans le service hospitalier composé d'un temps de présentation et de soutien du référent ainsi que d'un tutorat avec un bénévole confirmé.

CONCLUSION

Voilà dix ans d'expérience d'accompagnement de ces personnes souvent âgées et détenues dont le sort est entre les mains d'une administration soucieuse de sécurité et d'ordre et d'une médecine qui voit d'abord le détenu comme un malade. Notre présence est maintenant acquise et reconnue par cet hôpital sous la tutelle des ministères de la Justice et de la Santé.

Une nouvelle étape envisagée consisterait à déployer ce savoir-faire (et savoir-être) dans d'autres établissements en France avec une préférence pour les huit UHSI situées dans les grandes agglomérations françaises[11]. L'idée serait de signer une convention tripartite avec le ministère de la Justice et celui de la Santé. Il reste également à écrire un référentiel de bonnes pratiques pour ce bénévolat spécifique en milieu carcéral. Ce

10. Référent : professionnel aguerri ou bénévole expérimenté apte à mener des entretiens de recrutement de bénévoles ; le but est de cerner les motivations et les aptitudes des candidats garantissant la qualité et la continuité de l'action.

11. Marseille : 45 lits ; Bordeaux : 16 lits ; Lille : 21 lits ; Lyon : 23 lits ; Nancy : 17 lits ; Toulouse : 16 lits ; Paris : 25 lits ; Rennes : 19 lits (ouverture en 2012), soit 181 lits au total.

guide s'appuierait sur les droits et devoirs du bénévolat d'accompagnement régi par la loi visant les droits des patients et sa circulaire d'application[12] sans oublier les règles élémentaires de sécurité. Notre expertise constituerait un socle permettant la diffusion dans le secteur associatif (Caritas, Croix-Rouge française...) de ce savoir-faire en matière d'accueil et d'hébergement des plus malades, voire en fin de vie.

Quelles que soient les raisons des difficultés d'application d'une loi dont le but était d'éviter la mort en prison et qui indiquait que seuls *des motifs de santé* doivent être pris en considération dans la décision de suspension de peine pour raison médicale, on ne peut qu'être frappé par le fait que depuis l'entrée en vigueur de la loi du 4 mars 2002, à la date du 31 décembre 2005, sur une période de trois ans et demi, plus de 800 personnes détenues sont mortes en prison : plus de 400 par suicide et plus de 400 de maladies ou de vieillesse. On peut penser que cela est dû à un manque d'informations sur ce dispositif des professionnels ou partenaires gravitant autour de la prison (médecins, avocats, associations, etc) ? Aux structures d'hébergement rétives ou insuffisantes ?

Nous devons innover avec des partenaires pour répondre à d'autres défis comme l'accueil des personnes âgées à très âgées, les personnes atteintes de la maladie d'Alzheimer en établissement d'hébergement pour personnes âgées dépendantes (EHPAD), les personnes démentes. Car elles sont peu ou mal prises en charge par les pouvoirs publics. C'est une question vitale pour cette population vieillissante et vulnérable touchée ou qui le sera, en prison, dans nos villes et campagnes.

La médecine a une lourde responsabilité dans l'exercice de sa mission auprès des exclus et des plus vulnérables qui sont en prison. Soulignons que la formation aux soins palliatifs, le recrutement de personnel qualifié en matière de santé sont des conditions nécessaires pour que tout détenu ait un accès aux soins comme pour tout citoyen.

François Moreau, président du Syndicat des médecins exerçant en prison (SMEP), déclarait le 11 décembre 2006, lors des 3es journées parlementaires sur les prisons : *« du point de vue sanitaire, l'impression est celle*

---

12. Décret n° 2000 -1004 du 16 octobre 2000 relatif à la convention type prévue à l'article L. 1111-5 du code de la santé publique - Convention type relative aux conditions d'intervention des bénévoles accompagnant les personnes en soins palliatifs dans les établissements de santé et les établissements sociaux et médico-sociaux.

d'une absence de pilotage du système de soins en milieu carcéral». C'est bien avant tout une volonté et une ambition politiques affichées qui pourront entraîner ce changement attendu par tous les intervenants et les détenus eux-mêmes. Le chantier est vaste et ouvert !

RÉFÉRENCES

Aubry, M. (2000). *Décret relatif à la convention type prévue L.1111-5 du Code de santé*

publique. Consulté le 14 janvier 2011 sur le site Internet Légifrance, le service public de la diffusion du droit www.legifrance.gouv.fr.

Bachelot, R. (2011). *Loi concernant la santé et les droits de la personne malade ou handicapée*. Consulté le 21 avril 2011 sur le site Internet Légifrance, le service public de la diffusion du droit www.legifrance.gouv.fr.

Cabanel, G.-P. (2000). *Les prisons françaises : une humiliation pour la République* – Rapport parlementaire. Consulté le 11 février 2011 sur le site Internet du Sénat www.senat.fr.

Charte de la personne hospitalisée (2005). *Loi relative aux droits des malades et à la fin de vie*. Consulté le 21 février 2011 sur le site Internet du ministère de la Santé www.sante.gouv.fr.

Deschamps, C., Comité consultatif national d'éthique pour les sciences de la vie et de la santé, (2006). *La santé et la médecine en prison*. Consulté le 17 mars 2011 sur le site Internet du Comité consultatif national d'éthique www.ccne-ethique.fr.

Kouchner, B. (2002). *Loi relative aux droits des malades et à la qualité du système de santé*. Consulté le 11 avril 2011 sur le site Internet du ministère de la Santé www.legifrance.gouv.fr.

Léonetti, J. (2005). *Loi relative aux droits des malades et à la fin de vie*. Consulté le 16 janvier 2011sur le site Internet du ministère de la Santé www.senat.fr/dossier-legislatif/ppl04-090.html.

Ministère de l'Emploi et de la Solidarité (DREES) (1999). *La santé à l'entrée en prison : un*

cumul des facteurs de risque. Consulté le 14 mars 2011sur le site Internet du ministère de la Santé www.sante.gouv.fr.

Mission régionale d'information sur l'exclusion, avec le soutien de l'Administration pénitentiaire et de la Fondation Abbé Pierre – Enquête en Rhône-Alpes et Auvergne – (2010). *Prison, santé et vieillissement : enjeux et impacts de la détention pour les personnes de plus de 60 ans.* Consulté le 20 avril 2011sur le site Internet de la Mission régionale d'information sur l'exclusion www.mrie.org.

PLM Research – institut d'étude indépendant, membre d'ESOMAR (2010). Consulté le 21 novembre 2010 sur le site Internet de l'Institut PLM Research www.plm-marketresearch.com.

Lectures suggérées

De Beaurepaire, Ch. (2009). *Non lieu : Un psychiatre en prison.* Paris : Fayard, 364 pages.

Herszberg, C. (2006). *Fresnes, histoires de fous.* Paris : Seuil, 184 pages.

Migliorino, R.-E. (2009). *Infirmier en milieu carcéral : Accompagner, soigner, réinsérer.* Paris : Masson, 96 pages.

Vasseur, V. (1999). *Médecin chef à la prison de la santé.* Paris : Édition de la Seine, 199 pages.

ANNEXE A

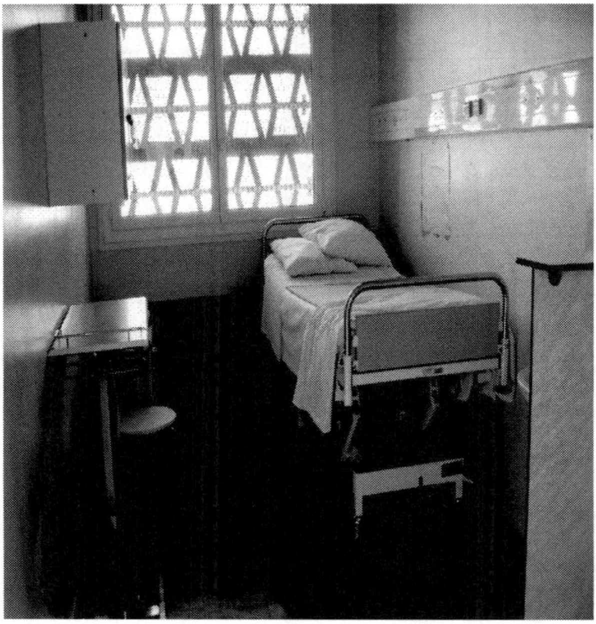

« Une cellule-chambre » du service de médecine à l'hôpital pénitentiaire de Fresnes.

CHAPITRE 8

ENFIN CHEZ SOI ? LE RÔLE ET LA CONTRIBUTION DES BÉNÉVOLES DANS UNE MAISON DE SOINS PALLIATIFS POUR LES PERSONNES SANS-ABRIS

Manal Guirguis-Younger,
Ph. D., professeure à la Faculté des sciences humaines à l'Université Saint-Paul, Ottawa.

Vivien Runnels,
Ph. D., chercheure à l'*Unité de recherche sur la mondialisation et l'équité de la santé* ainsi qu'au *Réseau de recherche sur l'amélioration de la santé des populations* (RRASP) à l'*Institut de recherche sur la santé des populations*, Université d'Ottawa.

Judith Malette,
Post-Ph. D., professeure titulaire et directrice de l'*École de Counselling, de Psychothérapie et de Spiritualité* à l'Université Saint-Paul, Ottawa.

Ryan McNeil,
MPhil, chercheur en santé au *British Columbia Centre for Excellence in HIV/AIDS*[1] et doctorant en études interdisciplinaires (*Interdisciplinary Studies Graduate Program*) à l'Université de la Colombie-Britannique.

---

1. *NdT : Centre d'excellence sur le HIV/SIDA de la Colombie-Britannique.*

Un nombre croissant d'analyses sociales scientifiques reconnaissent que la mort est une partie intégrante de notre humanité et que la fin de la vie constitue une partie essentielle du continuum des soins de santé (Webster et Kristjanson, 2002). Orientés vers la gestion de la douleur et des symptômes, les soins palliatifs visent à « alléger la souffrance, à améliorer la qualité de vie [...] et le sens qu'on lui accorde et à promouvoir la dignité (*du mourir et de la mort*) (McKee *et al.*, 2010, p. 103, traduction libre des auteurs ; l'ajout en italique est également des présents auteurs). Or, nous croyons que ce type de soins devrait être accessible à tous et offert équitablement, indépendamment du statut social.

Habituellement, les rôles que jouent les bénévoles varient en fonction des besoins des patients/clients et de l'environnement dans lequel ceux-ci évoluent. Toutefois, la particularité de certains patients/clients et de certains environnements comporte des défis uniques. Ainsi nous semble-t-il impérieux que les bénévoles œuvrant dans des maisons de soins palliatifs qui offrent des soins aux personnes marginalisées de notre société, tels les prisonniers et les personnes sans-abris, connaissent et comprennent leurs besoins uniques et soient sensibles à leur fragilité et à leur vulnérabilité, afin que la qualité des soins offerts en fin de vie soient des préoccupations constantes, indépendamment de la population traitée (Hyppolite, 2012-2013 ; Malette et Guirguis-Younger, 2011 ; McKee *et al.*, 2010).

Le nombre croissant des recherches portant sur le bénévolat dans les maisons de soins palliatifs a permis de connaître et de mieux comprendre les rôles des bénévoles et leurs sources de motivation et de satisfaction. Toutefois, la plupart des études se sont penchées sur les milieux palliatifs qui offrent des services au grand public. On y retrouve d'ailleurs certains présupposés sur le type de patients qui peuvent profiter pleinement d'un tel environnement. La documentation sur les milieux de soins palliatifs ayant choisi d'offrir des services à certaines populations marginalisées, comme les personnes sans-abris, demeure fort limitée. Malgré tout, une conclusion semble se dessiner clairement : les besoins uniques des populations marginalisées remettent en question les présupposés sur lesquels reposent les soins offerts au grand public.

Les hospices accueillant le grand public tentent d'offrir aux patients un environnement qui ressemble à celui d'une maison, ce qui suppose nécessairement que ceux-ci aient habité à un endroit qu'ils qualifiaient de « chez-soi ». De plus, ces maisons de soins palliatifs ont aménagé des salles où les patients peuvent recevoir des visiteurs, ce qui suppose que famille et amis font partie intégrante de la vie du patient et que l'on s'attend à leur venue. Enfin, dans la majorité des cas, les pourvoyeurs de soins s'attendent à ce que les patients défraient certains services qui leur assurent un confort supplémentaire, par exemple les services en coiffure, les soins dentaires, podiatriques et optométriques. Or, ces présupposés ne correspondent nullement à la réalité des personnes sans-abris (Cagle, 2009 ; McNeil, Guirguis-Younger et Dilley, 2012 ; McNeil *et al.*, 2012). Bien que ces dernières ne constituent certes pas une population homogène, elles vivent néanmoins certaines expériences similaires. Par exemple, ne pas avoir un endroit que l'on appelle « chez soi » durant de longues périodes, et ce, parfois même durant des années, s'avère une expérience relativement commune. Pour plusieurs d'entre elles, le concept de l'amitié se limite au partage de boissons et de drogues illicites avec des gens qu'elles rencontrent dans la rue. Or, ces « amis » ne peuvent offrir un soutien affectif et instrumental en période de stress. De plus, ces personnes n'entretiennent souvent plus aucun lien avec les membres de leur famille. Une pauvreté chronique caractérise aussi leur lot quotidien. Enfin, il existe un taux élevé de troubles de santé mentale, de consommation d'alcool et/ou de drogues illicites chez les personnes sans-abris, ce qui, en soi, peut constituer des défis appréciables pour les hospices offrant des services au grand public.

En raison des présupposés énumérés précédemment et de la population concernée, les bénévoles œuvrant auprès des personnes mourantes, sans-abris, nous semblent fournir des services vraiment uniques. De par leur nature, les études qualitatives permettent de recueillir de précieuses informations sur l'expérience phénoménologique des bénévoles, c'est-à-dire sur l'unicité de leur expérience humaine, sur ce qui les incite à *être* bénévoles et à le demeurer, sur les relations interpersonnelles qu'ils tissent avec les personnes malades et mourantes. Notre étude s'est donc penchée sur l'expérience, les rôles et les responsabilités des bénévoles accompagnant des personnes sans-abris qui sont en fin de vie et qui requièrent des soins palliatifs.

Au début des années 2000, un regroupement de leaders communautaires d'Ottawa (Canada) commencèrent à travailler ensemble dans le but de développer des services en soins palliatifs pour les personnes sans-abris. Les efforts concertés des membres du groupe entraînèrent l'ouverture de l'Ottawa Mission Hospice, en 2002, la première maison offrant des services d'urgence à la population des sans-abris, en Amérique du Nord. L'Ottawa Mission Hospice comporte un programme offrant des soins palliatifs à 16 patients alités. Ce programme est intégré à un refuge d'urgence, situé au centre-ville d'Ottawa ; il est géré en partenariat avec l'Ottawa Inner City Health, un organisme qui coordonne les soins offerts aux personnes sans-abris, dans plusieurs refuges. L'Ottawa Mission Hospice offre donc des soins de soutien et des soins palliatifs à ces dernières. De plus, en raison du taux élevé de consommation de substances au sein de cette population, l'Ottawa Mission Hospice utilise une politique de gestion des effets nocifs en permettant la consommation d'alcool et de drogues illicites hors ses murs. Ceci permet d'accommoder les besoins de santé et les besoins sociaux des personnes sans-abris. Bien que des troubles de santé mentale et d'assuétude peuvent complexifier la dimension médicale des soins palliatifs, ceux-ci s'avèrent néanmoins relativement similaires à ceux offerts dans les hospices destinés au grand public. Ainsi, la gestion des symptômes, le contrôle de la douleur et la réduction de la souffrance morale demeurent au cœur des soins offerts aux sans-abris, en fin de vie. Les médecins en soins palliatifs doivent toutefois être conscients de la tolérance aux médicaments ainsi que d'autres complications que ces patients peuvent développer en raison de leur consommation de drogues illicites. De plus, le mourir de ces personnes diffère de ce qui est observé dans la plupart des maisons de soins palliatifs. Par exemple, il arrive souvent qu'une personne diagnostiquée d'une maladie terminale, ou qui se trouve à la fin de sa vie, connaisse de brèves périodes d'amélioration de ses symptômes. Celles-ci résultent possiblement des soins reçus à l'hospice, ce qui inclut une bonne nutrition, une protection contre les intempéries et la stabilisation de conditions médicales très graves. Durant ces périodes temporaires de rétablissement, plusieurs quittent la maison de soins palliatifs et ne reviennent que lorsque leurs symptômes s'aggravent. Afin de respecter leurs choix, leur style de vie et leurs décisions, il est permis aux patients de quitter librement l'hospice et d'y revenir lorsqu'ils en ressentent le besoin.

Bien que cet exemple nous permette de souligner à quel point le modèle de soins palliatifs utilisé à l'Ottawa Mission Hospice diffère de ceux ayant cours auprès du grand public, il existe néanmoins des similarités que l'on ne saurait ignorer. Ainsi, au moment du mourir et de la mort, certains besoins humains fondamentaux méritent d'être satisfaits, indépendamment du statut social : le besoin de sécurité, les soins et le soutien et l'atténuation de la douleur. Aussi l'Ottawa Mission Hospice respecte-t-il ce principe humanitaire en accommodant les besoins uniques de la population à laquelle il offre des services, diminuant et confrontant ainsi ce que Hyppolite (2012-2013, p. 27) nomme les « inégalités sociales de santé (...) qui touchent de manière plus marquée les groupes de citoyens qui vivent l'exclusion sociale (...) ».

Une évaluation de l'impact des services offerts a démontré une diminution des coûts pour le système des soins de santé en réduisant les admissions et les séjours à l'hôpital, tout en augmentant le niveau de satisfaction chez les personnes sans-abris bénéficiant de tels soins et services (Podymow, Turnbull et Coyle, 2006).

MÉTHODOLOGIE

Nous avons effectué des entrevues semi-dirigées avec 4 bénévoles et 3 administratrices engagées auprès de la population des sans-abris recevant des services en soins palliatifs, à Ottawa ; toutes ces participantes travaillaient directement ou en collaboration avec l'Ottawa Mission Hospice. Notre attention s'est portée vers l'Ottawa Mission Hospice, le tout premier endroit en Amérique du Nord offrant de tels services. Nous avons utilisé un devis qualitatif consistant en une étude de cas, soit l'Ottawa Mission Hospice, afin d'analyser le développement de cette organisation et les facteurs individuels, sociaux et structurels qui influencent les services en soins palliatifs, y compris le travail des bénévoles (Yin, 2003).

Un guide d'entrevue, portant sur des thèmes spécifiques, fut utilisé lors des entretiens avec les bénévoles (thèmes : leurs rôles, leurs tâches et leur expérience auprès de personnes sans-abris qui fréquentent l'hospice) et les administratrices (thèmes : la nature de leur travail, la coordination des bénévoles). Ce guide d'entrevue fut développé afin de susciter un échange sur la contribution des bénévoles auprès des personnes en fin de vie, leurs défis quotidiens et les besoins et exigences uniques de cette population. La durée des entrevues a varié de 45 à 120 minutes. Chacune des participantes fut interviewée individuellement. Chaque entrevue fut enregistrée sur bande audio, puis transcrite mot à mot par des assistants de recherche. Afin de s'assurer de la qualité de la transcription, l'un des auteurs du présent chapitre (Ryan McNeil) les révisa, tout en écoutant les bandes audio.

Nous avons ensuite importé les entrevues transcrites dans le programme d'analyse qualitative NVivo (version 8), afin d'en faciliter la codification. Des méthodes d'analyse comparative furent utilisées de déterminer les catégories émergentes et les unités de sens en découlant (Strauss et Corbin, 1990 ; Glaser et Strauss, 1967). Nous avons ensuite développé un arbre de codification ; des révisions de cet arbre étaient effectuées au fur et à mesure que les données étaient codifiées. Une fois les catégories de thèmes finalisées, la chercheuse principale (Manal Guirguis-Younger) codifia une fois de plus les données afin de vérifier la validité de chaque catégorie.

Cette étude fut approuvée par les comités d'éthique et de la recherche de l'Université Saint-Paul et de l'Université de la Colombie-Britannique (University of British Columbia). Chaque participante signa un formulaire de consentement, avant les entrevues ; les chercheurs en conservèrent l'original et une copie fut remise aux participantes.

RÉSULTATS

L'analyse des résultats a permis de déterminer plusieurs thèmes reliés aux rôles des bénévoles œuvrant dans un contexte unique, mariant une offre de services à des besoins spéciaux en soins palliatifs chez des personnes marginalisées. En ce qui a trait au contexte, deux thèmes distincts ont émergé : d'une part, un environnement qui devient un « chez-soi substitut » ou un « chez-soi d'adoption » et, d'autre part, un modèle de soins qui peut pallier le rôle de la famille. Quant aux caractéristiques distinctives des bénévoles, les thèmes émergents soulignent que ces bénévoles diffèrent de ceux qui travaillent dans des hospices plus traditionnels, ou offrant des services au grand public. Par exemple, ces bénévoles sont souvent des professionnels de la santé : médecins, dentistes, psychologues, qui mettent leur expertise et leur habileté au profit des sans-abris. Ces bénévoles possèdent une certaine connaissance de cette population marginalisée et des défis complexes qu'elle rencontre. Ainsi, plusieurs d'entre eux sont aussi engagés dans divers services offerts aux sans-abris, et non seulement ceux offerts en soins palliatifs. Enfin, ils démontrent une grande tolérance et compréhension quant aux défis que vivent les sans-abris et à la façon dont de tels défis peut influencer la vie et le mourir de ces derniers.

Un contexte unique

Un chez-soi substitut

Une maison offrant des soins palliatifs aux personnes souffrant de marginalisation et de l'absence d'un domicile fixe et qui leur est propre, doit prendre en compte leurs besoins particuliers. À l'Ottawa Mission, les bénévoles qualifiaient la maison de « foyer » ou de « chez-soi » qui remplace en quelque sorte celui que les sans-abris n'ont jamais ou rarement connu.

Une bénévole affirmait :

> Ce n'est pas stérile, ici ; il n'y a pas de lumières fluorescentes,... un éclairage plutôt bas, ... des fleurs, toujours, vous savez, c'est comme si vous étiez dans votre propre cuisine ; là on peut se faire du café ; c'est leur foyer, leur « chez-soi », autant qu'ils peuvent s'en faire un (Bénévole 1).

Le confort et la sécurité d'un foyer nous semblent des droits fondamentaux dont les sans-abris n'ont pu bénéficier, pour diverses raisons. Comme le rapportait l'une des administratrices, franchir le seuil d'une maison offrant des soins palliatifs peut s'avérer une expérience d'accueil et d'hospitalité, la maison devenant le foyer, le chez-soi, dont ils ont besoin à la fin de la vie.

> [...] ils ont été « de passage » (durant longtemps) parce qu'ils ont été à différents endroits. Certains d'entre eux semblent penser que notre hospice est comme (la fin de leur voyage) la fin du monde, c'est si beau. Ils n'en reviennent pas d'avoir une chambre privée avec une télévision, un beau meuble sur lequel ils peuvent déposer ce qui leur appartient, qu'il y ait toujours du jus, du café, pour eux (Administratrice 1).

Une famille substitut

Fournir un soutien aux personnes marginalisées qui sont arrivées au crépuscule de leur vie peut s'avérer un défi. En effet, plusieurs d'entre elles n'entretiennent plus de liens avec les membres de leur famille et ont peu d'amis. C'est donc aux employés de la maison offrant des soins palliatifs et aux bénévoles que revient la responsabilité de leur offrir un soutien moral et affectif. Il semble que ce soit surtout les bénévoles qui jouent un rôle clé. Ainsi, une bénévole affirmait que cette aide pouvait revêtir la forme d'un soutien instrumental ou affectif :

> Ils (les bénévoles) vont faire des choses comme amener les clients à des rendez-vous médicaux, prendre une marche avec eux, préparer un goûter, jouer à des jeux de société, bricoler... ces gens n'ont peut-être personne d'autre dans leur vie... sauf nous, qui sommes un peu comme des proches aidants (Bénévole 2).

Une autre a expliqué que les bénévoles offrent souvent des soins et des conseils qui relèvent normalement de la famille, lorsque l'un de ses membres se meurt :

> [...] Les personnes sans-abris ont souvent très peu d'aide... [par exemple] des soins dentaires, quand ça ne va pas bien et qu'ils doivent subir une intervention, c'est très épeurant pour eux. Je suis allée avec lui et suis restée durant toute la procédure... cela l'a calmé et a diminué ses craintes. Parfois, nous devons nous-mêmes décider qu'il faut y aller (chez le dentiste, le médecin, etc.)... ça leur fait sentir qu'on prend soin d'eux, quelque chose à laquelle ils ne sont pas habitués... de rester avec eux, de les conseiller et de leur faire part de leurs droits (Bénévole 3).

Les caractéristiques des bénévoles œuvrant auprès de personnes marginalisées

Les habiletés spécialisées de certains bénévoles

Les populations marginalisées et sans-abris se butent à plusieurs obstacles lorsqu'elles tentent d'accéder au système de santé offert au grand public. D'ailleurs, il ne serait pas exagéré d'avancer qu'il s'agit d'une population défavorisée et mal servie par le système de santé (Hyppolite, 2012-2013 ; McNeil *et al.*, 2012). Or, à l'Ottawa Mission Hospice, un groupe de bénévoles œuvrant auprès de cette population se compose souvent de professionnels de la santé offrant leur service gratuitement. Une administratrice a ainsi décrit les bénévoles qui offrent des soins dentaires, podiatriques et toutes autres formes de soins spécialisés : « Ce sont tous des dentistes qui y travaillent bénévolement. Un bénévole, un seul bénévole a équipé la Clinique dentaire. C'est incroyable, exceptionnel ! » (Administratrice 2)

Nous voulions vraiment trouver une personne qui puisse offrir des soins pour les pieds... à l'hospice, mais aussi à la Mission... Nous avons pu trouver quelqu'un, on lui a trouvé une salle, on l'y a installé. Ce sont aussi des bénévoles qui sont responsables des programmes de cuisine et du laboratoire d'ordinateurs» (Coordonnatrice des bénévoles).

Les bénévoles œuvrant auprès des personnes marginalisées, sans-abris et en fin de vie font partie d'un continuum de services leur étant offerts

L'une des caractéristiques uniques des bénévoles et des employés travaillant auprès des personnes marginalisées s'avère leur souci d'offrir des services visant principalement à atténuer la souffrance que vivent les personnes sans-abris. Les soins offerts en fin de vie font donc partie d'un continuum de services auquel ils participent activement.

D'abord, une administratrice a rapporté les défis de l'environnement particulier du refuge et de la maison offrant des soins palliatifs, pour les futurs bénévoles :

> [...] À cause de leur comportement, de leurs assuétudes, de leurs troubles de santé mentale, de leur hygiène, de beaucoup de facteurs... Ce ne sont donc pas tous les bénévoles qui veulent travailler dans ce type d'environnement. Parce que c'est un peu plus difficile de travailler avec nos patients/clients. Il y a eu des bénévoles qui sont venus, mais qui sont repartis pour toutes ces raisons (Administratrice 2).

Ensuite, une autre administratrice a expliqué que les soins offerts en fin de vie doivent maintenir un lien étroit avec les services de répit et de refuge, en raison même de la complexité et de la réalité de la vie des personnes sans-abris :

> On a découvert que plus on les connaît tôt, dans l'évolution de leur maladie, plus on pourra leur dire de venir nous visiter à l'hospice, comme par exemple, venir manger, le jeudi midi. Les employés d'ici (de l'hospice) pourront ensuite aller les visiter de sorte qu'ils apprennent à nous connaître et soient confortables avec nous... Ensuite, quand c'est le tems de venir à l'hospice, la transition leur est plus facile, autrement c'est impossible pour nous de leur [offrir des soins] ; ils ont le même travail à faire que n'importe qui qui se meurt (Administratrice 3).

Enfin, une bénévole rapportait que les bénévoles qui choisissent d'œuvrer auprès de cette population, alors qu'elle est en fin de vie, sont généralement très engagés auprès des sans-abris et des marginalisés et leur ont souvent offert divers services, dans des contextes variés ce qui souligne la continuité des soins, laquelle inclut les soins en fin de vie :

> [...] Il y a beaucoup de bénévoles qui sont avec nous depuis le début... la qualité des bénévoles est très, très grande, et ce, depuis le début, en termes de leur niveau d'habiletés et de leur facilité à travailler avec cette clientèle... même si les bénévoles ont travaillé au sein d'un autre groupe [au refuge], ils ont une bonne intuition de qui on est quand ils arrivent dans la partie la plus intense de l'hospice. Je trouve que ça fonctionne bien (Bénévole 2).

Ouverture à la tolérance

L'un des thèmes émergeant de notre analyse est celui de l'ouverture à la tolérance, c'est-à-dire la tolérance dont doivent faire preuve les bénévoles confrontés aux complications comportementales et aux circonstances de vie caractérisant cette population marginalisée.

> [...] ils se présentent avec plusieurs enjeux, ce n'est pas nécessairement « juste » une maladie mortelle. S'y ajoutent souvent des troubles de consommation et des troubles mentaux. Ils ont eu une vie assez horrible. Ils ont été jetés hors de leur maison, ou ils se sont enfuis de leur maison pour échapper à une situation terrible, plein de choses sur lesquelles ils n'ont pas de contrôle... y compris des choix malheureux (Bénévole 1).

Plusieurs des bénévoles ont souligné l'importance d'adopter une attitude de non-jugement et de tolérance :

> [...] c'est si facile de se retrouver sur le mauvais chemin... plus que jamais. Je réalise que je n'ai pas le droit de les juger, car je ne connais pas leur situation... c'est facile de les stigmatiser [les personnes sans-abris] en les mettant dans un seul groupe et en disant qu'ils sont des « échecs humains »... mais je ne sais pas d'où ils viennent et je ne connais pas leur histoire. De toute évidence, ils ont une histoire [comme tout le monde] (Bénévole 4).

Une administratrice a même émis le souhait que la tolérance et l'acceptation deviennent partie intégrante des soins offerts en fin de vie :

> La vision était d'avoir un personnel qualifié et un solide soutien de la part des bénévoles et c'est ce que nous avons. Et la vision était d'être aussi flexible que possible, ce qui signifiait et signifie toujours d'accepter des choses que d'autres personnes n'accepteraient pas, d'aider toute sorte de monde (Administratrice 3).

DISCUSSION

Le justificatif sur lequel reposait la création des services du refuge d'urgence et de la maison offrant des soins palliatifs émane de la prise de conscience de professionnels de la santé (physique et mentale) ayant réalisé les besoins criants des personnes sans-abris et marginalisées, en soins spécialisés. Ceux-ci sont d'ordre médical et social. Sur le plan médical, ces populations ont des besoins de santé hautement complexes en raison de l'existence de maladies infectieuses multiples (par exemple, VIH, hépatite, cancer, troubles mentaux, assuétudes, expositions, etc.). Sur le plan social, on note l'impact de la pauvreté, de la « vie dans la rue », de l'abus, de traumas psychologiques, ainsi que le manque d'un réseau de soutien familial et social. Or, les soins palliatifs et ceux offerts en fin de vie doivent reconnaître ces besoins sociaux et de santé, lesquels sont assez uniques. Des services comme ceux offerts à l'Ottawa Mission Hospice tentent de répondre à ces besoins en offrant aux personnes sans-abris ce qui leur manque de façon flagrante : un chez-soi sécuritaire et une famille substitut. En dépit de la complexité de mourir dans des circonstances de marginalisation et d'exclusion, les besoins humains en fin de vie demeurent les mêmes pour tous : mourir dans la dignité avec des personnes qui se soucient du bien-être de la personne qui s'éteint. Nous croyons que les bénévoles représentent une composante essentielle de cette façon d'être avec autrui qui transcende les inégalités sociales.

La mission des bénévoles touche à plusieurs domaines et s'inscrit sur un continuum de soins qu'offre la maison des soins palliatifs. Certains des bénévoles sont des professionnels et offrent des services gratuitement dans leur domaine d'expertise comme la dentisterie, la médecine générale ou les soins des pieds. Il s'agit d'une situation atypique puisqu'elle se retrouve rarement dans les milieux palliatifs offerts au grand public. Il nous apparaît essentiel de rappeler que la fin de vie des personnes sans-abris suit une trajectoire quelque peu différente, mais aussi prolongée, comparativement aux personnes qui ne sont pas marginalisées. Ce contexte de vie est fertile à l'émergence de besoins multiples, c'est-à-dire que les personnes marginalisées et sans-abris continuent de dépendre des services sociaux et de santé durant la dernière phase de leur vie.

Les bénévoles œuvrant auprès des personnes sans-abris, qui reçoivent des soins palliatifs, doivent faire preuve de tolérance et d'acceptation quant aux choix et au style de vie de ces dernières. Bien qu'il ne soit pas exclu que les bénévoles ayant participé à cette étude possédaient ces traits de personnalité avant de commencer à côtoyer les personnes sans-abris, les résultats de notre étude semblent indiquer que les bénévoles ont possiblement développé davantage leur ouverture à autrui en ayant œuvré auprès de cette population antérieurement, dans divers contextes. Selon les bénévoles que nous avons rencontrées[2], les soins de fin de vie offerts à cette population marginalisée et souvent exclue, s'inscrivent dans une perspective plus large de soins qui permet de restaurer équité et dignité, en fin de vie. Ainsi deviennent-ils des témoins de la vie et du legs de toutes ces personnes qui sont laissées en marge de notre société. Enfin, que plusieurs de ces bénévoles soient des professionnels ne saurait demeurer sous silence et nous émettons le souhait qu'ils deviennent source d'inspiration. À l'instar de Hyppolite (2012-2013, p. 29), nous croyons que: « les professionnels de la santé et des services sociaux peuvent jouer un rôle significatif dans l'acceptation, la valorisation et la reconnaissance des personnes comme citoyennes à part entière ».

Les bénévoles de la maison de soins palliatifs offrent aux personnes sans-abris un endroit où elles se sentent ***finalement chez elles***, bien qu'elles soient au seuil de la mort, un endroit où elles sont accueillies sans être jugées. Henri Nouwen (1994) aurait possiblement affirmé que sans-abris et bénévoles « forment communauté » et que ce qui en découle est ce sentiment d'être chez soi, finalement…

RÉFÉRENCES

Cagle, J. (2009). Weathering the storm: Palliative care for the elderly homeless. *Journal of Housing for the Elderly*, 23, 29-46.

Glaser, B. et Strauss, A. (1967). *The discovery of grounded theory: Strategies for qualitative research*. New York: Aldine.

2. Toutes les bénévoles rencontrées étaient des femmes.

Hyppolite, S.-R. (automne 2012, hiver 2013). Soins et exclusions. *Spiritualité Santé*, 5 (2), 26-29.

Malette, J. et Guirguis-Younger, M. (2011). Être bénévoles, en milieu palliatif. *Cahiers francophones de soins palliatifs*, 11 (2), 64-69.

McKee, M., Kelley, M. L. et Guirguis-Younger, M. (2010). It takes a community : The contributions of rural hospice volunteers to whole person care. *Journal of Palliative Care*, 26, 103-111.

McNeil, R., Guirguis-Younger, M. et Dilley, L. (2012). Recommendations for improving the end-of-life care system for homeless populations : A qualitative study of the views of Canadian health and social services professionals. *Palliative Care*, 11 : 14 (open access http://www.biomedicscentral.com/1472-684X/11/14).

McNeil, R., Guirguis-Younger, M., Dilley, L., Aubry, A., Turnbull, J. et Hwang, S. (2012). Harm reduction services as a point-of-entry to and source of end-of-life care and support for homeless and marginally housed persons who use alcohol and/or illicit drugs : A qualitative analysis. *BMC Public Health*, 12 : 312 (open access http://www.biomedicscentral.com/1471-2458/12/312).

Nouwen, H. (1994). *Our greatest gift : A meditation on dying and caring.* New York : Harper Collins.

Podymow, T., Turnbull, J. et Coyle, D. (2006). Shelter-based palliative care for the homeless terminally ill. *Palliative Medicine*, 20, 81-86.

Strauss, A. et Corbin, J. (1990). *Basics of qualitative research : Grounded theory procedures and techniques.* Thousand Oaks, CA : Sage Publications.

Webster, J. et Kristjanson, L. (2002). « But isn't depressing ? » The vitality of palliative care. *The Hospice Journal*, 14, 229-246.

Yin, R.K. (2003). *Case study research : Design and methods.* Thousand Oaks, CA : Sage Publications.

PARTIE III

LA GESTION DE L'ACTION BÉNÉVOLE

CHAPITRE 9

LES ASSOCIATIONS D'ACCOMPAGNEMENT EN FRANCE : ENJEUX ET PERSPECTIVES

Paulette Le Lann,
Présidente de la Fédération JALMALV[1] – Administrateure de la SFAP[2].

Une association dite d'accompagnement, c'est un ensemble de personnes issues à la fois de la société civile et du monde de la santé, qui, préoccupées par les personnes « en souffrance », confrontées à la maladie grave, au grand âge, à la mort, au deuil, se mobilisent collectivement pour améliorer les conditions de vie de ces personnes en souffrance.

Les associations d'accompagnement souscrivent aux principes forts des soins palliatifs. Ces principes, au nombre de cinq, sont les suivants : le principe d'humanité qui revendique le respect inconditionnel de la personne ; le principe de solidarité humaine avec l'accompagnement posé comme une exigence éthique ; le principe d'autonomie qui se traduit pour la personne malade par sa capacité à dire « je », à dire « non » ;

1. JALMALV : Jusqu'à La Mort, Accompagner La Vie – Fédération reconnue d'utilité publique – 80 associations – 2 000 bénévoles d'accompagnement.
2. SFAP : Société Française d'Accompagnement et de Soins Palliatifs.

le principe dit de « proportion et de futilité » qui garantit des soins utiles et évite les soins futiles, et enfin le principe du respect de la vie avec le refus de provoquer intentionnellement la mort.

Les associations d'accompagnement inscrivent leurs interventions dans une logique de non-abandon et de non-marginalisation de la personne « en souffrance » confrontée à la maladie grave, au grand âge, à la mort, au deuil. Elles sont ainsi les garantes d'un lien social qui témoigne de la nécessaire solidarité humaine envers la personne malade et ses proches.

Le bénévolat d'accompagnement s'exerce au sein de ces associations. Par la présence de leurs bénévoles et en partenariat avec les professionnels de santé, les associations d'accompagnement peuvent ainsi contribuer à l'amélioration des conditions de fin de vie de la personne malade et de ses proches. En tant qu'associations d'accompagnement, nous avons un positionnement singulier du fait que nous ne sommes ni associations de malades, ni associations de familles, ni associations de professionnels. Nous, bénévoles, sommes de simples citoyens, mobilisés au sein d'associations dont le projet est de développer des liens de solidarité autour des personnes fragilisées par la maladie grave, la mort et le deuil ; nous avons cette posture originale, singulière, non corporatiste, désintéressée, autre, tout simplement humaine !

POURQUOI EXISTE-T-IL DE TELLES ASSOCIATIONS DANS NOTRE PAYS ?

Au cours des soixante dernières années, les progrès considérables et fulgurants de la médecine et de la thérapeutique, en repoussant toujours plus loin les limites de la vie, ont modifié considérablement le regard porté sur la maladie grave et la mort dans notre société. Jusque-là apprivoisée, familière, vécue à domicile en présence des siens, la mort se médicalise, se vit désormais le plus souvent à l'hôpital dans la solitude, la douleur, parfois dans l'univers de la réanimation. Elle devient un échec, une anomalie ; on la tait, on la cache ; la mort est devenue un tabou dans notre société, une « mort interdite » comme l'explique Philippe Ariès (1977).

Ainsi, dans les années 1970, les conditions du mourir étaient devenues insoutenables et notre société française était confrontée à une triple impasse :

- soit mourir dans un univers médicalisé, très souvent dans des situations d'acharnement thérapeutique,
- soit mourir isolé, abandonné, dans la douleur physique et morale,
- soit mourir euthanasié pour échapper aux deux premières situations.

La famille était, quant à elle, de plus en plus évacuée au moment de la mort ; les enfants étaient tenus à l'écart ; les rituels de mort se banalisaient de plus en plus. Les professionnels de santé, quant à eux, se sont trouvés confrontés à une nouvelle mission pour laquelle ils n'étaient pas préparés : prendre soin de ces personnes malades que la médecine ne pouvait plus guérir.

C'est de cette impasse insupportable qu'est né, dans les années 1980, à la fois à l'intérieur des institutions parmi les soignants et dans la cité parmi les familles, ce mouvement d'opinion et de recherche pour tenter de trouver des conditions du mourir qui soient humainement acceptables pour notre société. L'originalité du mouvement français est d'avoir été porté par les associations au sein desquelles les pionniers se sont engagés, amorçant ainsi le mouvement des soins palliatifs en France. Ainsi sont nées les associations suivantes :

- L'association Accompagnement à Metz, en 1980 ;
- JALMALV (Jusqu'à La Mort, Accompagner La Vie) à Grenoble en 1983, devenue aujourd'hui une fédération comptant 80 associations ;
- l'ASP Fondatrice à Paris en 1984, fédérée aujourd'hui au sein de l'UNASP (Union Nationale des Associations de Soins Palliatifs) comptant 70 associations ;
- ALBATROS à Lyon en 1985 ;
- ALLIANCE à Bordeaux en 1986, organisée aujourd'hui en Fédération régionale regroupant 5 départements en région Aquitaine ;
- L'Association Pierre Clément à Strasbourg en 1986 ;
- Et bien d'autres ont suivi...

Et tout cela, alors même que la première unité de soins palliatifs (USP) ne verra le jour qu'en 1987 à l'Hôpital international de la Cité Universitaire à Paris.

C'est aussi à cette époque que le mot « accompagnement » a commencé à être employé. Ce mot, caractéristique du mouvement français, désigne à la fois les soins palliatifs, la préoccupation de l'autonomie et de la subjectivité et enfin le refus de l'acharnement thérapeutique et de l'euthanasie.

Cette spécificité française d'introduction du mouvement palliatif par le monde associatif explique pourquoi, en France, soins palliatifs et accompagnement sont indissociables, avec un rôle reconnu des associations dans le domaine de l'accompagnement, ce qui n'est pas le cas dans les autres pays européens.

Oui ! Il a fallu à tous ces pionniers beaucoup de courage, d'ardeur, de persévérance, de convictions chevillées au corps pour défendre les valeurs de l'accompagnement et des soins palliatifs. Il leur a fallu faire preuve de beaucoup de zèle dans les années 1980 pour oser se positionner à contre-courant des pratiques du moment et oser s'engager dans une nouvelle voie, celle qui, faute de pouvoir guérir, se mobilise pour soulager toujours et accompagner jusqu'au bout[3]. Ces associations d'accompagnement, cofondatrices et confédérées depuis 1989 au sein de la SFAP[4], ont donc joué – et continuent de jouer – un rôle important de médiation entre la société et les personnes gravement malades pour que l'on « prenne soin » d'elles.

C'est comme si la société se sentait de plus en plus solidaire des personnes en fin de vie et voulait, à travers ce nouveau bénévolat, renouer avec l'ancienne solidarité de voisinage qui existait lorsque la plupart des gens mouraient à domicile. En ce sens, comme le dit le professeur de philosophie Emmanuel Hirsch (2002) : « L'engagement bénévole exprime une conception actuelle de nos devoirs citoyens ».

3. Jusqu'à la mort accompagner la vie (JALMALV), Tiré du site http://www.jalmalv.fr/do.php ?n=Home.Accueil

4. Société Française d'Accompagnement et de Soins Palliatifs.

BÉNÉVOLAT ET BÉNÉVOLAT D'ACCOMPAGNEMENT : QUELLE RÉALITÉ SUR LE TERRAIN, EN FRANCE ?

Analysons quelques chiffres officiels à propos du bénévolat en général

En 2002, une importante enquête « Vie associative » a été réalisée par l'INSEE[5], qui rappelle qu'être bénévole, c'est travailler sans être rémunéré. D'après les résultats publiés (Malet, 2006), le bénévolat en France représente une force en croissance dans notre société avec 35,6 millions de personnes de plus de 15 ans adhérant à une association en 2002, soit un Français sur deux. Parmi ces adhérents, plus de 13 millions de bénévoles sont réellement engagés au sein de 1 100 000 associations déclarées, alors qu'on ne dénombrait que 10 000 associations en 1960.

Ces engagements associatifs sont déployés dans divers domaines : la culture et les loisirs (28 %), les sports (20 %), la défense des droits (14 %), l'action sociale, sanitaire et humanitaire (17 %), l'engagement de type religieux (8 %), l'éducation (6 %), l'environnement (3 %) et divers autres domaines pour 3 %. La répartition entre ces différents domaines est relativement ciblée. Ainsi, les activités plutôt « masculines » concernent les trois premiers domaines (culture et loisirs, sports, défense des droits) alors que les activités plutôt « féminines » concernent les actions éducatives, sociales, humanitaires ou religieuses, d'où le questionnement formulé à l'issue de cette enquête : le bénévolat serait-il une extension de la division sexuelle du travail domestique ? Par ailleurs, cette enquête relève que 60 % du temps global consacré au bénévolat concerne 11 % des personnes, avec au moins 6 heures par semaine (Prouteau. et Wolff, 2004)

Une autre enquête (France Bénévolat, 2010) plus récente a été réalisée en septembre 2010 par l'IFOP[6] et France Bénévolat[7] avec le concours du Crédit Mutuel. Bien que ne débouchant pas sur les mêmes chiffres

---

5. Institut National de la Statistique et des Études Économiques, chargé de la production, de l'analyse et de la diffusion des statistiques officielles en France.
6. Institut français d'opinion publique, fondé en 1938 : il est le premier institut de sondages d'opinion et d'études marketing à avoir vu le jour en France Il reste aujourd'hui l'un des principaux acteurs de ce marché.
7. Association à but non lucratif, apolitique, reconnue d'utilité publique en 2010, a pour vocation de promouvoir, valoriser et favoriser le bénévolat.

(11,3 millions de bénévoles, membres adhérents d'une association au lieu de 13 millions pour l'enquête INSEE de 2002), cette enquête arrive cependant aux mêmes conclusions : Le bénévolat français ne connaît pas la crise, « les Français en 2010 sont résolument ancrés dans la Cité et l'engagement solidaire », « un Français sur deux donne, ou a donné, de son temps » (IFOP et France Bénévolat, 2010). Le nombre d'associations ne cesse d'augmenter.

Le bénévolat d'accompagnement : des données quantitatives plus modestes et pourtant…

Au 31 décembre 2011, au travers du dispositif national de financement de la formation des bénévoles d'accompagnement[8], nous recensons, en France, 5 092 bénévoles d'accompagnement en activité (0,25 % du bénévolat dit social), mobilisés dans 202 associations réparties en trois tiers :

- la Fédération UNASP, Union Nationale des Associations de Soins Palliatifs (33 %),
- la Fédération JALMALV, Jusqu'à la Mort, Accompagner la Vie (35 %),
- les associations dites indépendantes (32 %) intégrant des associations importantes comme Alliance – Albatros – Pierre Clément – Rivages – Petits Frères des Pauvres – Vivre Son Deuil – mais aussi de très petites associations.

Parmi ces associations, nous notons que 172 d'entre elles, soit 85 %, ont plus de 10 ans d'existence, avec une création bien antérieure à la loi de juin 1999 sur les soins palliatifs et l'accompagnement. Dix pour cent (10 %) des départements français (10 sur les 100) n'ont aucune association. Cependant, tous les départements sont couverts grâce à l'intervention d'associations répertoriées dans les départements voisins. Sachant que la population française est de 64 647 600 habitants[9], le taux de couverture assuré spécifiquement par le bénévolat d'accompagnement est de 0,08 pour mille, taux variant entre 0,10 et 0,05 selon les régions.

8. Dispositif CNAMTS-SFAP instauré par les pouvoirs publics en 2000, à la suite du vote de la loi de juin 1999. Source « Bilan des formations 2011 », mise à jour en novembre 2012.
9. Source population : chiffres INSEE évaluation fin 2009.

Comparés aux données générales sur le bénévolat en France (plus de 13 millions de bénévoles – 1,1 million d'associations), tous ces chiffres peuvent paraître bien dérisoires et, pourtant, nul ne peut contester l'impact sociétal majeur de ce mouvement de société que représentent les associations d'accompagnement dans notre pays.

À CE JOUR, LES ASSOCIATIONS D'ACCOMPAGNEMENT ONT DES ATOUTS, DES POINTS FORTS INDÉNIABLES

Les associations d'accompagnement ont joué – et jouent – un rôle sociétal incontestable. Ce sont, en effet, les associations d'accompagnement qui ont amorcé le mouvement des soins palliatifs en France, en revendiquant de meilleures conditions pour mourir et en militant pour une société plus solidaire et plus humaine. Ainsi, par ces vingt années de militantisme conjoint, professionnels de santé et membres de la société engagés au sein d'associations ont contribué à modifier profondément le paysage de la fin de vie dans notre pays: notons, par exemple, l'inscription des soins palliatifs dans la loi hospitalière du 31 juillet 1991, la publication de textes officiels d'organisation des soins palliatifs, deux plans gouvernementaux successifs 1999-2001, puis 2002-2005, la création d'un Comité national de suivi en 2005-2007 et actuellement un programme national de développement des soins palliatifs 2008-2012, affirmé comme priorité présidentielle, la formation des professionnels de santé devenue non seulement une priorité mais un devoir, le développement de l'offre de soins palliatifs.

Les associations d'accompagnement, plus particulièrement les deux grandes fédérations JALMALV[10] et UNASP[11], ont joué un rôle incontestable dans l'élaboration et l'écriture de textes législatifs officiels importants, grâce à leur implication dans les instances nationales. Parmi ces textes, citons la loi du 9 juin 1999 portant sur les soins palliatifs et l'accompagnement (Légifrance, 2000), la loi du 22 avril 2005 portant sur le droits des malades et sur la fin de vie (Légifrance, 2005), dite « Loi Léonetti »[12], ou encore la circulaire ministérielle *n° DHOS/O2/2008/99*

10. Jusqu'à La Mort, Accompagner la Vie.
11. Union Nationale des Associations de Soins Palliatifs.
12. http://www.legifrance.gouv.fr/affichTexte.do ?cidTexte=JORFTEXT 000000446240&dateTexte=&categorieLien=id

du 25 mars 2008 relative à l'organisation des soins palliatifs en France (Ministère de la santé, de la jeunesse, des sports et de la vie associative, 2008). Cette implication se poursuit à ce jour, en particulier dans le cadre du Comité national de suivi, mandaté par le ministère de la Santé, chargé de suivre et de promouvoir le développement des soins palliatifs et de l'accompagnement dans notre pays, dans le cadre du programme national 2008-2012.

Le bénévolat d'accompagnement est reconnu officiellement dans notre pays

Notre identité associative dans le milieu de la santé est affirmée et reconnue officiellement dans un cadre juridique spécifique. Votée à l'unanimité par l'Assemblée nationale et le Sénat, *la loi n° 99-477 du 9 juin 1999, visant à garantir le droit à l'accès aux soins palliatifs* (Légifrance, 2000) et à l'accompagnement, fonde officiellement l'existence des associations d'accompagnement. En dédiant un article, l'article 10, au bénévolat d'accompagnement, cette loi républicaine pose un acte symbolique fort puisqu'elle reconnaît et officialise, aux côtés des familles et des proches, aux côtés des professionnels de santé, et en complémentarité avec eux, la pleine et entière utilité, la pleine et entière responsabilité de la société dans le « prendre soin » des personnes en fin de vie. Ainsi, nos associations d'accompagnement sont devenues des partenaires incontournables dans l'accompagnement des personnes gravement malades et de leurs proches, quels que soient l'âge, la condition ou l'endroit où ces personnes se trouvent, à domicile comme en institution de soins.

D'autres textes officiels sont venus compléter cette loi, notamment le *Décret d'application n° 2000-1004 du 16 octobre 2000 relatif à la convention type prévue L.1111-5 du Code de la santé publique* (Légimobile, 2000), qui définit les conditions d'un réel partenariat avec les professionnels de santé, dans le respect de l'altérité de chacun. La *Circulaire DHOS/SDE/E1 n° 2004-471 du 4 octobre 2004* (Légifrance, 2004), publiée dans le cadre du plan cancer, complète et enrichit ce décret. Plus récemment, la *Circulaire ministérielle DHOS/02/2008/99 du 25 mars 2008 relative à l'organisation des soins palliatifs* (Ministère de la santé, de la jeunesse, des sports et de la vie associative, 2008) publie, dans son annexe 5, un texte fondamental pour nos associations d'accompagnement : *Définition, missions et obligations du bénévolat d'accompagnement en matière de soins palliatifs.*

La publication de ces textes officiels nous autorise ainsi à définir le bénévolat d'accompagnement au travers de trois négations :

- Ce n'est pas un accompagnement de proximité, une démarche de voisinage.
- Ce n'est pas non plus un bénévolat de service pour compenser des manques structurels, en particulier à domicile.
- Ce n'est pas davantage un bénévolat institutionnel, tremplin pour un recrutement salarié comme en Angleterre.

Il s'agit bien d'un bénévolat spécifique inscrit dans un projet collectif de société.

Les associations constituent une force bien réelle dans notre pays

Certaines d'entre elles ont de très petits moyens, d'autres sont plus importantes, mais toutes sont fondées sur un socle de valeurs communes : créer de nouvelles solidarités autour de la maladie grave, du grand âge, de la mort et du deuil au sein de notre société. Grâce aux associations d'accompagnement et aux bénévoles qu'elles encadrent, cela représente des millions d'heures de bénévolat mises au service de personnes fragilisées par la maladie grave, le grand âge, la mort et le deuil. Par leur présence auprès de ces personnes en souffrance, les bénévoles d'accompagnement témoignent ainsi d'une société qui se préoccupe des siens en exerçant ce devoir de non-abandon auquel nous tenons tant.

Du fait de leur action sociétale nos associations sont, aujourd'hui, devenues incontournables pour l'élaboration des schémas régionaux d'organisation sanitaire (SROS), pilotés par les agences régionales de santé (ARS). Leur collaboration avec les institutions de soins constitue aussi un des critères d'agrément pour l'attribution des lits réservés aux soins palliatifs, pour la création et le fonctionnement des réseaux de soins palliatifs, d'équipes mobiles ou d'unités fixes de soins palliatifs.

Les associations d'accompagnement sont de mieux en mieux structurées

Grâce à leur reconnaissance officielle, les associations d'accompagnement constituent la charpente et la garantie morale des actions bénévoles, en organisant et en soutenant l'engagement bénévole sur le terrain. Grâce aux bénévoles de structure (bureau et conseil d'administration) qui assurent les fonctions administratives et sans qui il n'y aurait pas de bénévolat d'accompagnement, les associations améliorent considérablement leur fonctionnement au fil des années.

Cette amélioration se traduit dans le mode de recrutement des bénévoles, la formation et le soutien qui leur sont proposés, les modes d'intégration des bénévoles d'accompagnement dans les structures de soins, la coordination dans les actions au quotidien; les textes qui régissent les liens entre les institutions de soins et les associations de bénévoles d'accompagnement, en particulier le décret d'octobre 2000, sont connus et appliqués par la grande majorité de nos associations. La signature de conventions avec les institutions de soins est désormais familière.

Les associations, mieux connues et reconnues, sont de plus en plus sollicitées

Les sollicitations sont de plus en plus nombreuses, non seulement pour assurer des accompagnements, mais aussi pour mener des actions de sensibilisation auprès d'étudiants en écoles d'aides-soignantes, en instituts de formation en soins infirmiers, dans les instituts de formation de travailleurs sociaux, dans les universités qui délivrent les Diplômes Universitaires en Soins Palliatifs, etc., sans oublier les nombreuses actions menées localement avec d'autres associations dans le cadre d'un partenariat interassociatif.

Le profil des bénévoles évolue positivement, avec une conscience citoyenne qui s'accroît très sensiblement

Ce profil[13] (SFAP, 2009) se modifie au fil du temps avec une tendance au rajeunissement, davantage de mixité, avec, à ce jour, près de 40 % de

13. Enquête, *Qui sont nos bénévoles d'accompagnement en 2009?*, réalisée par le CABA (Collège des Associations de Bénévoles d'Accompagnement) de la SFAP auprès de 1 549 bénévoles en juin 2009.

personnes en activité professionnelle. Les classes sociales concernées par ce type d'engagement se diversifient avec une récente augmentation des ouvriers et des employés. En ce qui concerne les motivations exprimées par les bénévoles, l'enrichissement humain et la recherche de sens trouvent toute leur place. Le besoin de se sentir utile, d'être solidaire ne se dément pas au fil de l'expérience.

Un constat encourageant : la dimension d'engagement citoyen, le besoin de participer au développement des soins palliatifs, de s'impliquer dans l'information du public et dans la communication sont autant de motivations exprimées qui deviennent, quant à elles, plus prégnantes encore, au fil des mois d'engagement.

Le bénévolat d'accompagnement : un impact sociétal certain et une spécificité unique en Europe

Dans notre société marchande où l'on valorise avant tout l'avoir, le paraître, le pouvoir, l'individualisme et l'intérêt personnel, la démarche libre et désintéressée du bénévole d'accompagnement, dans ses dimensions de gratuité, de solidarité et d'attention portée aux plus vulnérables, aux plus fragilisés d'entre nous, contraste avec l'esprit ambiant. Cette posture singulière a nécessairement un impact sur nos concitoyens, impact certes difficile à évaluer, mais qui n'en est pas moins bien réel.

De plus, notre bénévolat d'accompagnement axé sur l'écoute, la présence et non sur le « faire » correspond à un rôle et à une fonction reconnus officiellement, ce qui semble tout à fait spécifique à notre pays. Dans nos pays voisins, en particulier en Angleterre où le bénévolat est très développé et où le nombre des bénévoles au sein des hospices se compte par centaines, le rôle de ces aidants est axé sur un bénévolat dit « de service » et non pas sur le bénévolat d'accompagnement tel que nous l'entendons en France.

Aussi, pensons-nous pouvoir affirmer que la France, avec la publication des textes officiels sur cette question, est le seul pays francophone – peut-être même le seul pays au monde – dans lequel le bénévolat d'accompagnement est officialisé et légitimé. Nous avons donc de bonnes raisons d'en être fiers et de vouloir défendre cette spécificité qui nous honore.

POUR AUTANT, CES ATOUTS NE DOIVENT PAS CACHER DES POINTS FAIBLES ET DE RÉELLES DIFFICULTÉS

Nos associations d'accompagnement souffrent d'une fragilité structurelle

Fragilité liée à des difficultés de recrutement

Nos associations sont confrontées à des difficultés croissantes de recrutement, et ce, à tous les niveaux :

- difficultés pour trouver de nouveaux adhérents ; or, nous savons tous que le poids et la crédibilité de notre mouvement est fonction du nombre de personnes engagées et mobilisées en son sein.
- difficultés pour recruter des bénévoles d'accompagnement alors que les demandes, elles, ne cessent d'augmenter. Après une période de développement florissante, dans la plupart de nos associations, aujourd'hui, les nouvelles recrues compensent à peine les départs.
- difficultés pour recruter des bénévoles de structure chargés d'assumer les fonctions administratives : le renouvellement des postes de bureau et de conseil d'administration s'avère délicat ; de plus, ce bénévolat dit de structure, garant du projet associatif et sans lequel il ne peut y avoir ni recrutement, ni formation, ni soutien des bénévoles d'accompagnement, est souvent moins reconnu, moins valorisé que le bénévolat d'accompagnement, ce qui explique pour partie cette désaffection.
- difficultés enfin pour fidéliser les bénévoles, pour susciter leur engagement au long cours : en 2009, la durée moyenne d'engagement d'un bénévole d'accompagnement était seulement de 5 ans (SFAP, 2009).

Toutes ces difficultés de recrutement se traduisent par un cumul de charges de travail sur un petit nombre de personnes. Les risques d'épuisement guettent alors, pouvant mettre certaines associations en réel danger pour leur existence même !

Fragilité liée aux effectifs en bénévoles d'accompagnement

La majorité de nos associations françaises sont des organismes de petite et moyenne importance. D'après les données de la cellule CNAMTS-SFAP[14] présentées aux associations lors de la journée annuelle d'informations du 12 novembre 2012[15], sur les 202 associations d'accompagnement recensées et financées pour la formation de leurs bénévoles, seules 23 associations (11 %) ont plus de 50 bénévoles, dont 4 (soit 2 %) ont 100 bénévoles et plus.

Quatre-vingt-neuf pour cent (89 %), soit près de 9 associations sur 10, ont moins de 50 bénévoles. Plus de la moitié des associations (112) ont moins de 20 bénévoles et une association sur 4 en a moins de 10. Ce nombre limité de bénévoles par association constitue un point de fragilité certain, par le risque d'épuisement qu'il génère, l'implication et le temps de bénévolat devenant relativement conséquents pour chacun d'eux. Nos bénévoles sont en effet très sollicités : ils doivent composer avec les accompagnements, la participation au groupe de parole, le suivi des formations, tant initiale que continue, les interventions ici ou là pour témoigner de leur expérience, l'implication dans les responsabilités administratives, autant d'éléments qui font que dans bien des endroits, l'épuisement guette... Trop de bénévolat peut tuer le bénévolat !

Fragilité liée à des difficultés pour fidéliser leurs bénévoles

Certes, le sujet qui nous mobilise – la maladie grave, le grand âge, la mort, le deuil – est par lui-même sensible, délicat ; il nous interpelle dans notre vulnérabilité, notre fragilité, notre finitude : c'est probablement une explication, mais ce n'est pas la seule !

Au fil des années, le profil des bénévoles recrutés évolue sensiblement, avec un public de plus en plus jeune, le plus souvent en activité professionnelle, avec une mixité croissante au sein des équipes : cette évolution est un atout certain pour nos associations ! Néanmoins, certaines personnes paraissent moins impliquées que leurs aînées, davantage motivées par une expérience d'ordre personnel, voire poussées par un projet

14. Dispositif public de qualification et de financement de la formation des bénévoles, mis en place à la suite de la loi de juin 1999.

15. Présentation du bilan d'activités du Comité de pilotage CNAMTS-SFAP

professionnel. Le passeport bénévole[16], passerelle entre la vie associative et le parcours professionnel, permettant désormais de valider l'expérience et les compétences acquises en milieu associatif par la voie de la validation des acquis de l'expérience (VAE) est, parfois, l'unique motivation.

D'autres causes, certes non exhaustives, apportent également quelques explications à ce roulement grandissant. Parmi celles-ci, nous avons observé le manque de temps, de disponibilité, les multiples sollicitations familiales, associatives et professionnelles, mais aussi probablement, la montée d'un certain individualisme dans notre société avec une soif de loisirs, de temps libre que les personnes souhaitent consacrer prioritairement à elles-mêmes et aux leurs. En ce sens, la réalité de nos associations d'accompagnement n'est-elle pas tout simplement le reflet de notre société consumériste ?

Fragilité liée aux exigences croissantes, imposées aux associations

Les dossiers administratifs tels que les dossiers de recherche de financement, les dossiers de demande d'agrément, etc., sont de plus en plus complexes à établir. Les sollicitations extérieures sont en augmentation permanente et sont très diversifiées, notamment quant à la fonction de représentation. Les exigences posées en termes de compétences pour exercer son engagement dans des champs très divers, tels que vie associative, organisation, communication, relations publiques, gestion, fiscalité, droit du travail et réglementations diverses, comptabilité, assurances, etc., ne cessent de s'accroître. Aussi, rigueur et professionnalisme deviennent-ils désormais indispensables pour un fonctionnement associatif satisfaisant. Or, nos associations d'accompagnement sont, dans leur grande majorité, gérées par des personnes bénévoles sur qui ces nouvelles exigences font peser de lourdes responsabilités. Cet aspect constitue sans aucun doute un frein supplémentaire à l'engagement.

Fragilité liée aux exigences de formalisation d'un projet associatif

La présence croissante du monde associatif dans le champ sanitaire et social nécessite, de la part des associations d'accompagnement, des

16. Le Passeport Bénévole est reconnu comme justificatif de dossiers de VAE (Validation des Acquis de l'Expérience) et peut ainsi permettre d'obtenir par voie de dossier un diplôme de l'Éducation Nationale ou un titre professionnel AFPA (ministère de l'Emploi).

efforts de plus grande lisibilité tant en ce qui a trait aux valeurs qu'elles défendent qu'à leur spécificité de mission et d'action. En effet, nous devons être en mesure de dire clairement qui nous sommes et ce que nous ne sommes pas, pour pouvoir nous situer en réelle complémentarité avec les autres associations présentes sur le terrain, et non pas en concurrence avec elles.

Le référentiel *Définition, missions et obligations des associations d'accompagnement en matière de soins palliatifs* (Le Lann, 2007) élaboré par le CABA[17] est, en ce sens, un outil exemplaire. En effet, dépassant leurs cultures respectives, confrontant leurs différences, les diverses associations d'accompagnement représentées au sein du CABA ont réussi à élaborer ensemble un texte consensuel, témoignant de ce qui les rassemble autour d'objectifs communs et d'une spécificité d'action. Cette production interassociative significative, qui a fait l'objet d'une publication officielle en mars 2008 (Ministère de la santé, de la jeunesse, des sports et de la vie associative, 2008), est un signe encourageant pour le devenir du bénévolat d'accompagnement français.

Le partenariat avec les professionnels de santé reste fragile, toujours à réinterroger

L'enquête[18] réalisée par le CABA en juin 2009 (SFAP, 2009) désigne le partenariat avec les professionnels de santé comme la première attente des bénévoles d'accompagnement. Ce constat est éloquent.

Les conventions sont encore en nombre bien limité

Ces conventions qui régissent les liens entre les institutions de soins et les associations de bénévoles sont certes devenues familières et incontournables à toutes nos associations. Néanmoins, si l'on compare le nombre de conventions signées au regard du nombre d'institutions de soins existantes, l'écart reste très important.

17. CABA : Collège des Associations de Bénévoles d'Accompagnement, un des 8 collèges de la SFAP, mis en place en juin 2004, à la suite de la refonte des statuts de la SFAP, animé par Paulette Le Lann, de sa création à octobre 2009, et réunissant l'ensemble des associations d'accompagnement adhérentes à la SFAP.

18. Enquête, *Qui sont nos bénévoles d'accompagnement en 2009 ?*, réalisée par le CABA en juin 2009

De plus, si l'on compare le nombre total de services de soins, existant à ce jour, avec le nombre de services dans lesquels, après un temps préalable de préparation, un contrat spécifique a été signé définissant les conditions d'intégration des bénévoles, l'écart est encore plus impressionnant, ce qui nous montre bien tout le chemin qui reste encore à parcourir…

Aujourd'hui, le monde professionnel des soins palliatifs se structure progressivement, parfois en oubliant les bénévoles

Après des années d'action militante conjointe – professionnels de santé et bénévoles – au sein de nos associations, la loi de juin 1999 a enfin officialisé la mise en place des soins palliatifs et de l'accompagnement dans notre pays.

Avec le vote de cette loi, nous avons assisté à un développement très conséquent de structures officielles de soins palliatifs sur l'ensemble du territoire, avec mise en place de moyens techniques et humains mieux adaptés. Bien évidemment, nous nous en réjouissons ! Cependant, nous constatons que le travail interdisciplinaire suscité par la démarche palliative prend aussi beaucoup d'énergie à ces différents acteurs des soins, et parfois, ici ou là, nous arrive-t-il de constater que le bénévolat d'accompagnement disparaît des préoccupations de ces équipes soignantes, déjà tellement accaparées par leur propre organisation professionnelle.

Plus de 20 ans après son émergence, le bénévolat d'accompagnement est encore loin d'être une évidence pour tous, dans notre société

L'intégration des bénévoles d'accompagnement au sein des services de soins reste très laborieuse. Nos associations sont encore très peu sollicitées pour l'accompagnement à domicile. La collaboration avec les réseaux de soins et avec les structures d'hospitalisation à domicile est encore bien timide.

Le bénévolat suscite encore beaucoup de questionnements, voire de suspicion. Le concept d'accompagnement, lui-même, est malmené, considéré par certains comme désuet, dépassé ! À titre d'exemple, le congé d'accompagnement, prévu dans la loi de juin 1999, est devenu très discrètement le congé de « solidarité sociale ».

Par ailleurs, la fonction spécifique du bénévolat d'accompagnement étant souvent ignorée par les professionnels de santé, voire mal comprise, les raisons qui motivent certaines demandes d'établissements ne répondent parfois qu'à des exigences d'accréditation ou de création de structures de soins palliatifs (équipes mobiles de soins palliatifs – lits réservés ou réseaux). Dans ces situations où le danger d'instrumentalisation du bénévolat guette, nos associations d'accompagnement se doivent d'être vigilantes.

Les associations d'accompagnement doivent s'adapter à un environnement en constante évolution

Le profil des personnes accompagnées évolue

Originellement ciblé sur la fin de vie, voire la phase tout à fait terminale, surtout orienté vers des personnes atteintes de cancer et du SIDA, l'accompagnement s'est progressivement élargi à la maladie grave, très en amont de la phase terminale, vers les personnes âgées, voire très âgées, les personnes atteintes de maladies neurologiques dégénératives (maladie de Parkinson, sclérose en plaques, sclérose amyotrophique, maladie d'Alzheimer…), ainsi que vers les personnes en état végétatif chronique.

Cette évolution n'est pas sans conséquence pour les associations, du fait de l'allongement conséquent des accompagnements et de la complexité croissante de ces nouvelles situations.

Les lieux d'accompagnement se multiplient et se diversifient

À ce jour, en réponse à ces demandes qui évoluent, les 5 000 bénévoles recensés à la fin de 2011 accompagnent non seulement dans les services de soins habituels et à domicile, et dans des services plus spécialisés comme les urgences et les services de réanimation, mais commencent aussi à intervenir dans des lieux plus inhabituels tels que le milieu psychiatrique, le monde carcéral ou celui de l'exclusion.

Le mouvement des soins palliatifs est, lui-même, confronté à des situations souvent paradoxales

Les soins palliatifs, malgré leur développement, leur reconnaissance officielle, restent paradoxalement en grande fragilité. Leur structuration, leur aspiration à devenir une spécialité médicale à part entière, la création de chaires universitaires spécialisées, l'évolution de la SFAP vers une société savante, toutes ces orientations, certes pertinentes, ne font-elles pas, paradoxalement, courir le risque de réenfermer les soins palliatifs dans une médecine technique faussement rassurante ?

Les défis sociodémographiques de notre société sont cruciaux

Notre société est confrontée à des enjeux importants. Notre pays va devoir affronter, dans les années qui viennent, un problème majeur de santé publique, celui du vieillissement de sa population avec toutes ses conséquences médicales, psychosociales, environnementales, économiques et politiques. Les progrès constants dans le champ de la médecine conduisent également à un allongement toujours plus grand de l'espérance de vie dont les conséquences sont similaires. Nous savons aussi que le risque de perte d'humanité guette certains de nos concitoyens du fait de leur situation de grand âge, de problèmes de santé en particulier psychiatriques, de leur situation économique ou judiciaire. Cette conjoncture peut ouvrir des brèches redoutables.

Le mouvement pro-euthanasique est plus actif que jamais

La loi d'avril 2005 « Droits des malades et fin de vie » qui, pour nous, acteurs du mouvement des soins palliatifs et de l'accompagnement, répond aux problèmes essentiels posés aujourd'hui à la phase ultime de la vie, est loin de satisfaire les protagonistes de l'euthanasie. Pour ces derniers, cette loi ne constitue qu'une étape, un tremplin vers le vote d'un texte plus explicite, aboutissant à une légalisation de l'euthanasie en France.

La campagne présidentielle de 2012 a donné lieu à des débats très vifs sur la scène publique. Dès son élection en mai 2012, le nouveau président de la République, François Hollande, dont un des engagements de programme porte sur une possible légalisation de l'euthanasie a mis en place une mission « Fin de vie ». Le rapport de la mission, remis en décembre 2012, doit donner lieu à un projet de loi qui sera soumis au Parlement à la fin de l'année 2013.

Il est certain que, dans un tel contexte, les associations d'accompagnement ont un rôle important à jouer pour défendre les valeurs qui sont les leurs. Qu'adviendrait-il de notre société confrontée à cette évolution démographique avec la montée du grand âge, la crise économique, le chômage si la transgression de « l'interdit universel de tuer » était autorisée ?

AU REGARD DE CES CONSTATS ET FACE À DE TELS ENJEUX, QUELLES SONT LES PERSPECTIVES POUR DEMAIN ?

Le principal défi pour nos associations d'accompagnement est, à nos yeux, un défi d'acculturation, c'est-à-dire de contribuer à l'intégration d'une véritable culture de l'accompagnement dans notre pays. En effet, dans notre société d'individualisme effréné, où la liberté individuelle prime sur la responsabilité et le souci de l'autre, où l'altération du lien social constitue un signe de grande fragilité, notre mouvement bénévole n'est pas prêt de devenir superflu ou inutile ! Nous sommes profondément convaincus que les associations d'accompagnement garderont une place et un rôle irremplaçables au sein de notre société, et ce, au travers de l'exercice de cinq fonctions essentielles, décrites ci-dessous.

Première fonction : la fonction d'accompagnement, en tant qu'action collective, initiatrice de solidarité

En préservant la fonction spécifique du bénévolat d'accompagnement, un bénévolat de présence, d'écoute, centré sur l'intérêt porté à l'Autre en tant que sujet, pour ce qu'il est, sans autre médiation que sa propre personne, les bénévoles d'accompagnement témoignent du caractère unique et important de chaque personne. Par la lisibilité de ce mode d'exercice de leur citoyenneté, les associations sont génératrices de solidarité.

Deuxième fonction : la fonction de porte-parole des personnes fragilisées

La nouvelle mission de représentation des usagers, reconnue récemment par les pouvoirs publics aux associations d'accompagnement, est une excellente opportunité d'œuvrer pour contribuer à faire évoluer le système de santé dans sa qualité, son accessibilité, mais également dans une meilleure prise en compte, par les professionnels de santé, des demandes et des besoins des personnes hospitalisées.

Troisième fonction : la fonction d'information et de communication avec le corps social

Promouvoir la culture des soins palliatifs et de l'accompagnement auprès de nos concitoyens, faire en sorte que les droits des malades inscrits dans la loi correspondent véritablement à la réalité de terrain, c'est une des missions importantes des associations d'accompagnement. Celles-ci doivent aussi informer sur leur rôle et leur spécificité, sur le sens de leurs actions d'accompagnement en tant qu'acte de solidarité, en tant que signe fort d'une société qui se préoccupe des siens, fragilisés par la maladie grave, la mort et le deuil.

Quatrième fonction : la fonction de veille sociétale

Dans notre monde en constante évolution, les associations ont – et doivent garder – la pleine responsabilité de réflexion et d'interpellation sur ce qui se joue dans notre société d'aujourd'hui, sur les dangers qui guettent les plus fragilisés d'entre nous, de façon à toujours rester à l'écoute des personnes pour qui dignité et humanité risquent d'être mises en péril. Cette fonction de veille est fondamentale pour notre « vivre ensemble ».

Cinquième fonction : la fonction de garde-fou, de vigilance, de sentinelle

Malgré la « révolution » engendrée par la démarche palliative, notre société n'est pas pour autant à l'abri d'un éventuel réenfermement de la fin de vie et de la mort dans le champ professionnel et médical alors que, par essence, la mort est un fait social qui concerne la société tout entière. Les soins palliatifs eux-mêmes, dans leur évolution, peuvent aussi se réenfermer progressivement dans la technicité, le pouvoir, la démarche scientifique, en oubliant humanité et compassion. Ce sont aux associations d'accompagnement en tant que témoins de la société qu'incombe cette mission de vigilance par rapport à d'éventuelles dérives.

Pour exercer pleinement ces multiples missions, les associations d'accompagnement doivent satisfaire à quatre exigences, présentées ci-dessous.

Première exigence : une adhésion forte de leurs bénévoles au projet collectif de l'association

La présente exigence implique, pour les associations, la pleine conscience et le plein exercice de leur responsabilité citoyenne de l'accompagnement. Pour ce faire, celles-ci doivent améliorer la lisibilité de leur projet associatif, pour elles-mêmes en premier lieu, mais aussi pour leurs propres partenaires, pour ceux avec qui elles souhaitent établir des liens, pour ceux et celles que leurs bénévoles accompagnent. Elles se doivent aussi de décoder, de mieux comprendre les motivations des nouvelles recrues de façon à adapter l'organisation associative à cette évolution.

Deuxième exigence : le respect de l'altérité dans leurs actions de partenariat avec les professionnels de santé

L'accompagnement bénévole ne se conçoit ni en concurrence, ni en subsidiarité, ni en situation de dépendance avec les professionnels, mais en réelle complémentarité avec eux, au service de la personne accompagnée et de ses proches. Le partenariat doit donc se traduire dans des projets, à la fois spécifiques et complémentaires.

Troisième exigence : un engagement plus affirmé encore, sur la scène publique, en tant que collectif représentant la société

Les associations d'accompagnement doivent susciter davantage de débats publics autour des problématiques de fin de vie pour faire émerger les véritables enjeux, les valeurs sous-jacentes qu'elles défendent et permettre ainsi à nos décideurs et à nos concitoyens de faire les choix de société qui privilégient réellement la personne humaine. Quelle société voulons-nous pour nous-mêmes et pour les générations à venir ? Ne dit-on pas que l'on reconnaît les fondements d'une société à sa manière de regarder les plus fragilisés, les plus vulnérables de ses membres, de les prendre en compte, de leur préserver une place pleine et entière ?

Quatrième exigence : une nécessaire démarche réflexive interassociative, à l'échelle nationale, voire au-delà de nos frontières

C'est par cette ouverture que nous stimulerons engagement et militantisme, que nous optimiserons l'impact national et la représentativité de notre mouvement bénévole. Confronter nos points de vue avec d'autres associations, qui ont elles-mêmes leur propre histoire, leur propre culture, leur propre cheminement nous conduit, en effet, à réinterroger nos propres motivations, nos propres valeurs, à approfondir ce qui fonde notre propre engagement. Cette démarche stimule encore davantage notre sentiment d'appartenance et enracine notre engagement. C'est vraiment ensemble que nous donnerons davantage de poids à notre action, une plus grande lisibilité et une plus grande crédibilité à notre mouvement, et ce, au bénéfice des personnes que nous accompagnons.

En guise de conclusion

L'action des bénévoles d'accompagnement est le signe manifeste de ce devoir d'humanité qui incombe, au-delà des professionnels de santé et des familles, à l'ensemble de la société. Elle nous rappelle ainsi que la mort est un acte social qui nous concerne tous et dont chacun a à redécouvrir le sens. En pensant la mort, nous donnerons du poids, de la valeur à la vie et aux vivants.

Nous devons réveiller le sens de la responsabilité de chacun de nos concitoyens, pour susciter des liens de solidarité et d'humanité autour de ceux d'entre nous qui sont confrontés à la maladie grave, au grand âge, au handicap, à la mort et au deuil. C'est à ce prix que nous pourrons espérer vivre dans une société plus humaine et plus solidaire, soucieuse des plus vulnérables d'entre nous.

RÉFÉRENCES

Ariès, P. (1977). *Essais sur l'histoire de la mort en Occident*. Paris: Éditions du Seuil.

France bénévolat. (2010). *La situation du bénévolat en France en 2010*. Consulté sur http://www.francebenevolat.org/uploads/media/enquete_FB_IFOP_Credit_Mutuel_2011_09.pdf

Hirsh, E. (2002). *La révolution hospitalière – une démocratie du soin*. Paris: Bayard.

Institut français d'opinion publique et France Bénévolat (2010) *Enquête IFOP –France Bénévolat –Crédit Mutuel. Les Français en 2010 sont résolument ancrés dans la Cité et l'engagement solidaire*. Consulté sur https://www.associatheque.fr/fr/fichiers/etudes/CdP-enquete-IFOP-2010-09.pdf

Jospin, L., Aubry M. et Gillot D. (2000). *Décret no 2000-1004 du 16 octobre 2000 relatif à la convention type prévue à l'article L. 1111-5 du code de la santé publique. JORF n°242 du 18 octobre 2000*. Consulté sur http://legimobile.fr/fr/lr/jorf/2000/10/18/2000-1004/

Légifrance. (2005). *Loi n°2005-370 du 22 avril relative aux droits des malades et à la fin de vie (1). Jorf n°95 du 23 avril 2005 page 7089 texte n°1*. Consulté sur http://www.legifrance.gouv.fr/affichTexte.do?cidTexte=JORFTEXT000000446240&dateTexte=&categorieLien=id

Légifrance. (2000). *Loi no 99-477 du 9 juin 1999 visant à garantir le droit à l'accès aux soins palliatifs (1) NOR: MESX9903552L Version consolidée au 22 juin 2000*. Consulté sur http://www.legifrance.gouv.fr/affichTexte.do?cidTexte=JORFTEXT000000212121

Légimobile. (2000). *Décret d'application no 2000-1004 du 16 octobre 2000 relatif à la convention type prévue L.1111-5 du Code de la santé publique*. Consulté sur http://legimobile.fr/fr/lr/jorf/2000/10/18/2000-1004/

Le Lann P. (2007). *Référentiel "Associations d'accompagnement et bénévolat" ...vous connaissez?...*Consulté sur http://www.sfap.org/pdf/VII-I5-pdf.pdf

Malet, J. (2006). *La France bénévole* (3e édition). Consulté sur http://www.associations-patrimoine.org/filemanager/files/lafrancebenevole2006.pdf

Ministère de la santé, de la jeunesse, des sports et de la vie associative. (2008). *Circulaire no DHOS/O2/2008/99 du 25 mars 2008 relative à l'organisation des soins palliatifs.* Consulté sur http://www.sante.gouv.fr/IMG/pdf/circulaire_099_250308.pdf

Ministère de la santé et de la protection sociale Secrétariat d'État aux personnes handicapées. (2004). *Circulaire no DHOS/SDE/E1/2004/471 du 4 octobre 2004* Consulté sur http://circulaire.legifrance.gouv.fr/pdf/2009/04/cir_5828.pdf

Prouteau, L. et Wolff, F.-C. (2004). Donner son temps: les bénévoles dans la vie associative. *Économie et statistique*, 372, 3-39. Consulté sur www.insee.fr/fr/ffc/docs_ffc/es372a.pdf

Société française d'accompagnement et de soins palliatifs. (2009). *Qui sont nos bénévoles d'accompagnement en 2009?* Consulté sur http://www.sfap.org/pdf/VII-I9c-pdf.pdf

CHAPITRE 10

LA GESTION DES ÉQUIPES DE BÉNÉVOLES EN SOINS PALLIATIFS : TENDANCES ET DÉFIS[1]

Emma Comeau,
Chef du service des bénévoles et de la pastorale, Centre de santé et des services sociaux du Sud-Ouest–Verdun, Hôpital de Verdun

Valérie de Varennes,
Coordonnatrice des ressources bénévoles, Phare Enfants et Familles

Les membres du comité du bénévolat du Réseau des soins palliatifs du Québec[2]

INTRODUCTION

Depuis quelques années, les gestionnaires de ressources bénévoles entendent parler de recherches qui font état de transformations dans le

1. Le genre féminin est utilisé comme générique dans le but de ne pas alourdir le texte et n'a aucune intention discriminatoire.
2. Les membres du comité ont relu le texte et nous ont fait part de leurs commentaires. Elles ont également participé au groupe d'échange.

monde du bénévolat. Notons à titre d'exemples, la professionnalisation du bénévolat, le temps dédié aux activités bénévoles, les valeurs et motivations qui incitent au bénévolat (Rousseau et Bernard, 1999 ; Thibault, Fortier et Leclerc, 2011 ; Hall, Lasby, Ayer *et al.*, 2009).

À ces transformations s'ajoute un nouveau profil, ou devrions-nous écrire, de nouveaux profils de bénévoles. Le visage du bénévole a évolué au cours des dernières années. Dans un passé pas si lointain, le visage du bénévole était principalement celui d'une femme au foyer dont les motivations étaient influencées par l'Église catholique et sa communauté (Rousseau et Bernard ;1999 ; Baril, 2006). Aujourd'hui, ce visage s'est métamorphosé. Mentionnons la présence grandissante des baby-boomers dans le monde du bénévolat et celle des jeunes (18-35 ans). On ne peut ignorer ou sous-estimer l'arrivée importante des membres des différentes communautés culturelles dans le paysage du bénévolat.

La tâche des gestionnaires de bénévoles en soins palliatifs comporte déjà plusieurs défis, tel celui de collaborer avec les équipes multidisciplinaires de leur milieu, avec les familles des patients qui reçoivent des services, ainsi qu'avec le réseau de la santé et des services sociaux. Tous ces partenaires exercent des pressions sur les gestionnaires de ressources bénévoles en leur faisant part de leurs exigences sans cesse grandissantes.

Ces nouvelles tendances influenceront sans aucun doute le bénévolat en soins palliatifs à plus ou moins longue échéance. Comment les gestionnaires de ressources bénévoles en soins palliatifs peuvent-elles concilier ces nouvelles tendances avec les nombreux défis à relever dans leur quotidien ? Nous évoquerons l'impact de ces changements sur la planification, l'organisation et la direction des équipes de bénévoles dans un contexte de soins palliatifs.

Relevé des nouvelles tendances dans le monde du bénévolat

Selon Thibault, Fortier et Leclerc (2011), l'engagement bénévole est principalement influencé de trois manières : le temps réservé aux activités bénévoles, les valeurs et les motivations menant au bénévolat et les communautés d'appartenance.

Le temps

Lorsque l'on questionne les gens afin de savoir pourquoi ils ne font pas de bénévolat, le manque de temps apparaît en premier lieu. Hall, Lasby, Ayer *et al.* (2009) mentionnent que le nombre d'heures consacrées au bénévolat augmente. Toutefois, une tendance se dessine. Malgré le fait que davantage d'individus accomplissent du bénévolat, c'est une toute petite minorité qui cumule la majorité des heures. Toujours selon Hall, Lasby, Ayer *et al.* b(2009), 25 % des bénévoles ont effectué 78 % des heures de bénévolat. Lorsque ces *supers* bénévoles prendront leur retraite en ce domaine, les gestionnaires de bénévoles devront recruter le double de personnes pour les remplacer. En d'autres mots, le nombre de bénévoles tend à augmenter, mais ces personnes s'engagent sporadiquement ou à court terme. Une des causes de ce phénomène serait due à l'augmentation du temps de travail qui engendre une diminution du temps consacré baux loisirs et aux obligations familiales. D'après Fortin, Gagnon *et al.* (2006), la conciliation travail, obligations familiales et loisirs est le principal obstacle à la poursuite des activités de bénévolat. Au moment de faire des choix, l'activité bénévole n'est pas une priorité.

Les valeurs et motivations

Des changements importants se sont produits au cours des dernières années en ce qui concerne les motivations des personnes qui effectuent du bénévolat. Par le passé, l'engagement bénévole était fortement influencé par la communauté et le sens du devoir: « Ainsi, la littérature confirme qu'on ne fait plus du bénévolat parce qu'on se sent obligé moralement ou autrement, mais davantage sur la base de sensibilités et de motivations personnelles. En ce sens, c'est le *je* qui décide, parce que la cause est signifiante pour lui » (Thibault, Fortier et Leclerc, 2011 : 19). Aujourd'hui, la personne bénévole est motivée par une démarche individualiste. Elle cherche d'abord des bénéfices comme l'épanouissement personnel, le sentiment d'être utile, et cherche à combler un besoin d'expression ou d'actualisation de soi (Fortin, Gagnon *et al.*, 2006). En plus de combler un besoin personnel, elle souhaite aussi s'engager pour une cause qui la touche de près, qu'il s'agisse d'elle-même ou d'une personne importante de son entourage. L'action bénévole est aujourd'hui moins motivée par le sens du devoir que par un intérêt personnel.

Communauté d'appartenance

D'après Thibault, Fortier et Leclerc (2011), l'engagement bénévole serait grandement influencé par nos réseaux sociaux. Ce concept nommé *capital social* peut se résumer ainsi : « Le capital social se définit comme étant le réseau de relations sociales que possède un individu [...], ou encore comme l'ensemble des relations "socialement utiles" pouvant être mobilisées dans le cadre de la trajectoire sociale » (Thibault, Fortier et Leclerc, 2011 : 5).

Le capital social est largement influencé par nos communautés d'appartenance. L'individu appartient aujourd'hui à plus d'un réseau : travail, famille, amitié, groupes d'intérêts, loisirs et milieu culturel. Le capital social a le potentiel de sensibiliser les individus à des causes. Aujourd'hui, la motivation de faire du bénévolat serait donc grandement influencée par le capital social de la personne. C'est le réseau qui sensibilise la personne aux différentes causes qui l'entourent.

Voilà donc un résumé des changements observés dans le milieu du bénévolat. Comment ces changements sont-ils perçus lorsque l'on examine les profils des nouveaux bénévoles ?

Le nouveau profil des bénévoles

Les jeunes 18-35 ans

Quel est l'intérêt de se pencher sur ce groupe d'âge, qui représente une infime partie des bénévoles en soins palliatifs ? À l'exception des soins palliatifs pédiatriques, il y a peu de jeunes qui s'engagent en soins palliatifs.

Hall, Lasby, Ayer *et al.* (2009) confirment que le nombre de jeunes qui effectue du bénévolat est en augmentation. Toutefois, c'est le groupe qui y consacre le moins de temps. Ces jeunes désirent s'engager, mais elles sont très sollicitées à cette étape de leur vie. Elles conjuguent parfois études et travail, elles amorcent une carrière et parfois même une famille. Leur disponibilité est limitée, mais le désir de s'engager est néanmoins présent. Les jeunes s'engagent pour différentes raisons. Certaines vont désirer effectuer du bénévolat pour valider un choix de carrière, d'autres, parce que la cause les touche directement, elles, ou leur entourage. Certaines jeunes effectuent du bénévolat parce que cette activité leur a été inculquée très tôt par leurs parents, qui eux-mêmes faisaient ou font encore du bénévolat. Le RABQ (2011) rapporte également que les jeunes s'engagent différemment dans le bénévolat. Elles le font de façon sporadique et leur implication est influencée par leurs réseaux sociaux. Toutefois, sachant que ce sont elles qui seront les bénévoles de demain, il apparaît incontournable de soutenir et d'encourager cette relève.

Les baby-boomers

Les baby-boomers sont majoritairement représentées comme bénévoles en soins palliatifs. Pour cette génération, le bénévolat s'inscrit comme un deuxième défi de vie. Elles se sont investies dans leur carrière, leur famille, et dans leur communauté. Maintenant qu'arrive le temps de la retraite, elles ne sont pas prêtes à vivre en marge de la société. Elles ont besoin de mettre à profit leurs compétences (Bénévoles Canada, 2001 ; Conseil RH, 2010 ; Édu-conseil, 2010 ; Hientz et Sladowski, 2011).

Les baby-boomers sont de très bonnes candidates pour le bénévolat en soins palliatifs. Elles arrivent non seulement avec un solide bagage professionnel, mais souvent avec une riche expérience de vie qui leur sera bénéfique dans leur accompagnement des malades. Cependant, malgré l'intérêt et la motivation des baby-boomers au moment de s'engager, le risque qu'elles se désistent au cours du processus de recrutement et de formation est élevé :

> Les baby-boomers entreprennent souvent plusieurs projets en même temps et doivent s'acquitter de plusieurs responsabilités divergentes. Plusieurs continuent de travailler au-delà de l'âge de la retraite tout en prenant soin de leurs parents, de leurs enfants ou de leurs petits-enfants. Le manque de temps constitue un défi constant, à tel point que près de la moitié des baby-boomers soutiennent qu'il s'agit de leur principale préoccupation personnelle (Hientz et Sladowski, 2011 : 6).

En effet, lorsque vient le moment de prendre un engagement concret, ces dernières se rendent compte que leur emploi du temps est surchargé. Après avoir eu un agenda professionnel bien rempli, elles constatent qu'il n'est peut-être pas réaliste de vouloir s'engager sur une base hebdomadaire. Des responsables de bénévoles interrogées lors d'un groupe de discussion[3] ont parfois l'impression que le désir de liberté des baby-boomers dans l'improvisation de leur emploi du temps leur fait réaliser qu'elles refusent la pression d'un engagement formel. Le bénévolat devient alors un bien de consommation, un passe-temps pour lequel elles doivent trouver du temps dans leur horaire.

Ces responsables de bénévoles semblent également observer que, pour les baby-boomers, s'investir en soins palliatifs fait partie d'une démarche individuelle. C'est souvent à la suite d'une démarche personnelle qu'elles choisissent ce type d'engagement bénévole. Elles cherchent un bénévolat qui a un sens. Plusieurs s'y retrouvent aussi afin de **redonner l'aide** qu'elles ont elles-mêmes reçue lorsqu'elles accompagnaient une personne bénéficiant de soins palliatifs.

Les nouveaux arrivants

Les nouveaux arrivants se caractérisent surtout par leur besoin d'intégrer leur communauté d'accueil. Pour plusieurs, le bénévolat fait déjà partie de leur quotidien. Elles ont effectué du bénévolat de façon informelle auprès de leur communauté, de leur famille, ou de leur groupe religieux. Effectuer du bénévolat devient un atout lorsque vient le temps de se mettre à la recherche d'un emploi. La majorité des responsables de bénévoles rencontrées ont mentionné que cette catégorie de nouvelles bénévoles ne faisait pas encore partie de leur quotidien. Toutefois, quelques responsables, en milieu urbain, ont commencé à recevoir des offres de services bénévoles de la part de nouveaux arrivants. Par exemple, les universités à Montréal attirent beaucoup de jeunes étudiantes étrangères. La responsable des bénévoles qui œuvre en soins palliatifs pédiatriques reçoit régulièrement des offres de bénévolat de ces jeunes immigrantes. Une autre responsable de bénévoles en milieu hospitalier qui travaille dans un quartier multiethnique de Montréal commence également à recevoir des demandes de nouvelles arrivantes.

La concentration de gens de diverses origines ethniques en milieu urbain pourrait apporter des bienfaits au sein de nos équipes de bénévoles en

3. Un entretien de groupe réunissant des gestionnaires de bénévoles en soins palliatifs venant de différents milieux (organismes communautaires, maison de soins palliatifs, hôpital) a été mené au mois de septembre 2011 au bureau du Réseau des soins palliatifs du Québec à Montréal.

soins palliatifs. Il faut garder à l'esprit que les services de soins palliatifs vont également accueillir des gens de toutes origines ethniques et qu'il serait avantageux pour tous de profiter de cette diversification.

Les exigences provenant des partenaires de travail

L'équipe interdisciplinaire

Lors de l'entretien de groupe, il est apparu que les exigences des partenaires de travail envers les bénévoles en soins palliatifs étaient très diversifiées selon les lieux d'accompagnement : milieu hospitalier, maison de soins palliatifs ou domicile. Par exemple, en maison de soins palliatifs, le rôle des bénévoles s'apparente à celui de préposées aux bénéficiaires. La bénévole est une bénévole de service, ce qui est fort différent du bénévolat d'accompagnement. Les attentes du personnel des soins sont donc très élevées. La bénévole, ici, est carrément indispensable à la qualité des services. On assiste à une professionnalisation du rôle du bénévole. Les exigences sont également élevées en ce qui touche l'engagement. Dans ce milieu, la bénévole doit assurer une présence de huit heures par jour. Cette exigence peut parfois décourager certaines de s'engager dans ce milieu.

Au sein du milieu communautaire, par exemple les organismes qui offrent du répit à domicile, les partenariats de travail se font avec le milieu hospitalier ou les CLSC. Les organismes communautaires tentent d'assurer une présence à domicile pour les personnes qui désirent demeurer à la maison le plus longtemps possible ou pour y décéder. Leurs partenaires ont parfois des attentes irréalistes par rapport aux tâches ou à la disponibilité des bénévoles. Par exemple, les intervenantes du CLSC peuvent s'attendre à ce que des bénévoles assurent une présence quotidienne, de jour ou de nuit, et ce, plusieurs fois par semaine. Elles s'attendent à ce que des bénévoles puissent aider au ménage alors que cela ne fait pas partie de leurs tâches. Et il y a surtout l'attente quant au fait que l'organisme communautaire puisse répondre au besoin immédiatement ! Les professionnelles du milieu hospitalier ont également leurs attentes. Bien que le rôle de la bénévole soit axé sur l'accompagnement par l'écoute et le soutien au bien-être des patients et de leurs familles,

les intervenantes s'attendent à ce qu'il y ait en tout temps une personne bénévole disponible sur l'unité.

Les familles des personnes en soins palliatifs

Pour les familles qui ont un proche suivi aux soins palliatifs pour la première fois, c'est une expérience d'apprivoisement de la mort. Les familles s'attendent à être guidées et appuyées dans leurs choix. Comme le soulignait une participante à l'entretien de groupe, par le passé, un certain apprentissage de la mort se faisait et se transmettait lorsque les gens mouraient à domicile. Les gens avaient une certaine expérience de l'accompagnement de leurs proches en fin de vie. Enfants, elles avaient vu leurs parents accompagner leurs grands-parents. Lorsque venait leur tour d'accompagner leurs parents ou des proches, elles avaient des expériences sur lesquelles s'appuyer. De nos jours, la mort se vit à l'hôpital. La plupart des personnes n'ont pas d'expérience avec la mort. Les familles se fient à l'équipe médicale pour la prise en charge de leur proche, mais elles ne savent pas vraiment comment l'accompagner. Que ce soit en milieu hospitalier, à domicile ou en maison de soins palliatifs, la présence bénévole est bénéfique autant pour la personne en soins palliatifs que pour la famille. Par exemple, pour les jeunes qui n'ont pas d'expérience avec la mort et qui accompagnent leurs parents en fin de vie, la bénévole est souvent une personne plus âgée qui devient leur guide.

Le réseau de la santé et des services sociaux

En avril 2008, le Réseau des soins palliatifs du Québec, à la suite d'un mandat de la Direction de la lutte contre le cancer, a publié le *Plan directeur de développement des compétences des intervenants en soins palliatifs*. Dans ce document, tous les professionnels œuvrant auprès des personnes en soins palliatifs y sont représentés. De plus, les responsables de bénévoles en milieu hospitalier doivent démontrer que leur programme de bénévolat en soins palliatifs est conforme aux exigences d'Agrément Canada. Celles-ci touchent le recrutement, la sélection, la formation, l'encadrement et le bien-être des bénévoles en soins palliatifs. L'Agrément vise à ce que les bénévoles soient qualifiées et compétentes. Qu'Agrément Canada et la Direction de la lutte contre le cancer se penchent sur le bénévolat en soins palliatifs démontre et confirme l'importance des bénévoles au sein de cette spécialité.

L'EFFET DES NOUVELLES TENDANCES SUR LA GESTION DES ÉQUIPES DE BÉNÉVOLES EN SOINS PALLIATIFS

Il n'existe pas seulement une réalité bénévole dans le monde des soins palliatifs. Le contexte change grandement selon que l'on œuvre dans un milieu hospitalier, dans un milieu communautaire ou encore dans une maison de soins palliatifs. La réalité est également fort différente selon les malades en fin de vie (adulte/s ou enfant/s). À la suite de la rencontre réunissant des gestionnaires de ressources bénévoles, il apparaît clairement que chaque milieu doit adapter certaines de ses pratiques aux nouvelles réalités du bénévolat.

Planification des services de bénévoles

La planification des services bénévoles en soins palliatifs réfère à la sélection, au recrutement, à la formation et à l'intégration des bénévoles dans leur équipe de travail.

Effet sur la sélection et le recrutement

Malgré les changements décrits dans la première section de ce chapitre, l'ensemble des gestionnaires de bénévoles présentes lors de l'entretien de groupe a été unanime à réitérer l'importance de maintenir leurs critères de sélection envers les candidates au bénévolat. Les nouvelles tendances dans le monde du bénévolat n'ont donc pas eu d'effets significatifs sur leurs stratégies de sélection et de recrutement. Toutefois, une des gestionnaires présentes a noté qu'elle avait diminué sa demande par rapport à la disponibilité. Par le passé, elle exigeait un engagement d'un an de la part de la personne désirant s'engager. Maintenant, elle demande un engagement de six mois. Une autre responsable de bénévoles a mentionné qu'elle clarifiait ses attentes par rapport au rôle et aux disponibilités du bénévole dès son entrevue de sélection. Son but étant de sensibiliser la bénévole potentielle à ses responsabilités.

La difficulté liée au recrutement dépend grandement du milieu où est situé l'organisme et de la notoriété de celui-ci dans sa communauté. Par exemple, un organisme offrant des soins palliatifs pédiatriques attire davantage de candidats qu'un hôpital de quartier situé dans un milieu défavorisé. Les responsables de bénévoles œuvrant dans les maisons de soins palliatifs ou des unités réservées aux soins palliatifs en milieu hospitalier sont favorisées quant au recrutement des bénévoles. C'est en grande partie grâce au rayonnement et au caractère familial qu'offrent ces lieux. De plus, le milieu hospitalier et les maisons de soins palliatifs pourraient représenter un attrait supplémentaire, car ils sont plus sécurisants que le milieu du domicile.

La formation

La formation des bénévoles dans le milieu des soins palliatifs a toujours été considérée comme essentielle à la pratique du bénévolat. La formation des bénévoles peut varier, d'un organisme à l'autre, sur le plan du format, du contenu et de la durée. Cependant, la formation des bénévoles représente un investissement de temps et d'énergie considérable de la part de toutes les responsables de bénévoles. En effet, la formation offerte peut varier entre douze et quarante-cinq heures selon les endroits. Toutefois, l'ensemble des gestionnaires est unanime à souligner le caractère incontournable de cet aspect de la gestion des bénévoles et sur l'importance d'axer ces formations sur le *savoir-être* et les attitudes requises pour œuvrer auprès de ces malades. Sachant que le temps disponible au bénévolat diminue, y aurait-il moyen d'adapter l'offre de formation à cette réalité ? L'avis des responsables de bénévoles était très partagé sur ce point et représente bien la diversité et les particularités des milieux où se pratique le bénévolat.

Par exemple, comme la formation des bénévoles se déroule sur plusieurs jours, elle est généralement offerte deux ou trois fois par année. Il arrive qu'une bonne candidate bénévole se présente entre deux sessions de formation. Dans certaines organisations, les responsables acceptent de jumeler cette nouvelle candidate avec une bénévole expérimentée pourvu que la recrue s'engage à compléter la formation lors d'une prochaine session. Cette flexibilité est possible lorsque le bénévolat s'effectue dans un milieu supervisé, là où la recrue bénévole pourra être encadrée, soit par des bénévoles expérimentées, soit par le personnel soignant. Toutefois, ce ne sont pas tous les milieux qui peuvent se permettre cette souplesse. Lorsque le bénévolat s'effectue à domicile, l'encadrement des bénévoles est impossible à effectuer. Les gestionnaires ne peuvent pas prendre le risque d'intégrer une recrue auprès d'une malade sans qu'elle ait complété la formation. Une responsable de bénévoles travaillant dans un milieu hospitalier a pour mandat de développer le bénévolat à domicile au sein de son centre de santé et de services sociaux. Pour contourner cette difficulté, elle souhaite offrir aux bénévoles qui veulent s'investir à domicile d'entreprendre leur bénévolat en milieu hospitalier, mais toujours au service des soins palliatifs. De cette façon, elle espère retenir les bonnes candidates jusqu'à ce qu'elles reçoivent la formation complète.

Il peut également arriver qu'une bénévole décide de changer le lieu où elle effectue son bénévolat. Elle peut avoir été bénévole à domicile et désirer par la suite poursuivre son activité en milieu hospitalier ou en maison de soins palliatifs. Les responsables de bénévoles doivent alors décider si cette personne devra compléter en entier la formation offerte par son organisation ou seulement certains volets pour se mettre à jour.

D'une part, consentir à exiger seulement une formation d'appoint à la nouvelle bénévole peut être une forme de reconnaissance de son expérience antérieure. D'autre part, cela ne doit pas se faire au détriment des personnes malades. L'ensemble des gestionnaires de bénévoles présentes à cet entretien ont expliqué l'importance du *cas par cas* et de la souplesse. Elles ont également souligné l'importance d'avoir une bonne cohésion d'équipe, surtout au regard de la philosophie et des valeurs de l'organisation. Un des moyens pour atteindre cette cohésion est de s'assurer que toutes suivent une même formation.

Une des participantes au groupe de discussion a exprimé une appréhension, bien réelle, liée au fait de démontrer une trop grande souplesse. Il est important de ne pas diminuer les exigences envers les bénévoles par crainte de manquer d'effectifs. Il est préférable d'avoir moins de bénévoles, mais d'assurer la qualité des services. Une question demeure toutefois : dans le cas des maisons de soins palliatifs, leur survie, leur continuité et la qualité des soins dépendent souvent de la main-d'œuvre bénévole. La responsable des bénévoles doit-elle prioriser les effectifs au détriment de la qualité des ressources bénévoles ?

L'organisation

Une fois la bénévole recrutée et formée, il faut lui offrir une tâche et un rôle qui lui conviennent à un moment où elle est disponible. Alors que par le passé, les bénévoles s'interrogeaient peu ou pas à propos des tâches qu'on leur demandait d'accomplir, il en va tout autrement aujourd'hui :

> Aussi, assiste-t-on progressivement au passage d'un bénévolat plus traditionnel, soit celui dans lequel les personnes donnent leur temps sans compter et effectuent les tâches demandées sans discrimination, vers un bénévolat plus ciblé selon les champs d'intérêt, compétences et la disponibilité plus restreinte (Édu-Conseil, 2010 : 20).

Les horaires

Sur le point des horaires, les gestionnaires de bénévoles s'entendaient encore une fois, c'est tout un défi ! Une d'entre elles a même affirmé avoir l'impression d'avoir un rôle de « gestionnaire de liste de rappel » pour décrire cette tâche.

À l'heure de la retraite, nombreuses sont les baby-boomers à vouloir s'engager dans une cause bénévole. Toutefois, elles se présentent en mentionnant, souvent, qu'elles ont des contraintes de temps : obligation de prendre soin d'un membre de leur famille, désir de voyager ou importance de pratiquer d'autres activités. Pour ce qui est des bénévoles plus « jeunes », les 18-35 ans, pensons notamment à celles qui s'engagent en soins palliatifs pédiatriques, des contraintes de temps similaires surgissent : désir de voyager durant l'été, absences durant la période d'examens, horaires de travail atypiques. Celles sur le marché du travail doivent parfois annuler leur bénévolat pour des raisons professionnelles. Cette réalité influence de façon particulière le bénévolat en maison de soins palliatifs, là où la présence des bénévoles auprès des malades est indispensable. Dans les maisons de soins palliatifs, les bénévoles doivent accepter d'effectuer des blocs de huit heures de façon à éviter que la patiente côtoie un trop grand nombre d'intervenantes différentes dans une journée. Cela facilite également le travail en équipe avec les infirmières.

La gestion des horaires devient rapidement un véritable casse-tête pour les responsables de bénévoles qui désirent démontrer une certaine souplesse envers ces aidantes, tout en gardant à l'esprit le bien-être des malades et les besoins de l'équipe. Par exemple, certaines personnes désirent s'engager une semaine sur deux, ce qui signifie que la responsable doit trouver une deuxième bénévole pour former un duo. Les bénévoles qui sont sur le marché du travail peuvent parfois être retardées par leur horaire et ont de la difficulté à arriver à l'heure convenue pour leur quart de bénévolat. Les responsables des bénévoles doivent constamment réfléchir aux effets de leurs décisions ainsi qu'aux avantages et désavantages qui y sont liés : vaut-il mieux avoir une bénévole qui arrive trente minutes en retard ou pas de bénévole du tout ? Est-ce préférable d'avoir une bénévole disponible une semaine sur deux ou un vide dans l'horaire ? Démontrer une trop grande rigidité peut signifier la perte d'une bonne candidate bénévole. Par ailleurs, une trop grande flexibilité peut nuire à la qualité des services.

Les tâches/rôles

Les tâches des bénévoles en soins palliatifs varient d'un milieu à l'autre. Dans le milieu hospitalier, le rôle des bénévoles est basé sur l'accompagnement par l'écoute des malades et des membres de leurs familles. En maison de soins palliatifs, les bénévoles ont des tâches qui se rapprochent davantage du rôle des préposés. Dans le milieu pédiatrique, les tâches sont axées sur l'accompagnement ludique et récréatif des enfants. Dans le milieu communautaire, le rôle du bénévole à domicile varie d'un organisme à l'autre. Certains organismes offrent seulement un service d'accompagnement par l'écoute, d'autres acceptent que les bénévoles assument certains soins corporels en leur offrant une formation spécifique complémentaire. Certaines bénévoles à domicile vont préparer des repas légers ou distribuer des médicaments déjà préparés par un membre de la famille.

Les personnes qui désirent s'investir dans une cause bénévole veulent accomplir des tâches valorisantes. Les personnes prêtes à faire n'importe quoi pourvu que ce soit utile sont de plus en plus rares. La description des tâches des bénévoles peut parfois comprendre des activités qui semblent moins valorisantes pour ces dernières : désinfecter les jouets et remettre en ordre une salle après une activité ludique, plier du linge, laver un bain, etc. Certaines tâches peuvent être un point de discorde entre le personnel rémunéré et les bénévoles. D'une part, les bénévoles ne souhaitent pas effectuer ces tâches qu'elles considèrent comme peu valorisantes. D'autre part, le personnel rémunéré juge qu'il serait plus efficace et productif de déléguer ces tâches à des bénévoles. La mentalité de certaines employées qui côtoient les bénévoles n'a pas toujours évolué au même rythme que la nouvelle génération de bénévoles. Certaines pensent encore à tort que les gens font du bénévolat par désœuvrement. Ainsi, les gestionnaires de bénévoles doivent veiller à maintenir un équilibre harmonieux au sein de l'équipe.

Quel que soit leur groupe d'âge, de façon générale, les bénévoles arrivent régulièrement au bureau de la gestionnaire en ayant une idée assez claire de ce qu'elles désirent accomplir. Étant mieux informées et éduquées, elles sont plus enclines à demander des justifications ou à exprimer leurs opinions sur plusieurs aspects liés aux services offerts, par exemple sur l'organisation des horaires, la gestion des équipes ou encore les tâches à accomplir. Du fait de leur grande expertise professionnelle, ces dernières ont un bagage impressionnant de connaissances qu'elles souhaitent parfois mettre au profit de l'organisation. Cela est surtout vrai en ce qui a trait aux baby-boomers (Bénévoles Canada, 2001 ; Hientz et Sladowski, 2011). Par exemple, certaines bénévoles peuvent parfois démontrer beaucoup d'initiative et désirent accomplir des gestes dont elles sous-estiment les conséquences. Une bénévole à domicile exerçant une profession dans le domaine des médias désirait alerter l'opinion publique à propos des conditions de vie de la famille qu'elle visitait. Cette personne voulait accomplir une tâche qui allait manifestement au-delà des limites de son rôle.

Les gestionnaires de bénévoles doivent également composer avec des offres de services atypiques. Si certaines de ces propositions peuvent aisément s'insérer dans l'offre de service, d'autres sont parfois moins évidentes. Par exemple, dans le but de favoriser l'implication bénévole d'une étudiante du secondaire, une gestionnaire a consenti à soumettre un projet musical à un des animateurs. Cette étudiante avisait l'animateur quelques jours à l'avance pour l'informer qu'elle pourrait venir quelques heures jouer du piano pour les enfants. Le milieu communautaire peut parfois s'adapter plus facilement que le milieu hospitalier à ces offres atypiques. Par exemple, une responsable de bénévoles du milieu hospitalier a reçu la candidature d'une massothérapeute professionnelle disposée à offrir des massages de mains ou de pieds aux personnes en soins palliatifs. Afin de faire les choses dans les règles, cette responsable de bénévoles devait d'abord confirmer l'intérêt d'une telle offre auprès des membres de son équipe. Toutefois, le délai de réponse de l'équipe a été tellement long que la candidate bénévole a préféré offrir ses services à une organisation qui a été plus rapide à répondre.

Direction

La supervision des bénévoles

Les gestionnaires de ressources bénévoles doivent démontrer ouverture et souplesse en ce qui concerne la supervision des bénévoles. Certaines bénévoles souhaitent avoir des rétroactions régulières et vont rechercher l'approbation de celles qui les supervisent. D'autres, au contraire, préfèrent davantage d'autonomie. Les gestionnaires doivent s'ajuster aux besoins des bénévoles tout en s'assurant que chacune respecte son rôle. Lors du groupe de discussion avec les responsables de bénévoles, la majorité exprimait l'importance de rencontrer leurs bénévoles au moins une fois par année pour faire le point sur leur implication.

La reconnaissance

Aujourd'hui, nous ne pouvons tenir pour acquis que les bénévoles fassent partie de nos équipes pour plusieurs années. Selon Édu-Conseil (2010), les bénévoles ont tendance à diminuer leur temps d'implication: « Le bénévolat n'échapperait pas à la réalité sociale voulant que l'engagement à long terme et inconditionnel ne fasse plus vraiment partie des pratiques habituelles de la population » (p. 20). Les responsables de bénévoles rencontrées ont mentionné miser sur des démonstrations au quotidien: mettre en valeur une force particulière chez une bénévole en la sollicitant pour un projet particulier, tenir compte de leurs commentaires pour améliorer les services ou leur environnement, leur offrir des formations sur des sujets qui les intéressent. À cet égard, les bénévoles désirent qu'on les considère comme des partenaires (Thibault, Fortier et Leclerc, 2011).

Il ne faut surtout pas sous-estimer la notion du plaisir rattaché à l'accomplissement de l'activité bénévole. La rétention des bénévoles d'aujourd'hui est étroitement liée au plaisir qui découle de cette activité: « Les principaux bénéfices et motivations à maintenir son engagement se décrivent aujourd'hui en termes de plaisir avec les autres, de réussite et de reconnaissance » (Thibault, Fortier et Leclerc, 2011 : 19). En s'assurant du bien-être et de la satisfaction des bénévoles, les responsables peuvent améliorer leur taux de rétention.

Professionnalisation du métier de gestionnaire de bénévoles en soins palliatifs

Par le passé, les qualités exigées envers les responsables de bénévoles étaient surtout axées sur le savoir-être et, plus précisément, sur les qualités personnelles et relationnelles. Encore aujourd'hui, la capacité à exceller dans ce milieu est étroitement liée à ces qualités. Toutefois, il ne suffit plus maintenant de démontrer ces aptitudes.

Les exigences et les attentes envers les bénévoles ont pris de l'ampleur. Aujourd'hui, la plupart des organismes offrant des soins palliatifs exigent des références, une entrevue de sélection et une formation pour quiconque désire s'engager. La nécessité de confier ces tâches de gestion à une personne responsable découle directement de ces exigences envers les bénévoles. Dans cette même continuité, les exigences et les attentes envers les gestionnaires de bénévoles ont évolué de manière importante. Les responsables de bénévoles consultées lors de l'entretien de groupe ont clairement mentionné que les attentes étaient de plus en plus liées aux études, à l'expérience acquise, à l'imputabilité et à la capacité de *livrer la marchandise*.

PISTES DE RÉFLEXION

Dans son ensemble, le milieu du bénévolat québécois ne semble pas encore réaliser l'importance et la signification des changements qui s'opèrent dans leur secteur (Thibault, Fortier et Leclerc, 2011). L'arrivée des baby-boomers mise à part, les gestionnaires rencontrées lors de l'entretien de groupe n'ont pas semblé beaucoup plus sensibilisées à ces changements. Est-ce parce que le milieu des soins palliatifs est moins affecté par ces changements ? Comment les gestionnaires de bénévoles vont-elles conjuguer les changements observés dans le monde du bénévolat, les nouveaux profils des bénévoles et les attentes grandissantes de leurs partenaires de travail ? Les attentes envers les bénévoles en soins palliatifs semblent être grandissantes et les gestionnaires de bénévoles devront démontrer leur capacité à combler les besoins de leurs partenaires de travail.

Le recrutement est un aspect important de la gestion des bénévoles. D'après les résultats de Hall, Lasby, Ayer *et al.* (2009), il faudra recruter plus de bénévoles pour assurer le même service. Comment le milieu des soins palliatifs pourra-t-il attirer de nouvelles bénévoles ?

Les gestionnaires de bénévoles doivent repérer les réseaux sociaux susceptibles d'avoir des affinités avec les soins palliatifs dans le but de recruter des bénévoles potentiels. Comme le mentionnent Thibault, Fortier et Leclerc (2011 : 50) : « Les réseaux sociaux, et non le territoire, constituent les principaux milieux de provenance des bénévoles ». Il faut donc penser plus large lorsque vient le temps de planifier le recrutement. Par exemple, pour s'engager auprès d'enfants en soins palliatifs pédiatriques ou dans une maison de soins palliatifs, des bénévoles potentielles sont prêtes à sortir de leur territoire pour faire une activité liée à leur intérêt. En tant que responsable de bénévoles, comment pourrait-on repérer les réseaux sociaux susceptibles d'être intéressés par la cause des soins palliatifs ? N'y aurait-il pas lieu de miser sur les réseaux sociaux des bénévoles actuels dans le but d'accroître le recrutement ? Il faudra voir aussi comment rendre la cause attrayante aux yeux des bénévoles potentielles.

La gestion des horaires préoccupe la plupart des responsables de bénévoles. Est-il envisageable d'adapter les horaires aux disponibilités des bénévoles sans pour autant nuire aux services ? La formation est un élément important de la gestion des bénévoles et demande un grand investissement de la part des responsables de bénévoles. Est-ce qu'il y aurait des façons d'adapter l'offre de formation ? Par exemple, dans le milieu de la santé anglophone, plusieurs organisations du centre de santé McGill se sont regroupées pour offrir une formation commune. Chaque organisme est l'hôte de la formation à tour de rôle. Par la suite, c'est la responsabilité de chaque organisme d'assurer l'orientation sur le terrain des nouvelles bénévoles. Cette solution est possible lorsqu'un grand nombre d'organismes se retrouvent sur le même territoire, mais ne serait-il pas possible d'adapter cette solution au milieu francophone ? Ou bien d'innover selon la réalité du milieu ?

Hall, Lasby, Ayer *et al.* (2009) démontrent que la participation des jeunes 18-35 ans dans le monde du bénévolat augmente. Le milieu urbain accueille de plus en plus de personnes issues de communautés culturelles variées. Il serait fort pertinent de trouver des moyens d'attirer ces nouvelles bénévoles dans le milieu des soins palliatifs. Ne serait-il pas possible d'adapter certains rôles et d'en créer de nouveaux pour favoriser l'implication de cette relève ?

Il n'est pas suffisant de recruter de nouvelles bénévoles, encore faut-il les encourager et les motiver. La reconnaissance est un aspect important de la gestion des bénévoles. À la suite d'un groupe de discussion, la grande majorité des bénévoles interrogées ont souligné l'importance d'être considérées en tant que partenaires et participantes dans les prises de décisions (Thibault, Fortier et Leclerc, 2011). Comment les gestionnaires de bénévoles peuvent-elles encourager la participation active des bénévoles au sein de leurs organisations ?

On doit souligner l'importance de favoriser et de soutenir le développement professionnel des gestionnaires de bénévoles. La professionnalisation du rôle de gestionnaire de bénévoles s'est effectuée au même rythme que celle du rôle des bénévoles. Toutefois, il n'existe pas à proprement parler de formation pour ces dernières. Actuellement, elles participent à des groupes d'échanges pour partager et mettre en commun leur expertise professionnelle. C'est de cette façon qu'elles réussissent à trouver des solutions aux défis du quotidien.

Conclusion

La tâche des gestionnaires de bénévoles en soins palliatifs s'est considérablement complexifiée au cours des dernières années. Leurs responsabilités se sont accrues au fur et à mesure que le rôle des bénévoles s'est *professionnalisé* et que la présence des bénévoles au chevet des personnes malades est devenue essentielle. Aux défis quotidiens, s'ajoutent maintenant des changements dans le monde du bénévolat auxquels elles devront porter attention si elles désirent assurer une relève dans leurs équipes bénévoles. Ces changements qui influencent l'engagement des nouvelles bénévoles se font déjà sentir dans la gestion du quotidien. Toutefois, les responsables de bénévoles du milieu des soins palliatifs ne semblent pas en avoir saisi l'étendue. Il n'existe pas de solutions uniques à ces défis, car chaque milieu possède des atouts et des contraintes qui lui sont propres. C'est le devoir de chaque milieu d'évaluer les effets de ces changements et de développer des solutions adaptées à sa réalité.

Il serait intéressant d'envisager des recherches pour évaluer concrètement l'effet de ces changements sur la gestion des équipes de bénévoles. Par exemple, il serait possible d'évaluer les répercussions de l'arrivée des baby-boomers à la retraite sur la planification, l'organisation et la direction des équipes bénévoles. Une autre avenue de recherche pourrait examiner les moyens d'utiliser les communautés d'appartenance pour recruter des bénévoles.

RÉFÉRENCES

Baril, G. (2006). *La ré-appropriation de sens du bénévolat (une application de l'éthique de l'authenticité de Charles Taylor).* Thèse de doctorat inédite, Université de Sherbrooke, Québec.

Bénévoles Canada (2001). *Perspectives bénévoles: nouvelles stratégies pour favoriser la participation des adultes plus âgés.* Consulté le 17 mars 2012 sur le site Internet benevoles.ca http://benevoles.ca/files/OlderAdults-Fre.pdf

Conseil RH pour le secteur communautaire (2010). *Les baby-boomers, une bénédiction: Générer des idées pour recruter les baby-boomers dans le secteur communautaire.* Consulté le 17 mars 2012 sur le site Internet Conseil RH pour le secteur communautaire http://hrcouncil.ca/a-propos/documents/CRH_Les_baby- boomers_une_benediction_0510.pdf

Édu-conseil (2010). *Analyse de profession: Gestionnaire de bénévoles. Réseau de l'action bénévole du Québec,* Montréal.

Fortin, A., Gagnon, É., Ferland-Raymond, A. et Mercier, A. (2006). *S'engager aujourd'hui. Trajectoire, éthique et identités des bénévoles.* Centre de la santé et des services sociaux de la Vieille-Capitale.

Hall, M., Lasby, D., Ayer, S. et Gibbons, W. D. (2009). *Canadiens dévoués, canadiens engagés: Points saillants de l'Enquête canadienne de 2007 sur le don, le bénévolat et la participation.* Statistique Canada.

Hientz, M. et Speevak Sladowski, P. (2011). *Composantes fondamentales de l'engagement bénévole des baby-boomers.* Consulté le 17 mars 2012 sur le site Internet soyezbenevole.ca http://www.soyezbenevole.ca/pdf/Benevole_des_baby-boomers.pdf

Ministère de la Santé et des Services sociaux, Direction de la lutte contre le cancer (2008). *Plan directeur de développement des compétences des intervenants en soins palliatifs.* Québec: Gouvernement du Québec.

Réseau de l'action bénévole du Québec (2011). *Cap sur les jeunes bénévoles: Guide pratique à l'intention des organismes qui souhaitent faire une place aux jeunes bénévoles.* Québec : Réseau de l'action bénévole du Québec.

Rousseau, N. et Bernard, L. (1999). Nouveau visage du bénévolat, nouveaux défis en soins palliatifs. *Les cahiers des soins palliatifs*, 1(1), 35-45.

Thibault, A., Fortier, J. et Leclerc, D. (2011). *Rapport de recherche : Bénévolats nouveaux, approches nouvelles.* Université du Québec à Trois-Rivières, Québec.

CHAPITRE 11

EXPÉRIENCES ET CONSEILS SUR LE BÉNÉVOLAT EN SOINS PALLIATIFS : COMMENT SOUTENIR LA CARRIÈRE EN BÉNÉVOLAT DES JEUNES ET DES HOMMES ?

Colleen MacQuarrie,
Ph. D., professeure agrégée au Département de psychologie de l'Université de l'Île-du-Prince-Édouard.

Lori E. Weeks,
Ph. D., professeure agrégée au Département des sciences humaines appliquées de l'Université de l'Île-du-Prince-Édouard.

Mary-Ann MacSwain,
B.A., Centre de recherche en toxicomanie, Service correctionnel du Canada, Montague, Île-du-Prince-Édouard.

Nous aimerions remercier le personnel de l'Association des soins palliatifs de l'Île-du-Prince-Édouard et les personnes suivantes qui ont contribué à notre recherche : Olive Bryanton, Myanna Adams et Magan MacDonald. Nous remercions également les bénévoles qui ont participé aux entrevues et aux sondages, pour le temps et les expériences qu'ils ont partagés avec nous. Cette recherche a bénéficié du soutien financier du *University of Prince Edward Island Targeted Research Grant.*

Résumé

Le rôle crucial joué par les bénévoles constitue un domaine d'intérêt pour les soins palliatifs. La participation de bénévoles contribue au succès de nombreux programmes dans le secteur de la santé et est même essentielle à la prestation de nombreux services. Les programmes de soins palliatifs dépendent beaucoup des bénévoles et peu d'entre eux auraient la capacité d'offrir des soins de fin de vie de qualité s'ils n'avaient pas accès à leurs services. Il est nécessaire d'élargir le bassin de recrutement de bénévoles pour répondre aux besoins des personnes recevant des soins palliatifs ainsi qu'aux besoins de leurs familles. Dans ce chapitre, nous explorerons les moyens permettant de soutenir le parcours de bénévole des hommes et des personnes de moins de 50 ans, deux groupes sous-représentés en soins palliatifs. Nous avons conceptualisé le parcours du bénévole en soins palliatifs selon trois étapes distinctes : le recrutement, la fidélisation et la cessation. Nous ferons d'abord un état des connaissances, nous décrirons ensuite l'apport de notre recherche à ce domaine de connaissances et, finalement, nous offrirons des suggestions et pistes de recherche et d'action, en portant une attention particulière aux bénévoles masculins et à ceux âgés de moins de 50 ans.

INTRODUCTION

Pour l'Association canadienne de soins palliatifs (ACSP), ce type de soins vise à « soulager les souffrances et à améliorer la qualité de vie des personnes qui sont à un stade avancé de leur maladie, de celles qui sont en fin de vie et de celles qui vivent un deuil » (2010). Ces services sont offerts un peu partout dans nos communautés : à domicile, dans les hôpitaux, dans les établissements de soins de longue durée et dans les maisons ou centres spécialisés en soins palliatifs. En apportant un soutien physique, émotionnel, psychologique, spirituel et pratique, ces programmes bénéficient non seulement aux personnes vivant avec une maladie en phase terminale, mais aussi à leurs familles, à leurs amis et, tout bien considéré, ils contribuent au bien-être de l'ensemble de la communauté.

Le besoin pour des programmes et services de soins palliatifs est susceptible d'augmenter au cours des prochaines années à cause du vieillissement de la population canadienne. Bien que la plupart des décès au Canada (75 %) surviennent chez des personnes âgées de plus de 65 ans, des individus de tous âges requièrent des soins palliatifs, puisque de nombreuses personnes plus jeunes vivent avec le fardeau d'un diagnostic de maladie en phase terminale (Canadian Hospice Palliative Care Association, 2010). En se basant sur un scénario de croissance démographique moyenne, Statistique Canada évalue que le nombre annuel de décès augmentera de près de 40 % au cours des vingt prochaines années, passant de 243 000 en 2009 à 338 000 en 2030 (Statistique Canada, 2010). On a de plus évalué qu'entre 73 % et 90 % des décès au Canada pourraient bénéficier d'un accès à des soins palliatifs (ACSP, 2010). Compte tenu à la fois de cette importante croissance du taux de mortalité et du vieillissement de la population, on peut s'attendre à une augmentation de la demande pour des programmes et services de soins palliatifs au cours des prochaines décennies.

Décrits comme étant la clé de voûte des soins palliatifs (Caldwell et Pearson Scott, 1994), les bénévoles jouent un rôle essentiel dans l'équipe des soins palliatifs (Andersson et Öhlén, 2005). Ces programmes dépendent fortement du bénévolat, et peu d'entre eux pourraient offrir des soins de fin de vie de qualité s'ils n'avaient pas accès aux services de ces aidants (Claxton-Oldfield, Jefferies, Fawcett, Wasylkiw et Claxton-Oldfield, 2004). Les bénévoles en soins palliatifs effectuent un éventail de tâches, allant de l'accompagnement des mourants et au soutien de leurs proches jusqu'à l'aide à la gouvernance et à l'infrastructure de l'organisation.

Nous aborderons le parcours de bénévolat en soins palliatifs en trois étapes distinctes : le recrutement, la fidélisation et la cessation. Premièrement, les bénévoles sont recrutés ou bien ils manifestent eux-mêmes leur intérêt à contribuer aux soins palliatifs. Deuxièmement, pendant la phase de fidélisation, ils sont soutenus par le personnel régulier dans l'accomplissement de leurs tâches et ils sont influencés par de nombreux autres facteurs qui jouent sur leur désir de poursuivre leur action bénévole. Finalement, l'étape de cessation se produit quand l'engagement du bénévole prend fin. Dans ce chapitre, nous présentons une revue de littérature sur ce sujet, nous tirons les leçons d'une recherche menée sur les bénévoles en soins palliatifs afin d'apporter un nouvel éclairage sur le soutien au parcours en bénévolat des jeunes et des hommes, deux groupes de bénévoles en soins palliatifs qui ont fait l'objet de peu d'études.

REVUE DE LITTÉRATURE

Le recrutement

La plupart des bénévoles sont des femmes dans la cinquantaine ou plus âgées, mariées, retraitées, qui ont une appartenance religieuse, qui ont fait des études postsecondaires et possèdent une expérience de bénévolat dans d'autres secteurs (Caldwell et Pearson Scott, 1994; Claxton-Oldfield, Crain et Claxton-Oldfield, 2007; Claxton-Oldfield, MacDonald et Claxton-Oldfield, 2006; Claxton-Oldfield *et al.*, 2004; Guirguis-Younger et Grafanaki, 2008; Pearson Scott et Caldwell, 1996; Planalp et Trost, 2009a; Planalp et Trost, 2009b).

Il est très difficile de motiver les hommes à prendre part au bénévolat et le manque de bénévoles masculins semble être un phénomène mondial (Claxton-Oldfield *et al.*, 2004; Kolnick et Mulder, 2007). Il existe d'ailleurs très peu d'études traitant spécifiquement des bénévoles masculins en soins palliatifs. Pourtant, la présence d'hommes au sein de la population bénévole pourrait être un élément central d'une offre de services et de programmes de qualité. Comme le rapportent Kolnick et Mulder (2007), certains hommes en phase terminale préfèreraient recevoir un bénévole masculin, et certaines femmes bénévoles préfèreraient ne pas exercer leur bénévolat auprès d'hommes. Étant donné la sous-représentation des hommes œuvrant bénévolement en soins palliatifs, il importe d'en apprendre davantage sur ce type de bénévolat, puisque certains patients pourraient les préférer et que la population masculine bénévole demeure une ressource relativement inexploitée.

Des recherches menées auprès de bénévoles potentiels de sexe masculin pourraient fournir des informations sur leur perception du bénévolat en soins palliatifs. Dans une étude effectuée auprès d'étudiants de premier cycle universitaire, Claxton-Oldfield et ses collègues (2005) constatent que 46 % des femmes se sont montrées intéressées par le bénévolat en soins palliatifs, alors que seulement le quart des hommes interrogés ont montré le même intérêt (Claxton-Oldfield *et al.*, 2005 ; Claxton-Oldfield, Guigne et Claxton-Oldfield, 2009). Les hommes de l'enquête menée dans la communauté (Claxton-Oldfield *et al.*, 2005), ayant indiqué un manque d'intérêt pour le bénévolat en soins palliatifs ont cité plusieurs raisons pour ce manque d'intérêt : le manque de temps ; le fait que ce serait trop difficile émotionnellement pour eux ; le simple manque d'intérêt ; un âge trop avancé ; et d'autres raisons comme le fait d'avoir une blessure ou d'être handicapé. Ainsi, il est utile de recueillir des données auprès de la population masculine en général afin de comprendre les perspectives du bassin de bénévoles potentiels. Toutefois, sonder l'intérêt à devenir bénévole dans le cadre d'une enquête peut ne pas refléter le nombre réel de personnes qui deviennent bénévoles en soins palliatifs, ni nous informer sur les gens qui s'engagent réellement comme bénévoles en ce domaine. Acquérir des connaissances auprès de bénévoles en soins palliatifs – actuels ou anciens – serait particulièrement bénéfique pour prendre connaissance de la perspective d'initiés.

En plus de nous intéresser à la cohorte plus âgée de bénévoles en soins palliatifs et au recrutement des hommes, nous nous intéressons aussi à ce qui pourrait faciliter le recrutement d'adultes plus jeunes, soit ceux de moins de 50 ans. L'âge moyen des bénévoles lorsqu'ils commencent leur engagement est d'environ 50 ans et les chances qu'ils aient plus de 60 ans sont plus grandes que chez le personnel régulier (Addington-Hall et Karlsen, 2005 ; Claxton-Oldfield *et al.*, 2007). Dans une étude prospective sur le bénévolat, il a été déterminé que l'intérêt pour le bénévolat en soins palliatifs était très faible chez les jeunes (étudiants universitaires) (Claxton-Oldfield *et al.*, 2005). Un peu moins des deux tiers des participants étaient désintéressés par le bénévolat en soins palliatifs, et la majorité des participants ne savait pas ce qu'étaient les soins palliatifs avant de participer à l'étude. Les explications suivantes ont été fournies par ceux qui ont mentionné leur manque d'intérêt pour le bénévolat en soins palliatifs : accompagnement trop exigeant émotionnellement ; crainte de s'attacher à une personne mourante ; activité trop stressante ; incapacité ou inhabileté à composer avec la mort/le mourir et avec la souffrance/la peine ; manque d'expérience ou d'habileté ou sentiment de ne pas être fait pour ce genre de travail ; manque général d'intérêt ; et manque de temps (Claxton-Oldfield *et al.*, 2005).

La fidélisation

La recherche montre que les gens changent tout au long de leur parcours en bénévolat. Ils ne décident pas toujours de poursuivre leur bénévolat pour les mêmes raisons que celles qui les avaient motivés à s'engager au départ (Black et Kovac, 1999). Ainsi, les organisations en soins palliatifs doivent mettre en œuvre différentes approches et offrir des formes de soutien variées pour maintenir l'engagement de leurs bénévoles tout au long de leur parcours en ce domaine. La littérature scientifique jette un peu de lumière sur des facteurs spécifiques qui influencent le maintien de l'engagement des bénévoles après leur recrutement.

Addington-Hall et Karlsen (2005) ont trouvé que l'aspect le plus important de la fidélisation des bénévoles se situe dans le niveau de satisfaction ressenti par ces personnes par rapport à leur expérience, de même que le degré avec lequel ils se sentent reconnus pour leurs efforts. La littérature montre que les bénévoles en soins palliatifs considèrent que leur expérience en ce domaine a eu une variété d'effets positifs dans leur vie. Beaucoup d'entre eux sentent que cette expérience leur a donné l'occasion d'atteindre un certain niveau de croissance personnelle; les a fait réfléchir sur leur propre finalité; les a rendus plus à l'aise et plus ouverts face à la mort et au mourir; leur a enseigné comment prendre du recul et jouir de la vie; et leur a rappelé de ne pas oublier ce qui est important (Andersson et Öhlén, 2005; Claxton-Oldfield *et al.*, 2007; Guirguis-Younger et Grafanaki, 2008; Mount, 1992; Payne, 2001).

Les bénévoles en soins palliatifs ont souligné plusieurs aspects gratifiants de leur expérience. Par exemple, ils parlent de l'importance de sentir que leur présence fait une différence (Claxton-Oldfield *et al.*, 2004; Mount, 1992). Ils disent que leur vie a été transformée par ce qu'ils ont appris des mourants et par les liens qu'ils ont créés avec les patients auprès de qui ils ont œuvré (Claxton-Oldfield *et al.*, 2004; Guirguis-Younger et Grafanaki, 2008; Mount, 1992). Un autre aspect que les bénévoles apprécient de leur contribution en soins palliatifs est le sentiment d'appartenance à une communauté de bénévoles, tout comme le sentiment d'être membre d'une équipe formée non seulement de bénévoles, mais aussi de personnel professionnel (Guirguis-Younger et Grafanaki, 2008; Payne, 2001).

Bien que la littérature montre que le bénévolat en soins palliatifs est généralement une expérience très positive, ce genre de travail n'est pas sans poser des défis à ceux qui s'y frottent. En particulier, les bénévoles peuvent y vivre un certain niveau de stress (Dein et Abbas, 2005). Toutefois, ces stress ont été décrits comme étant temporaires, et les bénévoles rapportent que leur travail se fait généralement en absence de stress, et même qu'à l'occasion, il permet de diminuer leur stress.

De façon similaire, Brown (2008) a constaté que les bénévoles en soins palliatifs jugent que leur travail ne crée pas de stress de façon générale, même s'ils ont décrit des situations difficiles qu'ils ont rencontrées, souvent plus tôt dans leur parcours en ce domaine. Les bénévoles rapportent aussi qu'ils ont développé des stratégies d'adaptation. Ils se disent satisfaits et considèrent que leur travail a un sens. Le fait que la grande majorité d'entre eux décrivent leur expérience de façon positive est corroboré par d'autres recherches qui mentionnent que les bénévoles qui mettent fin à leur engagement le font, dans la plupart des cas, sous l'effet de circonstances personnelles plutôt qu'à cause de facteurs liés au programme des soins palliatifs (Mount, 1992). Malgré que plusieurs aspects de la fidélisation des bénévoles en soins palliatifs aient été étudiés, l'accent n'a pratiquement jamais été placé sur la fidélisation des hommes et des plus jeunes bénévoles en particulier.

La cessation

Pendant que les organisations de soins palliatifs tendent à concentrer leur attention sur le recrutement et la fidélisation des bénévoles, on fait peu de cas de la cessation de l'expérience en ce domaine. La cessation est l'étape qui survient quand le bénévole a décidé de mettre fin au service qu'il donne à une organisation de soins palliatifs. Addington-Hall et Karlsen (2005) ont montré que même si 37 % des bénévoles ont dit avoir pensé mettre fin à leur engagement en tant que bénévoles en soins palliatifs, près des trois quarts d'entre eux sont demeurés en poste à cause de leur engagement envers ce service et sa mission. Ces données démontrent que la décision des bénévoles de partir ou de rester découle de diverses considérations. Dans la prochaine section, nous allons expliquer les méthodes que nous avons utilisées pour répondre à notre question de recherche : comment soutenir le parcours en bénévolat des jeunes et des hommes ?

MÉTHODOLOGIE DE RECHERCHE

Notre recherche, menée en collaboration avec l'association locale de soins palliatifs, a consisté à recueillir des données par sondage et par entrevue avec des bénévoles actuels ou ayant cessé d'offrir ce type de service. Notre recherche a reçu l'approbation du comité d'éthique de l'*University of Prince Edward Island*[1]. Tous les participants à notre enquête étaient des bénévoles ou ex-bénévoles d'une organisation provinciale sans but lucratif offrant des soins palliatifs. Toutes ces personnes avaient complété un programme de formation de 18 heures avant de commencer à exercer leur bénévolat. Elles y ont appris à prodiguer leurs services dans différents milieux, dont le domicile, un hôpital, une unité de soins palliatifs ou un établissement de soins de longue durée.

Le sondage

Un sondage a été envoyé par la poste aux membres bénévoles actuels ou anciens de l'Association des soins palliatifs de l'Île-du-Prince-Édouard. Ce sondage visait à recueillir les données démographiques des bénévoles, à évaluer leur satisfaction, à connaître leur historique de bénévolat, à préciser les motivations qui les avaient menés au bénévolat en soins palliatifs et, enfin, à mesurer leur intérêt pour la formation. Le sondage comportait aussi plusieurs questions ouvertes portant sur divers enjeux comme le recrutement de bénévoles plus jeunes ou masculins, les raisons motivant les bénévoles à cesser leur pratique, de même que leurs expériences et leur satisfaction. Les statistiques descriptives ont été calculées en fonction du lieu d'exercice des bénévoles, de la durée de leur service (actuel ou passé), de leur degré de satisfaction, de leur intérêt pour la formation et, enfin, de leurs caractéristiques démographiques. Les questions ouvertes ont fait l'objet d'une analyse thématique qualitative.

Cinquante-huit (58) bénévoles actuels ou ayant mis fin à leur engagement en soins palliatifs ont complété ce sondage. L'âge des participants variait entre 35 et 80 ans, avec une moyenne de 62,9 ans ($\acute{E}$-$T = 9{,}2$). La moyenne d'années de scolarité des participants était de 11,7 ans ($\acute{E}$-$T = 0{,}9$). Les participants travaillaient ou avaient travaillé dans différents secteurs

1. *University of Prince Edward Island Research Ethics Board.*

d'emploi, et un grand nombre d'entre eux provenait du milieu de la santé ou des soins infirmiers (32,8 %). La plupart des bénévoles actuels effectuaient du soutien individualisé (60,3 %) depuis en moyenne 7,8 ans (*É-T* = 6,4). Les participants qui avaient mis fin à leurs activités bénévoles en soins palliatifs représentaient 22,4 % de l'échantillon.

Les entrevues

Pour leur part, les participants au sondage ont été invités à indiquer sur le formulaire de consentement s'ils acceptaient d'être recontactés lors d'une seconde phase de l'étude. Une coordonnatrice en soins palliatifs a produit un échantillon intentionnel et a fourni une liste anonymisée de participants potentiels à l'équipe de recherche. Cette liste comprenait seulement l'information nécessaire pour créer un échantillon d'hommes et de jeunes. L'équipe de recherche a alors classé la liste par ordre de priorités de façon à garantir un échantillonnage hétérogène ; puis, cette nouvelle liste a été remise à la coordonnatrice des soins palliatifs. Cette dernière a ensuite demandé à chaque personne de la liste si elle acceptait d'être contactée par un chercheur qui lui expliquerait le contexte de l'étude, après quoi elle accepterait ou non d'être interviewée. Neuf hommes et trois jeunes (âgés de moins de 50 ans) bénévoles ont été interviewés.

Un intervieweur qualifié a effectué les entrevues individuelles d'une durée variant de 15 à 90 minutes, dans un lieu paisible, à l'écart des distractions, soit au domicile du participant, soit dans un bureau de recherche sur le campus universitaire. Le schéma des entrevues semi-dirigées contenait des questions sur les expériences des bénévoles en soins palliatifs, de leur recrutement à l'arrêt de participation. Chaque participant a également fourni des informations de nature démographique, y compris l'âge, le statut matrimonial, l'appartenance religieuse, la scolarité, le statut d'emploi actuel et ses autres engagements bénévoles. Chacune des entrevues a été enregistrée sur support numérique et transcrite textuellement (verbatim). Un logiciel d'analyse qualitative (N' Vivo 8) a été utilisé pour coder et organiser les données transcrites.

Les transcriptions des entrevues ont été relues en entier et découpées en catégories ouvertes. Ces catégories ont ensuite été regroupées dans des ensembles plus larges. Chacune de ces catégories représentait un thème d'analyse. Après plusieurs itérations, l'information a été réorganisée sous trois grands thèmes décrivant trois expériences vécues par les bénévoles : recrutement, fidélisation et cessation. Nous avons inclus des citations représentatives et chaque participant a été identifié par un pseudonyme.

Les hommes interviewés étaient âgés de 60 à 76 ans (M = 67,4). Trois de ces participants travaillaient encore à temps partiel, les autres étant des retraités. La plupart d'entre eux (n = 6) étaient mariés, un était divorcé et deux étaient veufs. Dans ce groupe, les expériences bénévoles en soins palliatifs variaient beaucoup. La plupart étaient bénévoles depuis moins de 6 ans, et la plus longue durée d'engagement atteignait 20 ans. Le type de bénévolat qu'ils pratiquaient différait également. Un des hommes effectuait des tâches de nature administrative lors de son bénévolat et n'avait jamais prodigué de service direct à une personne malade sur une base individuelle. Tous les autres répondants dispensaient ou avaient dispensé des services sur une base individuelle, soit dans un établissement de soins de santé ou au domicile du malade demeurant dans la communauté. Six des neuf hommes possédaient une expérience de bénévolat dans divers services administratifs, comme participant à une campagne de financement ou comme membre d'un conseil d'administration d'un établissement en soins palliatifs.

Les trois participants plus jeunes étaient des bénévoles actuels (2) ou anciens (1) de l'Association des soins palliatifs de l'Île-du-Prince-Édouard. L'âge moyen des répondants au moment des entrevues était de 35,7 ans (*É-T* = 9,1), alors que celui qu'ils avaient lorsqu'ils ont commencé leur bénévolat en soins palliatifs était de 30,3 ans (*É-T* = 12,5). Tous les participants étaient des femmes ayant une scolarité postsecondaire et une appartenance religieuse. Deux des participantes étaient mariées, l'autre était célibataire. Une participante avait un emploi, une autre étudiait et la troisième était sans emploi au moment de l'entrevue. Toutes les trois possédaient une expérience de bénévolat en soins palliatifs de première ligne en contact direct avec les personnes malades, deux avaient participé à une campagne de financement et une avait exercé son bénévolat en effectuant des tâches administratives pour l'organisation. La durée moyenne de service était de 1,1 an (*É-T* = 0,7).

LES RÉSULTATS

Le recrutement

En ce qui concerne le recrutement de bénévoles masculins, les participants à l'enquête ont insisté sur la nécessité de sensibiliser la population sur le besoin de bénévoles masculins en soins palliatifs. Plusieurs participants croient qu'une bonne façon de procéder serait d'impliquer des hommes bénévoles dans les efforts de recrutement et aussi de les placer à l'avant-plan lors des campagnes de promotion et dans des reportages d'intérêt général, ce qui leur donnerait plus de visibilité. De plus, quelques bénévoles croient qu'il faudrait sensibiliser les hommes au fait qu'il existe de nombreuses façons de faire du bénévolat en soins palliatifs ne comportant pas de contact direct avec les patients, s'il s'avère que ce contact les rend mal à l'aise. La participation à des campagnes de financement en est un exemple.

Dans nos entrevues avec des hommes bénévoles en soins palliatifs, quatre thèmes sont ressortis par rapport au recrutement. Les deux premiers thèmes – caractéristiques/expériences personnelles et rôles sexuels – étaient des éléments intrinsèquement liés à la façon dont les hommes se définissaient et à l'influence que ces caractéristiques exerçaient sur leur décision à devenir bénévoles en soins palliatifs. « J'ai toujours donné... J'ai toujours eu affaire aux hôpitaux et aux malades toute ma vie. Ça fait partie de qui je suis de prendre soin des autres. Je ne vois pas cela chez les hommes » (Vincent). Les deux autres thèmes sont des enjeux liés aux organismes de soins palliatifs, soit les campagnes de promotion et les programmes de formation de bénévoles, et traitent de leur effet sur le recrutement de bénévoles masculins.

> Les gens ne se manifesteront pas s'ils ne savent pas ce que l'on attend d'eux ou s'ils pensent que c'est au-delà de leurs capacités. Ils se disent : "oh non, vous devez être quelqu'un d'exceptionnel", et tout ce que vous pouvez mettre comme qualificatif, mais en réalité, la chose la plus importante est tout simplement d'être vous-même. (Harry)

Notre étude a permis de préciser la manière dont les rôles sexuels traditionnels influencent les attitudes des gens lorsqu'il s'agit de repérer la personne la plus adéquate pour être bénévole auprès de tel ou tel individu, surtout quand les situations difficiles émotionnellement sont fréquentes. Cet élément constitue un apport important de notre étude. Malgré que la moitié des personnes ayant recours aux services de soins palliatifs soient des hommes, le nombre de femmes bénévoles dépasse de beaucoup celui des hommes, surtout chez ceux qui effectuent du bénévolat individualisé. Bien que de nombreux hommes puissent être habitués au fait de recevoir les services d'une femme bénévole, et être à l'aise avec cet état de fait, nos résultats indiquent qu'il y a des hommes qui préféreraient être en contact avec un bénévole masculin. Ce constat représente un argument en faveur de l'accroissement du nombre d'hommes parmi les bénévoles en soins palliatifs.

> Les hommes auprès desquels je suis intervenu ont apprécié me parler, à moi un homme, plutôt qu'à une femme. Je ne dis pas qu'une femme ne ferait pas aussi bien ou même mieux, mais les personnes étaient un peu plus détendues. Je sais que dans bon nombre de cas, nous avions un bagage semblable… nous pouvions donc nous identifier à ça et c'était un très bon sujet de conversation. (Joe)

Pour recruter des hommes, il est nécessaire de préciser l'étendue des tâches à accomplir et tous les bénévoles doivent être en mesure de dire quelles activités ils acceptent d'accomplir.

Il ressort de nos entrevues avec les bénévoles plus jeunes que ce sont les expériences et/ou les relations personnelles liées aux soins palliatifs qui les ont motivés à faire du bénévolat. Certains ont eu des expériences antérieures dans un contexte de travail qui les a sensibilisés à l'importance et au besoin des bénévoles en général, et plus particulièrement au bénévolat dans ce contexte particulier. « Je sais jusqu'à quel point les bénévoles sont la clé de voûte, vraiment, des agences de soins » (Carla). Ces bénévoles ont souligné que la réputation de l'organisation et des gens qui en font partie a contribué à leur intérêt. Par exemple, Anna a décrit une voisine, impliquée dans l'organisation locale de soins palliatifs, comme étant une « bonne personne », et donc, si elle s'engageait à son tour, ce devrait être une « bonne organisation » ; et c'est ce qui l'a motivée à s'impliquer. Carla, quant à elle, s'est impliquée après que son père eut partagé des histoires positives sur le bénévolat et qu'elle ait été elle-même témoin de l'effet positif que le bénévolat avait eu sur lui. « J'ai choisi les soins palliatifs parce que mon père avait fait ça pendant de nombreuses années... Il a partagé son plaisir à faire ce type de travail et c'est comme ça que l'idée s'est imposée à moi » (Carla).

Notre sondage auprès des bénévoles et nos entrevues avec des participants plus jeunes nous ont permis de recueillir des informations précieuses concernant le recrutement de bénévoles plus jeunes. Nous avons découvert que bon nombre des personnes plus jeunes ne deviennent pas bénévoles dans ce genre d'environnement parce qu'ils sont mal à l'aise ou manquent d'expérience avec la mort et le mourir. Nos participants estimaient que les personnes qui ont une expérience avec la mort et le mourir étaient plus portées à choisir ce genre de travail, et que c'est généralement les gens plus âgés qui possèdent cette expérience. Ils disent que les jeunes gens pensent peu à la mort ou ne conçoivent pas qu'ils doivent penser à la mort ; et ils « ne veulent tout simplement pas s'aventurer sur ce sujet ». Les participants pensaient même que les personnes plus jeunes ne sentent pas que la mort est un sujet qui peut se discuter ouvertement.

> Le processus de la mort et du mourir... Je ne pense pas que beaucoup de personnes plus jeunes sont à l'aise avec ça... et je ne sais pas si cela a quelque chose à voir avec notre culture ou notre style de vie... les gens ne sont pas vraiment ouverts pour discuter de ce sujet-là. (Becca)

Nos participants croient aussi que les bénévoles plus jeunes ne voient pas nécessairement comment ils peuvent être utiles. Les bénévoles ont insisté pour dire que le recrutement qui cible les jeunes doit affirmer clairement qu'on a besoin de bénévoles plus jeunes, qu'ils peuvent être d'une grande utilité pour l'organisation. Par exemple, les bénévoles interrogés croient que les bénévoles plus jeunes peuvent être particulièrement utiles pour aider les patients plus jeunes et leurs familles, puisqu'il pourrait être plus facile pour eux d'établir un lien qu'avec une personne plus âgée. Afin qu'il y ait une plus grande prise de conscience des soins palliatifs et du besoin de bénévoles plus jeunes, les bénévoles ont suggéré que des jeunes soient mis en évidence dans des publicités et témoignent des nombreux bienfaits qu'ils retirent de ce genre de travail, comme se sentir utile, apprendre sur soi-même, apprendre de l'expérience des autres et aider des gens à profiter le plus possible du temps qu'il leur reste à vivre. « Je leur dirais combien c'est gratifiant et comment cela rend plus fort » (Anna). De plus, les participants ont précisé que les publicités doivent être « semblables aux publicités de la télé », que le recrutement doit se faire là où se tiennent les jeunes et doit montrer des jeunes en train de faire ce travail. On doit aussi mettre en relief le fait que ce n'est pas un travail seulement réservé « aux vieux ».

D'autres idées concernant le recrutement des jeunes adultes ont aussi émergé, comme le fait de cibler les étudiants qui se préparent à exercer des professions d'aide afin qu'ils deviennent bénévoles en soins palliatifs : étudiants en soins de santé, en service social, psychologie ou counseling. En plus, il a été proposé de dire à ces bénévoles potentiels que la formation en soins palliatifs pourrait très bien les préparer pour leur travail de bénévoles, ainsi que pour leur parcours de professionnels en relation d'aide ; ce qui constitue un conseil très pertinent. « S'ils pensent se diriger vers les soins de santé ou vers le counseling ou le travail social, n'importe quoi du genre, ça va les aider » (Carla). Nos participants ont aussi noté que les jeunes gens ne deviennent pas bénévoles en soins palliatifs parce qu'ils ne disposent pas d'assez de temps, à cause de leurs engagements envers leur famille et leur travail.

La fidélisation

Nos entrevues ont fait ressortir quatre facteurs influençant la fidélisation des hommes bénévoles en soins palliatifs : les caractéristiques personnelles et les changements de vie ; les bénéfices du bénévolat ; le stress lié au bénévolat en soins palliatifs ; le soutien apporté aux bénévoles en soins palliatifs. En ce qui a trait aux caractéristiques personnelles et aux changements de vie, les participants ont mentionné l'âge, les enjeux de santé, les enjeux familiaux, les changements de style de vie et le fait de s'engager dans d'autres activités comme facteurs qui, avec le temps, peuvent influencer leur engagement en tant que bénévoles en soins palliatifs. Le temps est un élément-clé de la fidélisation, puisque certains individus qui se sont dévoués pendant plusieurs années en tant que bénévoles en arrivent à se dire qu'il est tout simplement temps de mettre fin à cette activité, peut-être pour s'engager dans un autre type de bénévolat ou pour consacrer du temps à d'autres personnes qui comptent dans leur vie. D'autres caractéristiques personnelles contribuent à la fidélisation, par exemple avoir un certain degré de religiosité ou de spiritualité qui nourrit le désir de poursuivre ce genre de bénévolat. Il semble également nécessaire qu'un bénévole en soins palliatifs ait une personnalité sociable et la capacité d'entretenir une conversation, même si ce trait de caractère n'est pas considéré comme étant typique du genre masculin. On admettait qu'à l'occasion, le fait de ne pas pouvoir établir ce genre de lien peut porter les bénévoles à mettre fin à leur engagement. Les hommes trouvent que leur expérience de bénévolat est très enrichissante, en grande partie grâce aux relations qui s'établissent entre eux et la personne malade ainsi que les membres de sa famille. « J'ai bien aimé les relations que j'ai eues avec les mourants et leurs familles, ce fut souvent inspirant pour moi » (Aaron). Et ils ont été capables, comme beaucoup de bénévoles, de mieux faire face au décès de membres de leur famille et d'amis grâce à leur formation et à leur expérience de bénévolat en soins palliatifs.

Certains hommes, mais pas tous, ont dit vivre un stress émotif qui peut mener à un sentiment d'épuisement (*burn-out*), surtout à la suite d'un bénévolat de longue durée avec un patient. Comme tous les autres bénévoles, les hommes estiment que le fait de bénéficier d'un soutien continu est un facteur important de fidélisation. Ils sont d'avis que certains bénévoles pourraient mettre un terme à leur engagement s'ils sentent un manque de soutien de la part de leur organisation en soins palliatifs. Les bénévoles ne doivent pas ressentir qu'on les tient pour acquis, ils doivent plutôt sentir qu'ils sont reconnus et que leurs efforts sont appréciés par leur organisation. « L'organisation doit toujours promouvoir le sentiment qu'elle apprécie vraiment le travail des bénévoles... ce sentiment qui dit: "Nous apprécions beaucoup ce que vous faites; et si nous pouvons faire quoi que ce soit qui pourrait vous aider [...]" » (Harry). Il est alors facile à comprendre que le fait de se sentir pris pour acquis puisse augmenter avec le temps. Et il est évident que le soutien continu des bénévoles est un facteur crucial de la fidélisation.

Les bénévoles plus jeunes ont été surpris du fait qu'ils avaient établi des relations de qualité avec le personnel et/ou les bénévoles en soins palliatifs. Il s'agit là d'un résultat très positif de leur expérience de bénévolat. « Je ne m'attendais pas à [rencontrer] les merveilleux bénévoles que j'y ai rencontrés. Ce sont tout simplement des personnes formidables » (Carla). Les bénévoles plus jeunes soutiennent qu'ils ont une foule de raisons pour continuer leur engagement, dont la grande valeur qu'ils accordent à leur organisation de soins palliatifs et le fait qu'ils considèrent que leur travail est enrichissant pour eux et utile aux autres.

La cessation

Un de nos objectifs de recherche était d'explorer plus en profondeur l'étape de la cessation du bénévolat en soins palliatifs, notamment en analysant les raisons pour lesquelles les bénévoles mettent fin à leur service. Cela nous permettrait d'apprendre s'il y a des stratégies de retrait que les bénévoles aimeraient voir implanter. De plus, cela permettrait de porter une attention à la fin de l'engagement bénévole en tant que phase réfléchie du parcours en bénévolat et, finalement, cibler des circonstances ou situations potentiellement difficiles qui pourraient être évitables et constitueraient la raison pour laquelle le bénévole cesse de donner ses services.

Notre recherche a permis de jeter la lumière sur cette étape du bénévolat qui passe souvent inaperçue. Les bénévoles en soins palliatifs n'ont pas tendance à s'engager pour un mandat d'une durée particulière (par exemple trois ans). Ils pourraient ainsi prolonger leur engagement plus longtemps qu'ils ne le souhaitent. Cela pourrait être dû à l'absence de mécanisme leur permettant de mettre fin à leur activité, ce qui rend beaucoup plus difficile le fait de mettre un terme à leur bénévolat avec dignité. Les données de l'enquête recueillies auprès des personnes qui avaient mis un terme à leur engagement bénévole indiquent qu'elles avaient presque toujours mis fin à leur activité pour des raisons personnelles, et non à cause d'une insatisfaction à l'égard de leur expérience en soins palliatifs. Par exemple, les bénévoles mettent souvent fin à leur engagement soit à cause du temps consacré à d'autres occupations (ex.: travail, études, famille), soit à cause de problèmes de santé ou de situations dans leur vie personnelle qui compliquent la poursuite de leur bénévolat. Le plus souvent, ceux qui partent le font pour des raisons qui sont hors du contrôle de l'Association.

DÉVELOPPEMENTS FUTURS DE LA RECHERCHE ET ACTIONS RECOMMANDÉES

La plupart des informations que nous avons sur le bénévolat en soins palliatifs portent sur le recrutement des bénévoles et presque toutes nos connaissances proviennent de données recueillies auprès de bénévoles en soins palliatifs traditionnels, c'est-à-dire les femmes âgées. Nous savons peu de choses à propos des jeunes bénévoles en soins palliatifs et peu d'efforts sont consacrés pour les recruter. Notre recherche, comme celle d'autres chercheurs, démontre que les bénévoles plus jeunes ont peut-être des motivations différentes. Cela suppose que les efforts de recrutement devraient se faire autrement pour les inciter à s'engager dans la voie du bénévolat en soins palliatifs. Notre recherche confirme ce que d'autres (Planalp et Trost, 2009b) ont suggéré, à savoir qu'une stratégie efficace pour informer un plus grand nombre d'hommes des possibilités de bénévolat en soins palliatifs consiste à développer des stratégies de recrutement ciblant les groupes communautaires qui typiquement regroupent des hommes. Les résultats de recherche démontrent aussi que les hommes qui ne sont pas actuellement bénévoles en soins palliatifs, mais qui disent s'y intéresser, fondent leur intérêt sur leur connaissance d'un besoin ou leur plaisir à aider les autres et sur le fait qu'ils font déjà du bénévolat (Claxton-Oldfield *et al.*, 2004). On peut présumer que des hommes qui font déjà partie d'une organisation bénévole communautaire ont des intérêts et croyances semblables. On peut alors supposer qu'il serait approprié de diriger les efforts de recrutement vers ce segment de la population.

Il existe un consensus des hommes interviewés autour du fait qu'un individu ayant une expérience personnelle de la mort et du mourir à la suite du décès de membres de sa famille ou d'amis constitue le candidat idéal pour le bénévolat en soins palliatifs. Toutefois, il semble qu'il n'existe pas de mécanisme permettant d'inviter ces candidats potentiels à devenir bénévoles de façon sensible et appropriée (Weeks et MacQuarrie, 2011). De futures recherches devraient être entreprises sur les stratégies permettant de mieux repérer ceux qui ont vécu un deuil et, ensuite, de les inviter à devenir bénévoles en soins palliatifs.

Claxton-Oldfield et ses collègues (2009) ont relevé des façons pour les bénévoles en soins palliatifs d'apporter leur contribution : offrir du soutien affectif ou social (ex. : partager des loisirs, jouer à des jeux) ; donner du soutien pratique (ex. : conduire, écrire une lettre) ; et donner du soutien administratif (ex. : campagne de financement). Les hommes semblent moins attirés par des tâches impliquant un contact physique avec les gens (Claxton-Oldfield *et al.*, 2009). Ceux qui ont participé à notre recherche ont précisé qu'au cours des périodes de recrutement, tous les bénévoles – mais plus particulièrement les hommes – doivent être mis au courant du fait qu'il existe différentes manières de contribuer en tant que bénévole en soins palliatifs.

Une recherche auprès des bénévoles en soins palliatifs a montré que les bénévoles plus âgés (plus de 55 ans), tout comme les plus jeunes (55 ans et moins), apprennent de façon similaire l'existence des possibilités de faire du bénévolat en soins palliatifs (Black et Kovac, 1999). Toutefois, vu la pénurie de bénévoles plus jeunes, il peut être avantageux de se tourner vers des approches de communication moins traditionnelles.

Puisque le sentiment d'être prêt à la tâche constitue un important déclencheur de prise de décision pour s'engager dans ce type de bénévolat, les organisations de soins palliatifs pourraient souhaiter cibler des personnes qui œuvrent dans certains domaines et qui possèdent les compétences nécessaires pour faire face aux défis de ce milieu. Notre recherche nous a permis de constater que de nombreux bénévoles en soins palliatifs possèdent une formation dans le domaine de la santé, ce qui les préparerait à ce type de travail. Étant donné que le parcours peut constituer une source de motivation importante pour certains jeunes, celle-ci peut devenir une stratégie utile au recrutement (Black et Kovac, 1999 ; Planalp et Trost, 2009a). Toutefois, même si les jeunes bénévoles sont très motivés par leur parcours, ces motivations tendent à être moins présentes que des motivations de nature différente, comme celles reliées à l'altruisme et à la responsabilité citoyenne. Il faut donc savoir équilibrer les efforts de recrutement (Black et Kovac, 1999 ; Planalp et Trost, 2009a).

Nous avons perçu que les organismes devraient offrir aux bénévoles plus jeunes l'occasion de faire du bénévolat durant la fin de semaine ou sur de courtes périodes, à cause de leurs contraintes de temps. Nous recommandons aussi que les jeunes soient informés qu'ils peuvent s'impliquer bénévolement de plusieurs façons, sans que cela les oblige à avoir des contacts directs avec les personnes malades. En comparaison des connaissances existantes sur le recrutement des bénévoles en soins palliatifs, il existe peu d'informations sur la façon de soutenir les bénévoles dans la poursuite de leur travail. Il est urgent que l'on apprenne davantage comment fidéliser ces précieux bénévoles. Les organisations en soins palliatifs doivent s'assurer qu'elles manifestent leur reconnaissance aux bénévoles et voir à ce que tous les membres de l'équipe de soins palliatifs fassent preuve de respect et d'appréciation. De plus, le geste de contacter les bénévoles aussitôt que possible après le décès d'une personne dont ils s'occupaient leur montrerait qu'ils tiennent une place importante au sein de l'équipe. L'organisation de soins palliatifs est importante pour les bénévoles plus jeunes. Ils accordent aussi de l'importance au fait que leur travail soit valorisant et utile pour les autres (Planalp et Trost, 2009b).

Très peu d'importance est accordée à la période qui conclut l'expérience bénévole en soins palliatifs. Nos résultats corroborent ceux d'autres chercheurs qui ont montré que les bénévoles mettent fin à leur engagement en soins palliatifs à cause de circonstances personnelles et non pour des raisons liées au programme (Mount, 1992). Fox (2006) considère que certains bénévoles doivent avoir une entrevue de départ avec un coordonnateur de l'organisation de soins palliatifs au moment de mettre un terme à leur engagement. Cette étape semble être particulièrement profitable pour les organisations en soins palliatifs puisqu'elle permet de recueillir, par le témoignage des bénévoles, des informations pouvant aider à améliorer tous les aspects du parcours en bénévolat. Il est clair que des recherches additionnelles doivent être menées sur cet aspect afin de comprendre comment mieux soutenir les bénévoles lorsqu'ils traversent cette importante étape qu'est la cessation de leur parcours en soins palliatifs.

Les années actuelles constituent un moment important pour la recherche en soins palliatifs puisque notre société s'apprête à accompagner de plus en plus de personnes pendant leur parcours de fin de vie au cours des prochaines décennies. Pour cette raison, il faudra puiser dans plusieurs bassins de bénévolat non traditionnel pour répondre aux besoins croissants en soins palliatifs. Augmenter la diversité du bassin de bénévoles potentiels implique qu'il faut trouver des façons novatrices d'inviter les gens plus jeunes et les hommes à entreprendre un parcours de bénévolat en soins palliatifs, puis de les soutenir dans ce cheminement. Si l'on se base sur les récits des participants, il n'y a pas de doute que cet engagement constitue une des expériences de bénévolat les plus significatives que l'on puisse vivre. Nous devons cependant améliorer grandement la façon dont nous communiquons la richesse de cette expérience de façon à ce que les hommes et les gens plus jeunes la saisissent et puissent s'imaginer devenir eux-mêmes bénévoles en soins palliatifs.

RÉFÉRENCES

Addington-Hall, J.M. et Karlsen, S. (2005). A national survey of health professionals and volunteers working in voluntary hospices in the

UK. II. Staff and volunteers' experiences of working in hospices. *Palliative Medicine*, 19, 49-57.

Andersson, B. et Öhlén, J. (2005). Being a hospice volunteer. *Palliative Medicine*, 19, 602-609.

Black, B. et Kovac, P. (1999). Age-related variation in the roles performed by hospice volunteers. *Journal of Applied Gerontology*, 18(4), 479-497.

Brown, M. (2008). The stresses and coping skills of hospice volunteers. (Doctoral dissertation). *Dissertation Abstracts International*, 68(9-A), 37-48.

Caldwell, J. et Pearson Scott, J. (1994). Effective hospice volunteer : Demographic and personality characteristics. *The American Journal of Hospice et Palliative Care*, 11(2), 40-45.

Canadian Hospice Palliative Care Association (2010). *Fact Sheet: Hospice Palliative Care in Canada*. Ottawa, ON : Author.

Claxton-Oldfield, S., Crain, M. et Claxton-Oldfield, J. (2007). Death anxiety and death competency : The impact of a palliative care volunteer training program. *American Journal of Hospice and Palliative Medicine*, 23(6), 464-468.

Claxton-Oldfield, S., Guigne, S. et Claxton-Oldfield, J. (2009). How to attract more males to community-based hospice palliative care volunteer programs. *American Journal of Hospice and Palliative Medicine*, 26(6), 439-448.

Claxton-Oldfield, S., Jefferies, J., Fawcett, C., Wasylkiw, L. et Claxton-Oldfield, J. (2004). Palliative care volunteers : Why do they do it ? *Journal of Palliative Care*, 20(2), 78-84.

Claxton-Oldfield, S., MacDonald, J. et Claxton-Oldfield, J. (2006). What palliative care volunteers would like to know about the patients they are being asked to support. *American Journal of Hospice and Palliative Medicine*, 23(3), 192-196.

Claxton-Oldfield, S., Tomes, J., Brennan, M., Fawcett, C. et Claxton-Oldfield, J. (2005). Palliative care volunteerism among college students in Canada. *American Journal of Hospice and Palliative Medicine*, 22(2), 111-118.

Dein, S. et Abbas, S.Q. (2005). The stresses of volunteering in a hospice : a qualitative study. *Palliative Medicine*, 19, 58-64.

Fox, J. (2006). « Notice how you feel » : An alternative to detached concern among hospice volunteers. *Qualitative Health Research*, 16, 944-961.

Guirguis-Younger, M. et Grafanaki, S. (2008). Narrative accounts of volunteers in palliative care settings. *American Journal of Hospice and Palliative Medicine*, 25(1), 16-23.

Kolnick, L. et Mulder, J. (2007). Strategies to improve recruitment of male volunteers in nonprofit agencies. *American Journal of Hospice Palliative Medicine*, 24(2), 98-104.

Mount, B.M. (1992). Volunteer support services, a key component of palliative care. *Journal of Palliative Care*, 8(1), 59-64.

Payne, S. (2001). The role of volunteers in hospice bereavement support in New Zealand. *Palliative Medicine*, 15, 107-115.

Pearson Scott, J. et Caldwell, J. (1996). Needs and Program Strengths : Perceptions of Hospice Volunteers. *The Hospice Journal*, 11(1), 19-30.

Planalp, S. et Trost, M. (2009a). Motivations of hospice volunteers. *The American Journal of Hospice and Palliative Medicine*, 26(3), 188-192.

Planalp, S. et Trost, M. (2009b). Reasons for starting and continuing to volunteer for hospice. *American Journal of Hospice and Palliative Medicine*, 26(4), 288-294.

Statistique Canada (2010). *Population Projections for Canada, Provinces and Territories : 2009-2036*. Ottawa, ON : Author.

Weeks, L. et MacQuarrie, C. (2011). Supporting the Volunteer Career of Male Hospice-Palliative Care Volunteers. *American Journal of Hospice et Palliative Medicine*, 28(5), 342-349.

CHAPITRE 12

PROFESSIONNALISATION DU BÉNÉVOLAT D'ACCOMPAGNEMENT : QUESTIONS ET ENJEUX DANS LA FORMATION

Florence Cailler,
Infirmière et collaboratrice scientifique à Espace Compétences, Cully

Sylvette Delaloye,
Psychologue coordonnatrice des bénévoles aux hôpitaux universitaires de Genève

Michèle Margot,
Infirmière et formatrice, Genève

Isabelle Nielsen,
Psychologue responsable du Secteur Accompagnement de Caritas-Genève

INTRODUCTION

Au cours des dernières années, des progrès majeurs ont été réalisés dans le domaine de la santé. L'espérance de vie dans les pays occidentaux a considérablement augmenté, mais a entraîné par là même une croissance massive des besoins de santé, en raison de pathologies, de soins et de techniques médicales de plus en plus complexes.

C'est dans ce contexte que la notion de soins palliatifs s'est élargie, car elle s'applique non seulement à des personnes en fin de vie, mais aussi à des malades chroniques, dans le but de soulager leurs symptômes et de contribuer ainsi à l'amélioration de leur qualité de vie. Un autre facteur de développement des soins palliatifs est la remise en cause de l'hôpital comme lieu de décès. À cet égard, les soins palliatifs sont devenus aujourd'hui en Suisse une priorité politique, qui s'ancre dans un programme national. Celui-ci a pour but d'offrir à tout individu des soins palliatifs de qualité, et cela, quels que soient son âge et son lieu de résidence (domicile, lieu de vie pour personnes âgées, établissement hospitalier).

Notre réflexion s'inscrit dans ce contexte de développement des soins palliatifs et porte plus spécifiquement sur la formation des bénévoles d'accompagnement de Caritas-Genève (Caritas-Ge) au regard du programme de formation mis en place en Suisse. Dans cette étude, nous présenterons le programme national de formation en soins palliatifs, puis nous nous intéresserons spécifiquement à la formation proposée aux bénévoles à Caritas-Ge. Enfin, nous examinerons le concept de professionnalisation en relation avec les résultats des entretiens que nous avons réalisés avec des bénévoles ayant suivi leur cursus à Caritas-Ge.

LES SOINS PALLIATIFS EN SUISSE

Pour répondre à la volonté des autorités politiques suisses, des experts ont, dans un premier temps, évalué les besoins dans ce domaine et ont mis en évidence certaines lacunes, plus particulièrement dans le domaine de la formation puisqu'il n'existe pas, au niveau national, de dispositif de formation reconnu qui offre des qualifications spécifiques (certificat, diplôme). C'est donc pour répondre à ces insuffisances qu'en 2009, la Confédération et les Cantons adoptent une « Stratégie nationale en matière de soins palliatifs 2010-2012[1] ». L'objectif visé est d'inscrire les soins palliatifs dans les systèmes de santé et social suisses, afin de

1. Office fédéral de la santé publique. Consulté le 23 mars 2011 sur http://www.bag.admin.ch/themen/medizin/06082/10907/index.html?lang=fr

permettre à toute personne gravement malade ou mourante de bénéficier de soins de qualité. Pour cela, trois principes ont été définis : accessibilité aux soins palliatifs pour tous, obligation de proposer des prestations dans toutes les régions du pays, et enfin la qualité des soins doit correspondre à des normes internationales. À ce jour, certaines mesures se sont déjà concrétisées notamment en ce qui concerne la formation.

Un programme national de formation en soins palliatifs

La Société suisse de médecine et de soins palliatifs (Palliative-ch)[2], a diffusé, dès 2002, des recommandations nationales pour la formation des professionnels de la santé en soins palliatifs. Au sein de cette association, un Groupe de travail intitulé Swiss Educ s'est constitué pour mettre en place le projet « Swiss Competency Program », qui s'attache au « développement de compétences requises pour l'exercice des soins palliatifs pour différentes professions et à différents niveaux, compétences déterminées sur une base consensuelle » (Pereira *et al.*, 2007 : 55). En 2007, Swiss Educ a développé de manière plus approfondie les compétences relatives à chaque degré de la formation en précisant cinq niveaux intermédiaires reliés au niveau d'implication des professionnels confrontés à des situations de soins palliatifs : A1, A2, B1, B2, C. Ces degrés de formation vont de la prise en charge primaire occasionnelle (A1) à la prise en charge hautement spécialisée (C), définis selon le nombre d'heures de formation. Un référentiel de compétences pour chacun des cinq niveaux est en cours d'élaboration (Pereira *et al.*, 2007 : 57). À terme, ce programme national permettra aux responsables de formation en soins palliatifs d'élaborer des programmes ciblés, basés sur les compétences et comprenant trois axes : 1) les niveaux de formation ; 2) les professions ; 3) le domaine spécifique.

Swiss Educ relève plusieurs avantages à ce dispositif de développement des compétences en soins palliatifs. Ainsi, l'élaboration d'un référentiel de compétences servira de guide pour les organismes qui développent des formations avec la possibilité, pour les personnes souhaitant se former dans ce domaine, de connaître précisément le niveau de telle formation, la nature des compétences à acquérir et le type de qualification obtenu.

2. Palliative ch. Consulté le 4 avril 2011 sur www.palliative.ch

Ce programme propose, par conséquent, une meilleure lisibilité de l'offre de formation en soins palliatifs sur le plan national.

Un autre objectif du Groupe de travail est de tendre vers une standardisation de la qualité et de la crédibilité des soins palliatifs en définissant des standards, afin d'évaluer l'offre de soins, la qualité de la prise en charge, mais aussi celle de la formation. À cet effet, tout centre de formation est invité à faire valider la valeur de sa formation grâce à un questionnaire en ligne. Une fois la validation effectuée, elle est rendue publique et devient accessible sur Internet, démarche qui démontre l'engagement du centre de formation quant à la qualité et à la transparence de son offre de formation.

La formation des bénévoles engagés dans les soins palliatifs

En ce qui concerne la formation des bénévoles en soins palliatifs, Swiss Educ propose une formation de niveau A2 comprenant un minimum de 40 heures de formation et qui concerne les « Professionnels de la santé qui suivent et accompagnent parfois des personnes en situation palliative et leurs proches. Ces personnes sont actives dans le champ de la prise en charge primaire » (Pereira *et al.*, 2007 : 57). Chaque institution souhaitant proposer cette formation est peu ou prou fortement encouragée à adopter cette classification et à aligner son contenu en respectant les thèmes suivants : la personne malade, la personne malade et sa famille, l'équipe de soins interdisciplinaire, le travail sur soi, la mort et la société.

À partir de ces directives, le secteur « Accompagnement » de Caritas-Ge offre une formation de base à l'accompagnement de personnes âgées, malades ou en fin de vie. Ce parcours propose quatre modules comprenant les thèmes suivants : la communication, la mort et le deuil, la fragilité du grand âge, et l'engagement bénévole, ce qui représente un total de 42 heures. Au terme de la formation théorique, toute personne intéressée à s'engager dans ce type de bénévolat passe un entretien individuel puis effectue un stage obligatoire de 20 heures dans un EMS[3]. Ceci permet aux participants de prendre contact avec les réalités du terrain et d'expérimenter leurs propres capacités d'accompagnement. En outre,

3. EMS : Établissement médico-social (lieu de vie pour personnes âgées).

une formation à l'écoute (10 heures) est requise avant de s'engager dans l'accompagnement.

Il faut toutefois relever qu'en Suisse, la plupart des cantons ne disposent pas de formations coordonnées pour les bénévoles. Néanmoins, la tendance est clairement vers une harmonisation et une standardisation de ces dispositifs de formation, qui tendent par ailleurs à devenir de plus en plus exigeantes, ce qui pose la question de la professionnalisation de l'activité bénévole.

L'ACTIVITÉ BÉNÉVOLE

De manière générale, nous pouvons considérer que le bénévolat répond à cinq caractéristiques : « C'est une activité non rémunérée, librement choisie, individuelle, effectuée avec sérieux, au service d'un groupe de la population, de personnes ou d'un idéal » (Lehmann, 2011 : 6). L'activité bénévole est avant tout orientée vers un bien collectif ou le bien-être d'autrui, au contraire de l'entraide, qui est dirigée vers une problématique propre à soi et que l'on partage avec d'autres. Faire du bénévolat peut donc s'effectuer aussi bien dans des associations d'aide à la personne, que dans des syndicats, des sociétés sportives, culturelles ou religieuses.

En soins palliatifs, le bénévole s'engage dans une relation à l'autre en se situant dans une position de non-abandon des personnes fragilisées, que ce soit à domicile ou dans un établissement hospitalier. Ainsi, le bénévole rappelle que la personne hospitalisée, âgée ou handicapée n'est pas qu'un malade ou une personne handicapée, et que ses besoins ne relèvent pas uniquement du domaine des soins. C'est un citoyen à part entière au même titre que le bénévole qui représente la société civile soucieuse de prendre soin de ses membres. La personne bénévole n'est pas un professionnel de la santé, ni un psychologue ; elle est simplement un tiers solidaire qui offre une partie de son temps dans l'accompagnement de personnes malades, parfois en fin de vie, ce qui comporte des rôles et des responsabilités qui peuvent être très différents selon les pays et le lieu de cet engagement.

Pour Caritas-Ge, le bénévole d'accomùpagnement apporte sa présence, mais n'effectue pas de soins. Le but est d'offrir une écoute, une présence qui prend en compte les souhaits et les besoins des personnes malades. Selon Künzi (2007), tout accompagnant mobilise des compétences relationnelles, à savoir sa capacité à pratiquer l'écoute centrée sur la personne, dont trois habiletés plus spécifiques : l'accueil inconditionnel, l'empathie et le non-jugement. À cela, il faut ajouter le temps disponible pour la personne visitée et la capacité à vivre cette relation à travers une communication non directive. Rencontrer autrui, c'est peut-être alléger un sentiment de solitude, favoriser l'expression de sentiments et d'émotions liés à l'étape de vie dans laquelle se trouve la personne accompagnée, repérer et valoriser les ressources possibles dans l'expérience qu'elle traverse. Voilà qui témoigne de cette difficile posture de « présence écoutante », capable de recueillir toutes les formes d'expression de la personne accompagnée.

LA NOTION DE PROFESSIONNALISATION

Dans ce travail, nous centrerons notre propos sur la notion de professionnalisation, car cette problématique est aujourd'hui au cœur du changement de statut des bénévoles en soins palliatifs. Toutefois, notre propos ne consistera pas ici à réaliser une revue de littérature exhaustive sur ce thème. Nous nous proposons d'apporter quelques éclairages reliés à notre étude.

On constate aujourd'hui une forte demande autour des questions de professionnalisation, que ce soit de la part des pouvoirs publics, des milieux professionnels et de la formation. Selon Wittorski (2007), la raison en est l'évolution des formes d'organisation du travail qui a transformé les activités professionnelles. Depuis une trentaine d'années en effet, le travail et son organisation ont connu deux transformations majeures : tout d'abord, le passage d'une société industrielle, centrée sur la production et la consommation de biens matériels de masse, à une société tertiaire, qui se préoccupe toujours largement de la consommation de produits, mais qui devient progressivement rythmée par la production et la consommation de services. Ce mouvement vers la tertiarisation s'accompagne d'une rationalisation du travail, tendance qui s'est fortement accélérée au cours de ces dernières années. Dujarier (2006 : 13) relève à ce propos que « produire massivement des services, c'est offrir un service déterminé, préformaté, normé et unique, à une multitude de clients ou usagers », avec pour conséquence une exigence accrue de professionnalisation, afin d'ajuster au mieux les individus et leurs compétences aux besoins de l'emploi. De nouvelles compétences sont alors requises dans la plupart des activités professionnelles comme le travail en équipe, la pratique réflexive, la polyvalence, la flexibilité, etc., ce qui conduit à redéfinir les contenus de certaines professions, mais aussi à professionnaliser de nouveaux secteurs d'activité. Par ailleurs, tout dispositif de formation se réclame d'une visée professionnalisante avec pour finalité la production de nouvelles compétences de la part de l'employé.

La professionnalisation fait partie de ces notions quelque peu passe-partout et qui revêtent pour chacun une représentation particulière. En effet, ce terme désigne à la fois « l'évolution d'un métier vers plus de reconnaissance sociale [...], l'accroissement des exigences sociétales vis-à-vis des travailleurs à qui sont confiées des responsabilités importantes et les modifications dans la manière dont ces travailleurs exercent effectivement leur métier au quotidien » (Beckers, 2007 : 11). Dans cette définition, la professionnalisation est d'une part envisagée comme la construction sociale d'un groupe professionnel, et d'autre part comme participant au développement des compétences professionnelles. Pour Barbier (2005 : 126), la notion de compétences est la référence centrale de la culture de la professionnalisation, notion qu'il définit « comme un processus finalisé de transformation de compétences en rapport avec un processus de transformation d'activités ».

Sorel et Wittorski (2005 : 185), quant à eux, relèvent trois sens à la notion de professionnalisation selon l'objet auquel elle s'applique, mais qui finalement sont imbriqués les uns aux autres :

1) *la professionnalisation des activités, des tâches et des pratiques* : dans ce registre, on considère que certaines pratiques sont plus professionnelles que d'autres et qu'il est nécessaire de proposer un système de référence afin de les organiser selon de « bonnes pratiques ». L'apprentissage de telles pratiques passe aussi bien par la formation que par l'expérience ;

2) *la professionnalisation des acteurs* : professionnaliser des acteurs, c'est favoriser l'acquisition des ressources nécessaires à la mise en œuvre des compétences pour exercer la profession, que ce soit lors de la préparation initiale à un métier ou lors de la formation continue. À cela s'ajoute le développement d'une identité de professionnel chez les individus concernés ;

3) *la professionnalisation des organisations*: cet aspect implique de mettre en place une série de dispositifs, de règles de fonctionnement, d'évaluation d'une institution pour améliorer la qualité du travail.

En ce qui concerne notre propos, nous pouvons dire que le dispositif de professionnalisation sert avant tout un processus de délimitation, voire de consolidation de l'activité bénévole en soins palliatifs. Pour les bénévoles, il s'agit en quelque sorte de formaliser leurs activités en développant leurs compétences, leurs savoirs, et de formaliser les règles d'exercice de leurs activités afin d'en faire reconnaître le bien-fondé. En d'autres termes, il s'agit de professionnaliser les acteurs (les bénévoles) pour professionnaliser des activités (l'accompagnement), cela grâce à la production de compétences. Ceci implique pour les bénévoles d'acquérir des savoirs et des savoir-faire, mais aussi de manifester, dans leur activité, des conduites et attitudes appropriées reliées à des compétences relationnelles telles que l'écoute et le respect de l'autre. Il faut ajouter que le fait de concevoir les programmes de formation, d'élaborer des référentiels de compétences et de définir des niveaux d'expertise comporte également une dimension et des enjeux à la fois politiques et économiques (Wittorski, 2007).

Champy-Remoussenard (2008: 54) relève bien les enjeux sous-jacents à la professionnalisation puisque selon cet auteur:

> C'est pour conquérir leur légitimité que la plupart des dispositifs d'éducation et de formation doivent actuellement pouvoir se réclamer d'un caractère professionnalisant. Leur visée professionnalisante est tout à la fois un argument de vente, un critère de qualité et un indice d'utilité publique.

Par conséquent, le professionnel doit être à la fois compétent et à même de le prouver puisqu'il faut désormais rendre lisibles et visibles les compétences. Le bénévolat d'accompagnement est lui aussi soumis à cet impératif qui tend à devenir incontournable. Cette évolution comporte à l'évidence des avantages en termes de lisibilité, de légitimité et d'encadrement dans un contexte pointu et délicat comme le sont les institutions de soins et le domaine de l'aide aux personnes vulnérables. Il faut néanmoins demeurer particulièrement attentif à la pertinence des exigences dans ce domaine, de même qu'aux implications que supposent ces exigences quant à la nature même du bénévolat et *a fortiori* du bénévolat d'accompagnement.

QUESTIONNEMENT

C'est lors d'une présentation à propos du nouveau programme national de formation en soins palliatifs que nous avons été interpellées par la formation des bénévoles telle que définie dans ce dispositif. Comme on l'a mentionné plus haut, ce cursus vise à introduire davantage de régularité dans les soins en fournissant des standards de pratique et en développant des compétences standardisées orientées vers une finalité d'harmonisation de la formation des soins palliatifs en Suisse. Ceci nous paraît tout à fait adéquat et fondé dans un cursus complet de formation pour les professionnels de la santé, mais nous nous interrogeons sur la pertinence de ce dispositif pour les bénévoles qui, justement, ne sont pas dans une logique de soins. Les bénévoles d'accompagnement doivent bien évidemment être formés, il est également indispensable de leur offrir un encadrement professionnel de qualité, mais faut-il obligatoirement entrer dans une démarche de formation à partir d'un standard de compétences ?

Actuellement, la tendance est d'exiger des compétences professionnelles pour les bénévoles en soins palliatifs et certains évoquent même à ce propos le « métier de bénévole » (Ferrand-Bechmann, 2002). Mais former des bénévoles, en particulier dans l'accompagnement, est-ce du même ordre que de former des professionnels, en termes de contenus, de méthodes pédagogiques, de procédures d'évaluation, de formation continue. La formation spécifique proposée par Swiss Educ n'entraîne-t-elle pas un risque de développer des compétences professionnelles de même type que pour les soignants et de modifier par conséquent l'essence même du bénévolat, son statut, qui consiste justement à ne pas endosser un rôle de professionnel ? De quoi parle-t-on lorsque l'on entend professionnaliser les bénévoles ? Quels sont les enjeux et les implications qui se posent autour d'un dispositif de formation ? Nous pensons que les voies de professionnalisation sont à préciser selon les situations et selon les fins poursuivies. Pour les bénévoles, il s'agit d'accroître leurs compétences et d'être accompagnés dans leur évolution. Pour cela, la formation continue et l'encadrement professionnel ne sont-ils pas finalement l'un des axes majeurs du développement des compétences ?

Pour répondre à ce questionnement, nous avons souhaité recueillir l'opinion des bénévoles quant à la formation de base, la formation continue (analyse de pratiques, journées de formation), ainsi que l'encadrement dont ils bénéficient.

MÉTHODOLOGIE

Cette étude exploratoire repose sur une méthodologie qualitative. Nous nous sommes intéressées en particulier aux discours tenus par les bénévoles à propos de la formation et de l'encadrement. Un guide d'entretien a été réalisé de manière à constituer un instrument de production de données souple permettant à l'interviewé de s'exprimer selon sa propre logique discursive.

Six entretiens ont été réalisés, quatre avec des bénévoles engagés à Caritas Genève et deux entretiens avec des bénévoles exerçant leurs activités dans des unités hospitalières des hôpitaux universitaires de Genève. Les entretiens ont ensuite été intégralement retranscrits puis nous avons catégorisé les propos des interviewés selon les thèmes abordés à l'aide du logiciel Nvivo®. Enfin, nous avons réalisé l'analyse proprement dite afin de dégager les convergences et divergences dans les propos des interviewés. Le tableau 1 présente quelques caractéristiques des personnes interviewées.

Comme on le voit, la majorité des bénévoles interviewés sont des retraités. Deux personnes exercent une activité indépendamment de leur engagement dans le bénévolat. L'objet de notre travail portant sur le dispositif de formation de Caritas-Genève et son évaluation par des bénévoles actifs, nous avons choisi de sélectionner des bénévoles de différentes volées, tout en privilégiant ceux ayant accompli ce cursus récemment. Nous avons fait l'hypothèse que ces bénévoles auraient certainement davantage d'éléments à nous faire partager, notamment en ce qui concerne le lien entre formation et activité réelle auprès des personnes malades. Afin que cette étude soit représentative des bénévoles formés par Caritas, nous avons également choisi les personnes interviewées en fonction de leur lieu d'activité, soit le domicile, les EMS ou les unités de soins hospitalières.

TABLEAU 1 CARACTÉRISTIQUES DES PERSONNES INTERROGÉES

	ÂGE	SEXE	PROFESSION	SITUATION FAMILIALE	LIEU DU BÉNÉVOLAT	ANNÉE DE LA FORMATION
Bén1	70	F	Retraitée	Veuve	Domicile	2006
Bén2	72	H	Retraité	Célibataire	Domicile	2007
Bén3	55	H	Enseignement	Divorcé	Hôpital / unité de soins	2009
Bén4	66	F	Retraitée	Veuve	Hôpital / unité de soins	2009
Bén5	66	F	Retraitée	Célibataire	Domicile, EMS	2005
Bén6	46	F	Étudiante	Mariée	Domicile, EMS	2009

RÉSULTATS

L'analyse des entretiens a permis de dégager un certain nombre de constats quant au regard porté par les bénévoles sur la formation de base, la formation continue et l'encadrement. Les compétences mises en jeu dans l'accompagnement, telles que définies par les interviewés, sont également décrites.

La formation de base

De manière générale, les personnes interviewées n'ont pas de souvenirs très détaillés du contenu de la formation de base. Même les bénévoles ayant suivi la formation il y a une année ont de la difficulté à définir les thèmes abordés, à mettre en évidence de manière précise ce qu'ils ont apprécié ou non: « Quand il y a quelque chose qui est bien c'est difficile et puis un an après je me souviens de l'approche, mais pas des détails. Simplement c'est une introduction dans différents volets ». Toutefois, nos interlocuteurs sont unanimes à considérer cette sensibilisation à l'accompagnement comme indispensable avant leur engagement. Si les bénévoles interviewés n'avaient pas d'attentes particulières quant au contenu, tous l'ont trouvé « utile » et « intéressant », comme l'indique le témoignage suivant :

> Ça m'a plutôt étonnée, parce que c'était vraiment très très intéressant pour moi. Et comme je n'avais pas vraiment d'attentes, on a fait des choses, des exercices. Quand une personne âgée dit : je veux voir ma maman, qu'est-ce qu'on dit ? Et moi je me disais : oh mon dieu, qu'est-ce qu'on dit ? Et c'était vraiment très très intéressant.

Une bénévole souligne que la formation de base permet de donner un cadre précis à ce type d'engagement : « bon, les choses qu'on nous apprend sont des choses évidentes, mais dont on n'est pas conscient. C'est un soutien. C'est vrai qu'on fait des choses de façon naturelle et puis voilà. Tandis que là on met les points sur les « i » ». Les bénévoles rapportent également qu'ils n'ont pas éprouvé de manques particuliers quant au contenu : « Disons que je n'ai pas le souvenir d'avoir ressenti un manque de quelque chose, non je n'ai vraiment pas ce souvenir-là ». Une autre personne précise : « c'était professionnel, c'était suffisant, il n'y a rien d'autre à ajouter ».

Tous les bénévoles interrogés notent que ce cours de base n'est pas une fin en soi et que cela ne suffit pas. Des éléments théoriques importants et pertinents leur sont transmis dans ce cadre, mais ils n'ont pu encore éprouver ces savoirs dans leur pratique : « on avait le cours de sensibilisation une fois par semaine et pour moi c'était détaché de la pratique ». C'est donc surtout lorsqu'ils sont confrontés à la réalité de la rencontre intersubjective que se manifeste l'intérêt de la formation et que les thèmes abordés reviennent en mémoire : « la théorie se vérifie dans le concret, et ça c'est précieux ». Un autre bénévole mentionne également que c'est vraiment dans l'activité que les connaissances sont mobilisées : « c'est pour ça que c'est peut-être difficile de parler de la formation, parce que je l'ai entendue même si on n'a pas une bonne mémoire, mais tout d'un coup ça ressort quand on se trouve confronté aux problèmes ».

La formation continue

La formation continue s'organise sous la forme de groupes d'analyse de pratique en alternance avec des soirées thématiques, selon une fréquence mensuelle (trois fois par mois pour l'hôpital). Ces séances ont pour objectif de favoriser l'expression des bénévoles autour de situations ou de thématiques qu'ils veulent approfondir et ainsi y trouver du sens. Elles permettent également de revenir sur des concepts théoriques fondamentaux comme l'écoute et les limites de l'accompagnement. La formation continue est jugée incontournable à plusieurs égards comme l'indiquent les témoignages suivants :

> « En tout cas, une formation sans formation continue ne vaut rien, je trouve ».

> « Juste au sujet de la formation, il me semble important qu'on nous répète les choses, car on a tendance à glisser, à oublier ce qu'on nous dit. [...] J'ai l'impression qu'il faut répéter tout le temps cette idée de l'écoute, cette idée du respect, du comment faire ».

> « Je me rends compte que quand on est sur le terrain, avec les rencontres [en groupe] tous les mois, je profite maintenant beaucoup plus. Avant c'était de la théorie ».

On le voit, c'est lors des échanges sur les situations rencontrées que s'opère un processus de construction et de transfert des compétences. La réalité résiste à ce que nous pensons devoir faire dans telle ou telle situation. Les éléments théoriques ont également leur intérêt, mais c'est lorsque le bénévole se débat dans des situations à chaque fois singulières, déconcertantes ou imprévues qu'il s'agit de lui offrir un environnement adéquat afin qu'il puisse construire du sens à partir de ses diverses expériences.

L'encadrement

Les coordinatrices mettent un accent tout particulier à l'encadrement des bénévoles. Des rencontres obligatoires de supervision ont lieu dans ces deux institutions dans lesquelles des situations sont discutées en groupes. Par ailleurs, les bénévoles ont la possibilité de solliciter les coordinatrices de manière individuelle.

Les six entretiens réalisés montrent tous l'importance de l'encadrement et toutes les personnes interviewées se montrent très satisfaites sur ce point. L'une des bénévoles exprime à ce propos que cela est encore plus important que la formation elle-même : « Ça ne m'est jamais arrivé (de les appeler), mais je sens que les deux sont là ; elles sont derrière moi.

Et ça, pour moi, c'est presque le plus important que la formation ; mais je ne veux pas dénigrer la formation ». On sent bien qu'une relation de confiance s'est instaurée entre les coordinatrices et les bénévoles. Cela montre aussi le rôle important des institutions qui ont pour mission de se soucier des bénévoles en leur offrant un soutien personnalisé. L'une d'elles l'exprime parfaitement : « Je réalise que l'équipe qui nous encadre a vraiment le souci de mon équilibre. Si je suis déséquilibrée, j'accompagne mal les gens ; je réalise qu'ils essaient toujours de nous préserver, de nous protéger ». Les bénévoles mettent beaucoup en évidence les qualités et compétences de leurs responsables. Ils apprécient particulièrement leur sens de l'écoute, l'ouverture à la discussion, leur disponibilité, la facilité de contact. On peut souligner ici que les bénévoles sont en droit d'attendre de leur institution un engagement à les accueillir, à les soutenir et à respecter leur parcours. Il est d'autant plus rassurant de constater leur satisfaction à cet égard que cet élément est en cohérence avec les droits définis explicitement dans le cahier des charges établis par lesdites institutions.

Le type de compétences mobilisées

Quand on les interroge sur le type de compétences mises en jeu dans l'accompagnement, les bénévoles rapportent avant tout des qualités d'écoute et de relation. Ils soulignent l'importance de respecter la singularité des rencontres et, parfois, de se laisser guider par leur intuition.

Faire face à l'imprévu

> Il y a des moments où on ne sait pas et à ce moment-là il faut naviguer à vue. Avant, ça pouvait me bloquer, mais plus maintenant parce que j'écoute, et si je ne sais pas je me dis que pour le moment je ne sais pas et que peut-être la semaine d'après je saurais, si c'est possible (...). Et puis petit à petit c'est en m'écoutant, en écoutant mon intuition, pas de normalités, que je peux donner comme je ressens, et là ça marche.

Capacité d'écoute

« On n'est pas là pour conseiller, on est là pour écouter et je pense que c'est peut-être ça la réponse à votre question ! C'est vraiment l'écoute, il faut être attentif à ça. Ne pas laisser finir la phrase et puis donner la solution, on en a très envie».

L'attitude juste, le positionnement dans la relation

> Il faut à la fois de l'empathie, de pouvoir échanger, et puis de maintenir une certaine distance. C'est-à-dire qu'on apprend en faisant, c'est en faisant qu'on devient une bonne bénévole je crois. C'est en se confrontant aux différentes situations, en renouvelant ses stratégies ou en cherchant les raisons du pourquoi je n'ai pas bien fait.

On le voit, ces compétences ne vont pas de soi, elles se travaillent et s'exercent. Chaque fois, il faut trouver la bonne distance, notamment lorsque le bénévole se rend à domicile. La surprise et l'imprévu font partie de la rencontre et c'est cette part invisible, de l'« entre », qui ouvre au processus de la pensée. Marcelli (2000: 217) le souligne: « L'écart ouvert par cette surprise est potentiellement créateur de nouveauté à condition, toutefois, de ne pas vouloir le combler aussitôt par de la théorie ».

Des savoirs sont bien sûr nécessaires parce qu'ils aident le bénévole à sortir des lieux communs, mais cela ne suffit pas à assurer la maîtrise des situations rencontrées. Les savoirs l'aident à appréhender une situation, mais il faut également accepter que les bénévoles soient mis en échec par la singularité des rencontres et des contextes. Toute rencontre passe par la confrontation entre savoir et intuition, intuition qui ne se développe pas sans étayage. Ainsi des savoirs d'action se construisent à partir et dans l'action, ce sont des savoirs tacites qui ne sont pas ou peu formalisés et qui ne sont pas forcément conscients. Et il faut souligner encore l'importance du cadre, qui va permettre à la fois la relecture, la distance, mais aussi le soutien sur le chemin de l'apprentissage.

DISCUSSION

Les promoteurs de la professionnalisation et de la formation pour les bénévoles estiment que cette démarche permet de valoriser leur action. Il nous semble toutefois important de nuancer ce propos. Certes, la formation, avec ses apports théoriques pertinents, apporte des outils qui seront utiles aux bénévoles lors de leur accompagnement sur le terrain. Mais n'est-ce pas justement dans leur action, dans leur engagement que les bénévoles trouvent reconnaissance et valorisation ? Cela a été clairement rapporté dans les interviews que nous avons réalisées. Par ailleurs, dans leurs propos, les bénévoles n'évoquent pas de lien décisif entre le fait de se former et une quelconque reconnaissance. Par contre, ils soulignent l'importance de la formation continue et surtout celle de l'encadrement ainsi que les espaces d'échanges et de soutien qu'il permet. Certes, il ne s'agit là que des propos d'un échantillon limité de bénévoles, mais ils rendent compte d'un questionnement souligné par plusieurs auteurs quant à la professionnalisation, ses limites, voire ses dérives potentielles dans le domaine du bénévolat.

L'une des questions qui se pose par ailleurs est de savoir si l'on peut réellement définir la professionnalité[4] des bénévoles et si oui, à quel prix. Champy-Remoussenard (2008) écrit à ce propos :

> La professionnalisation constitue-t-elle l'une des facettes d'une utopie contemporaine ? Apparemment souvent perçue comme une solution idéale (idéalisée), voire une panacée, en tout cas l'instrument privilégié des politiques à mettre en œuvre, elle oriente nombre de pratiques. Aussi, il convient de bien comprendre la professionnalisation et les compétences pour ce qu'ils sont : des témoins majeurs des inflexions de notre organisation sociale (p. 60).

Alors finalement, n'est-ce pas plutôt la standardisation du bénévolat d'accompagnement qu'on remet en question ? En effet, la montée en puissance d'une vision instrumentale de la formation donne une illusion de maîtrise lors de la rencontre avec la personne malade, alors que, comme nous l'avons vu au travers des propos des bénévoles, l'accompagnement est fait d'incertitudes et d'ajustements continuels. Gurguis-Younger (2005) met en garde contre les dangers potentiels d'une standardisation des comportements, des rôles et des attentes vis-à-vis des bénévoles d'accompagnement. Il y a là clairement un risque, selon elle, de changer l'expérience du volontariat dans ce domaine et de dénaturer ainsi une fonction faite d'un savoir tacite et spontané, de connaissances intimement imbriquées dans la pratique et dans la relation. Il faut donc être

4. La professionnalité désigne l'ensemble des connaissances, des savoirs, des capacités et des compétences reconnu par un groupe professionnel et caractérisant un « vrai » professionnel.

attentif à protéger ce qu'elle nomme « l'aide naturelle » (*natural helping*) et qui constitue le cœur de l'accompagnement.

Caritas-Ge a pourtant jugé utile de s'engager dans une logique de professionnalisation centrée sur le développement des compétences des bénévoles d'accompagnement. Toutefois, et à la différence du programme de référence proposé par Swiss Educ, le but ne consiste pas ici à augmenter les savoirs théoriques, ni à mettre en place un système d'évaluation des connaissances. Au contraire, la formation de base doit être accessible à toute personne intéressée, désirant ou non s'engager dans le bénévolat d'accompagnement, tout en demeurant abordable en termes de coût. L'accent est clairement mis sur l'encadrement et la formation continue basée essentiellement sur des espaces de réflexion sur la pratique et sur les rencontres avec les personnes visitées. Cette posture, nous l'avons vu, correspond aux attentes et aux besoins des bénévoles, du moins tels qu'ils ont été soulignés par les personnes interviewées dans notre étude. Elle s'inscrit également davantage dans une démarche clinique de l'accompagnement, telle que la définit Cifali (2001) :

> La démarche clinique n'appartient donc pas à une seule discipline ni n'est un terrain spécifique, c'est une approche qui vise un changement, se tient dans la singularité, n'a pas peur du risque et de la complexité, et co-produit un sens de ce qui se passe. Elle se caractérise par : une nécessaire implication ; un travail sur la juste distance ; une inexorable demande ; une rencontre intersubjective entre des êtres humains qui ne sont pas dans la même position ; la complexité du vivant et le mélange imparable du psychique et du social. (p. 121)

Car, ajoute Cifali (2007 :18) : « Travailler avec ne revient pas prioritairement à faire montre de notre intelligence et de nos connaissances, mais surtout à rendre intelligent celui qui est impliqué dans des situations complexes et souvent difficiles à comprendre ».

Cette étude nous a permis de mieux comprendre les représentations, mais aussi les besoins des bénévoles quant à la formation, l'encadrement, la définition et le développement de leurs compétences, en lien étroit avec leur activité sur le terrain. Elle met également en lumière, de manière précise, les enjeux et limites de la professionnalisation des pratiques dans le domaine spécifique de l'accompagnement. En conclusion, des pistes d'amélioration de la formation et de l'encadrement, mais également de leur mode d'évaluation, pourront être formulées afin de mieux prendre en compte les spécificités identitaires et motivationnelles de ce bénévolat. La réflexion concernant la professionnalisation des bénévoles mérite également d'être approfondie et élargie à un plus large échantillon de personnes et de contextes. En particulier, la question de la reconnaissance et de la valorisation du bénévolat d'accompagnement nous semble être un point de questionnement important. En effet, si cette étude a montré certaines limites de la formation quant à la valorisation d'une telle fonction, il reste à définir plus précisément ce qui rend cet engagement si riche et si précieux aux yeux des individus qui en font l'expérience, et cela, en dépit de la complexité et de l'incertitude qu'il implique.

RÉFÉRENCES

Barbier, J.-M. (2005). Voies nouvelles de la professionnalisation. Dans M. Sorel et R. Wittorski (dir.), *La professionnalisation en actes et en questions* (p. 121-134). Paris : L'Harmattan.

Beckers, J. (2007). *Compétences et identité professionnelles : l'enseignement et autres métiers de l'interaction humaine.* Bruxelles : De Boeck.

Champy-Remoussenard, P. (2008). Incontournable professionnalisation. *Savoirs*, 17, 5-61.

Cifali, M. (2007). Analyser les pratiques professionnelles : exigences d'un accompagnement. *Éducation et francophonie*, 35(2), 12-23. Consulté le 4 avril 2011 sur le site Internet de l'Association canadienne d'éducation de langue française http://www.acelf.ca/c/revue/pdf/XXXV_2_012.pdf

Cifali, M. (2001). Démarche clinique, formation et écriture. Dans L. Paquay, M. Altet, E. Charlier et Ph. Perrenoud, *Former des enseignants professionnels : Quelles stratégies ? Quelles compétences ?* (p. 119-135). Bruxelles : De Boeck.

Dujarier, M.-A. (2006). *L'idéal au travail.* Paris : Presses Universitaires Françaises.

Ferrand-Bechmann, D. (2002). *Le métier de bénévole.* Paris : Anthropos.

Guirguis-Younger, M., Kelley, M.-L. et Mckee, M. (2005). Professionalization of hospice volunteer practices : What are the implications ? *Palliative and Supportive Care*, 3, 143-144.

Künzi, D. (2007). *Accompagner la vie, accompagner la souffrance : une analyse en milieu hospitalier.* Paris : L'Harmattan.

Lehmann, P. (2011). L'engagement solidaire ne connaît pas la crise. Les bénéfices cachés du bénévolat. *Curaviva*, 1, 6-10.

Marcelli, D. (2000). *La surprise : chatouille de l'âme.* Paris : Albin Michel.

Office fédéral de la santé publique. Consulté le 23 mars 2011 sur le site Internet de la Confédération suisse http://www.bag.admin.ch/themen/medizin/06082/10907/index.html?lang=fr

Palliative ch. Consulté le 4 avril 2011 sur le site Internet www.palliative.ch

Pereira, J., Porchet, F., Schröter, C., Gamondi Palmesino, C., Pautex, S., Bucher, B., Waldmann, E., et Zaug, K. (2007). *Soins palliatifs en Suisse : progression du travail du Groupe Formation.* Consulté le 4 avril 2011 sur le site Internet http://www.palliative.ch/fileadmin/user_upload/palliative/fachwelt/E_Standards/E_2_5_Publikation_Kompetenzen_f.pdf

Société Suisse de Médecine et de Soins Palliatifs (Palliative ch). Consulté le 4 avril 2011sur le site Internet www.palliative.ch

Sorel, M. et Wittorski, R. (2005). Des définitions qui s'imposent. Dans M. Sorel et R. Wittorski (dir.), *La professionnalisation en actes et en questions* (p. 183-210). Paris : L'Harmattan.

Wittorski, R. (2007). *Professionnalisation et développement professionnel.* Paris : L'Harmattan.

CHAPITRE 13

L'UTILISATION D'UNE TECHNIQUE NARRATIVE, LA RELECTURE DE VIE, EN MILIEU PALLIATIF

Manal Guirguis-Younger,
Professeure à la Faculté des sciences humaines à l'Université Saint-Paul, Ottawa

Judith Malette,
Professeure titulaire et directrice de l'École de counselling, de psychothérapie et de spiritualité à l'Université Saint-Paul, Ottawa

Les bénévoles font partie intégrante du milieu palliatif depuis fort longtemps. Cette présence évoque une longue tradition de compassion où des gens choisissent délibérément d'accompagner des individus qui sont au crépuscule de leur vie (Lapointe, 2010 ; Malette et Guirguis-Younger, 2011 ; Nadeau, 2012). En plus des bénévoles, les infirmiers et infirmières entourent aussi ces derniers en leur prodiguant des soins lors des dernières heures de vie (Desbiens et Fillion, 2011). Notre expérience clinique et nos recherches nous ont enseigné que bénévoles, infirmiers et infirmières nourrissent le souci de parfaire leurs habiletés de soutien et d'accompagnement. C'est dans cette veine que nous avons voulu explorer si l'utilisation d'une technique narrative, la relecture de vie

(RV), pouvait faciliter le travail de bénévoles et d'infirmières praticiennes spécialisées (IPS) auprès de patients en milieu palliatif.

Au fil des prochaines pages, nous vous présenterons la méthode et les résultats de notre étude, mais d'abord il nous semble impératif de répondre aux deux questions suivantes : qu'est-ce que la RV et pourquoi l'utiliser en fin de vie ?

La RV[1] est un processus réflexif continu débutant à l'enfance grâce au développement de la mémoire autobiographique. Elle consiste en un retour progressif d'expériences passées à la conscience, à leur réexamen et à leur interprétation, et ce, dans le but d'une meilleure intégration. Elle favorise l'attribution de significations nouvelles et possiblement plus bienveillantes à des expériences passées, à la lumière de ce que la personne vit aujourd'hui. En effet, relire le passé ne correspond pas à s'y enliser, mais à le visiter pour mieux vivre le présent et préparer l'avenir (Malette et Oliver, 2006). L'avenir, à la fin de vie, correspond au chemin de vie terrestre qu'il reste à parcourir, soit au mourir et à la mort, et pour les personnes croyantes, à la vie au-delà de la mort. Or, Garland et Garland (2001), Malette et Pencer (2003), Nouwen (1994) et O'Rourke (2009, 2012) ont démontré que la RV favorise l'apprivoisement et l'appropriation du mourir et de la mort. Des techniques narratives sont utilisées, lors de séances psychothérapeutiques, où l'individu raconte son histoire de vie d'une façon telle qu'il puisse en extraire une signification. En milieu palliatif, nous ne saurions parler de séances psychothérapeutiques, mais certes de rencontres (Malette et Guirguis-Younger, 2011, 2012). La RV peut générer le sentiment de ne pas avoir vécu en vain et l'espoir de continuer à vivre grâce à la création de legs perceptibles (par exemple, des photos, un journal de voyage) et la transmission de legs moins tangibles tels que des valeurs, des croyances et des rêves.

Nous avons donc développé des outils reposant sur la technique narrative de RV, dans l'espoir qu'ils puissent aider les bénévoles et les IPS à entamer et à maintenir un dialogue signifiant avec les patients en fin de vie, un dialogue encourageant ceux-ci à se dire, à raconter leur histoire de vie, à devenir des patients-conteurs, tout en se sentant bien entendus par un écoutant.

---

1. Dans le cadre de la RV et de la réminiscence, la personne réfléchit à sa vie. Toutefois, la RV permet aussi d'analyser les expériences passées, c'est-à-dire de les expliquer et de les évaluer.

MÉTHODE

Recrutement et critères d'inclusion

Afin de nous assurer que les participants soient bien au courant des enjeux vécus en fin de vie, nous exigions qu'ils aient travaillé un minimum de trois ans en milieu palliatif. Les participants furent recrutés au sein de deux organismes à but non lucratif, à Ottawa : Friends of Hospice et CareFor. Ces organismes offrent une panoplie de services de soutien et d'éducation en santé, dont les soins palliatifs, grâce à des bénévoles et à des IPS. Un court texte publicisant notre étude fut affiché dans les locaux des deux organismes, invitant les personnes intéressées à nous contacter.

Participantes

Neuf femmes anglo-ontariennes rencontrant des patients en fin de vie depuis 3 à 20 ans, dont 4 IPS œuvrant en soins palliatifs depuis 4 à 20 ans et 5 bénévoles, depuis 3 à 15 ans, ont participé à l'étude. L'âge des IPS variait de 30 à 60 ans et celui des bénévoles de 56 à 76 ans.

Devis

D'abord, il importe de noter que le devis de recherche et les formulaires utilisés reçurent l'approbation du Comité d'éthique de la recherche de l'Université Saint-Paul. Lors d'une première rencontre, le but de l'étude et de ses différentes composantes furent décrits aux bénévoles et aux IPS. Une fois que nous eûmes répondu à leurs questions, chacune put librement signer un formulaire de consentement de participation à l'étude, en deux exemplaires, conservant l'un d'eux.

Deux groupes de discussion eurent lieu. Le premier groupe visait à préciser les besoins d'apprentissage des participantes quant à l'utilisation de la RV. Une brève description de la RV fut offerte aux participantes, puis celles-ci purent discuter librement de ce qu'elles connaissaient de la RV et de certaines habiletés d'intervention lui étant associées et qu'elles utilisaient déjà. Cette discussion leur permit de clarifier leurs attentes et leurs espoirs quant à l'utilisation de la RV en milieu palliatif.

Un mois plus tard, un atelier de formation d'une journée, inspiré des besoins et des attentes décelés lors du premier groupe de discussion, fut offert aux participantes. Une attention particulière fut accordée à la façon d'utiliser la RV auprès de personnes en fin de vie afin d'aider celles-ci à se dire et à se sentir entendues. Les principaux éléments de l'atelier se trouvent à l'annexe A, mais en voici un aperçu plus détaillé : en avant-midi, nous avons défini la RV et l'avons différenciée de la réminiscence, puis en avons décrit les stades et les catégories, selon Hétu (2000), afin d'aider les participantes à mieux saisir les enjeux psychologiques qui sont associés à la RV. Nous avons ensuite présenté des résultats de recherche soulignant l'importance de la RV à la fin de la vie, mais aussi ses quelques contre-indications. Enfin, avant la pause du dîner, nous avons suggéré des façons de proposer une activité de RV à un patient et de structurer celle-ci. En après-midi, nous avons décrit et expliqué des techniques d'intervention et des activités pouvant être utilisées dans le cadre de la RV. Les participantes ont finalement été invitées à pratiquer ces techniques entre elles.

Six mois plus tard, un deuxième groupe de discussion eut lieu afin de recueillir les propos des participantes quant à l'effet potentiel de la RV sur leur pratique auprès des patients (3 bénévoles et 3 IPS ; 2 bénévoles n'ont pu participer, car elles étaient en vacances, loin d'Ottawa, et une IPS, ayant pris sa retraite, n'a pas répondu ni à nos courriels ni à nos appels). Les questions suivantes leur furent alors posées : 1- avez-vous utilisé les habiletés acquises lors de l'atelier en RV auprès des patients que vous avez rencontrés ? ; 2- dites-nous comment l'utilisation de la RV vous a aidées à prodiguer des soins aux patients et à leur offrir une meilleure qualité de vie, si tel est le cas, et 3- comment l'apprentissage de ces habiletés vous a-t-il aidées professionnellement et/ou personnellement ?

Dans la section des résultats, nous présenterons les données qualitatives émanant des groupes de discussion ayant eu lieu avant et après l'atelier de formation, ainsi que nos recommandations portant sur l'utilisation de la RV, en milieu palliatif, par des bénévoles et des IPS. Possédant une riche expérience en méthodes qualitatives et en recherche en soins de santé, les deux auteures ont elles-mêmes offert l'atelier de formation et animé les groupes de discussion.

Analyses

Les propos tenus lors des groupes de discussion furent enregistrés sur bandes audio, puis un assistant de recherche a retranscrit le verbatim. À partir de cette transcription, chacune des auteures a extrait des thèmes émergents. Ensemble, elles ont comparé les fruits de leur travail individuel. Une discussion des thèmes extraits avait alors lieu jusqu'à l'obtention d'un consensus. Ce processus itératif a permis de générer des descriptions détaillées et complètes de chacun des groupes de discussion.

RÉSULTATS

Premier groupe de discussion : Définition des besoins de formation

La liste ci-après, de besoins et d'attentes quant à la formation sur la RV en milieu palliatif, fut extraite de la transcription des propos des bénévoles et des IPS lors du premier groupe de discussion.

Le besoin d'apprendre à présenter, à faciliter et à structurer la RV

L'un des besoins les plus pressants était celui de savoir comment présenter et commencer la RV. Plusieurs des participantes affirmaient qu'elles peinaient à trouver les mots et le moment voulu pour aborder un thème qui leur semblait lourd de contenu et d'émotions : « On cherche des outils qu'on pourrait facilement utiliser... Quelque chose qu'on pourrait suggérer aux patients et qui les aiderait à commencer une RV » (IPS) ;

> Je ne sais pas ce qu'une infirmière praticienne dirait... si on savait comment présenter les questions assez vite, quand le patient parle... réfléchir à la signification d'avoir un cancer, ou n'importe quand il y a une opportunité, je sais qu'il y en a et qu'on peut inclure la RV d'une façon ou d'une autre (2e IPS).

Nonobstant ces propos, il existait, au sein des participantes, l'intuition qu'elles possédaient déjà certaines habiletés leur permettant de commencer un processus de RV auprès des personnes en fin de vie. Ces connaissances provenaient de leur longue expérience en milieu palliatif et de leur propension véritable à accompagner les mourants: « Je n'ai jamais fait de RV avec un patient [de façon formelle]... mais ça vient automatiquement quand on passe du temps avec eux. » (personne bénévole); « On a choisi d'accompagner les patients, alors on est déjà ouvert à entendre ce qu'ils veulent partager. » (2e personne bénévole)

Le besoin d'apprendre à gérer les défis qui entravent l'amorce d'une RV

L'un des premiers et principaux défis relevés fut le manque de temps, et ce, surtout chez les IPS, car le temps qu'elles peuvent consacrer aux patients est plus limité que chez les bénévoles: « Je ne sais pas si on a nécessairement le temps de faire tout le processus de RV, ce qui est dommage, mais on connaît toutes la situation... J'aimerais voir comment la RV peut s'appliquer à notre réalité. » (IPS).

De plus, comme professionnelles de la santé, les IPS soulignaient que la RV ne faisait partie ni de leur rôle ni de leurs fonctions, tels qu'elles les avaient appris, étant davantage orientées vers la tâche et l'efficacité: « [...] Je trouve que nous sommes tellement orientées vers la gestion de la douleur et des symptômes, des choses très concrètes mais puisqu'une relation se développe sur une longue période de temps, il y a peut-être une possibilité, si on savait comment présenter la RV[...] » (IPS).

Plusieurs des participantes-IPS s'accordaient à dire que leur temps était compté, car des tâches devaient être complétées. Toutefois, elles reconnaissaient qu'amorcer une RV était possible si elles en possédaient les habiletés. Elles souhaitaient apprendre à utiliser la RV, mais dans un contexte où le temps est limité: « C'est un enjeu de temps. Plusieurs d'entre nous prenons le temps, mais d'autres ne peuvent pas. Comment le pourrions-nous? Comment peut-on prendre notre temps et être efficaces? » (2e IPS).

Le besoin de savoir quand et comment inclure d'autres personnes dans la RV du patient

Les participantes voulaient apprendre comment reconnaître le moment opportun d'inclure des membres de la famille, des amis et, parfois, des professionnels de l'équipe de soins palliatifs dans le cadre de la RV d'un patient. Et, si la situation s'y prêtait, comment elles devraient procéder:

« Je me demande surtout... par rapport à une approche d'équipe, de quoi ça aurait l'air. Est-ce qu'on peut le faire comme ça ? Même avec les infirmières, quand il y a des quarts de travail... est-ce qu'il y a quelque chose qu'on pourrait faire... pour travailler ensemble ? » (bénévole) ; « Donc, ça a rapport à la communication ? Mais est-ce que c'est vraiment plus bénéfique quand il y a plus de personnes ? Est-ce que ça pourrait être néfaste pour le patient ? Ce serait épuisant, non ? » (IPS).

Le besoin d'apprendre comment réagir face à des obstacles psychologiques

Plusieurs participantes soulignaient avoir rencontré des patients qui ne leur semblaient pas prêts à entamer une RV en raison de troubles psychologiques et elles se demandaient comment réagir en de telles situations : « Y a-t-il des manières de faciliter la RV chez les gens qui n'ont pas tendance à réfléchir à leur passé ou s'agit-il d'une situation que l'on doit accepter ? » (personne bénévole) ; « Certains patients s'embourbent. Un patient me vient à l'esprit et il peine à dépasser sa colère, alors ce serait de faire une RV en incluant cette colère ? Peut-être que c'est la façon qu'il a apprise de gérer le stress. On ne peut changer une personne dans le peu de temps qu'il lui reste à vivre. » (2e personne bénévole).

Deuxième groupe de discussion : Les effets de l'atelier de formation en RV

Trois principaux thèmes sont ressortis du deuxième groupe de discussion : 1) les conditions nécessaires à l'émergence d'une histoire narrative ; 2) les diverses modalités de la RV, et 3) l'incidence concrète de la formation en RV sur le quotidien des bénévoles et des IPS.

Les conditions nécessaires à l'émergence d'une histoire narrative

Une attitude de disponibilité et d'ouverture fut reconnue comme la condition essentielle à l'émergence d'une histoire narrative. De plus, quiconque prodigue des soins de santé ou offre un accompagnement à une personne mourante peut adopter une telle attitude auprès de celle-ci. Enfin, disponibilité et ouverture peuvent inciter la personne en fin de vie à se dire et même à souhaiter que l'autre (la bénévole, l'infirmière) devienne témoin de son histoire de vie :

> [...] et puis le patient me parlait de choses qui n'avaient aucun lien avec la raison pour laquelle je le visitais – gestion de la douleur – mais dont il avait, de toute évidence, besoin de parler. Il avait besoin que quelqu'un l'écoute, prenne le temps de l'écouter. Je pense que c'était ce qui avait compté le plus pour lui : que j'aie investi de mon temps à écouter *son* histoire (IPS).

Plusieurs des participantes reconnaissaient que disposer d'une période de temps plus longue constituait un atout important qui favorisait le développement d'un environnement sécuritaire où le patient pouvait se dire, c'est-à-dire raconter son histoire de vie. Toutefois, elles ont admis qu'offrir une écoute empathique et une présence authentique au patient leur avait permis d'établir un lien de confiance rapidement. Les participantes en sont venues à la conclusion que la RV ne nécessite pas toujours la création d'une relation à long terme avec le patient. En effet, elles soulignaient que la RV peut fort bien émerger si des liens authentiques et de confiance sont tissés, même en une très courte période de temps, et si elles laissent la priorité à l'histoire de vie du patient :

> On n'a pas toujours le temps d'établir de relations, et pourtant il arrive qu'on puisse connecter facilement avec un patient, si on parvient à gagner sa confiance... Je ne suis pas certaine comment ça arrive, mais le patient sent qu'on est véritablement là pour l'écouter et qu'il peut nous faire confiance – son histoire sortira à ce moment-là (personne bénévole).

Les diverses modalités de la RV

Les participantes ont décrit diverses modalités que les patients avaient choisi d'utiliser pour réaliser leur RV. Bien qu'il ne s'agisse pas de moyens habituellement utilisés en RV, les participantes reconnaissaient la valeur de chacune d'entre elles puisqu'elles permettaient aux patients de partager leur histoire de vie et de laisser un legs perceptible. Voici certaines modalités qui furent rapportées : un journal de voyages et d'aventures, des activités porteuses de vie et de sens, pour le patient (ex. : écriture créative, albums-photos, scrapbooking). Une autre modalité fut celle d'une trame narrative réflexive racontée par un proche, en présence du patient, et ce, d'une façon aimante et validante.

Comme nous le mentionnions précédemment, l'une des modalités fut un journal de voyages, lequel semblait représenter un ensemble d'expériences clés que la patiente-conteuse[2] avait vécues alors qu'elle se percevait comme étant « bien vivante », mais différemment d'aujourd'hui :

> Il y en a un qui ressemblait à un journal de voyages, des expériences vécues durant ses voyages... avec qui elle était, où ils s'étaient rendus et ce que les endroits visités avaient l'air. Son histoire débutait vers la mi-vingtaine jusqu'à il y a quelques années... quand elle n'était plus assez en santé pour voyager (personne bénévole).

En visitant les souvenirs associés à des activités signifiantes, la personne qui raconte son histoire parle de qui elle est et de ce qui lui importe véritablement :

> [...] il en a tellement parlé que je peux vraiment dire qu'il s'ennuyait de faire du canot. Je pouvais contrôler sa douleur assez bien de sorte qu'il ne la ressente pas durant quelques semaines. Il m'a demandé si je pouvais l'amener à son canot. Légalement, je n'étais pas certaine. Il a trouvé un ami qui est bon nageur et canoéiste. Ils sont partis une heure et demie. Il pleurait quand il m'en a parlé ; il était si heureux. Et depuis nous discutons de relations et de choses qui lui sont importantes. Il dirige sa relecture de vie (IPS).

De plus, une histoire peut être narrée indirectement et néanmoins demeurer riche de signification pour le patient lui-même et autrui. Par exemple, un patient utilisa le processus relié à la RV pour écrire un livre pour enfants, lequel véhiculait des valeurs qui lui étaient chères et qu'il souhaitait transmettre aux générations futures : « [...] il s'intéressait beaucoup à l'environnement et il voulait laisser un héritage. Il a pensé à un livre pour enfants [...] protéger l'environnement [...] il parlait à ses amis et à sa femme de ce petit animal qui avait aidé à sauver l'environnement. Ça a été son projet de fin de vie. » (personne bénévole)

Finalement, certaines participantes rapportèrent certains cas où la RV a été réalisée par une tierce personne, qui endossait le rôle de témoin de vie de la personne mourante :

2. Nous utilisons l'expression « patiente-conteuse » afin de souligner les liens étroits entre l'identité d'une personne et son histoire de vie. Comme le dit si bien Kenyon (2003, p. 30) : « Nous sommes des histoires ».

> [...] Il y avait quelqu'un avec lui qui le connaissait très bien et elle a commencé à dire tout ce qu'il représentait... pour elle, les employés, à quel point il les faisait rire... et elle disait: « tu te souviens de cette fois ? Et de cette autre fois ? »... et il est mort paisiblement alors qu'elle parlait (2e bénévole).

L'incidence concrète de la formation en RV sur le quotidien des bénévoles et des IPS

Ce troisième thème indique clairement que l'atelier de formation changea la qualité des interactions entre les participantes et les personnes en fin de vie. Ainsi, bénévoles et IPS mentionnèrent plusieurs sphères d'incidence concrète: la validation d'interventions valables, en fin de vie, la compatibilité entre les rôles professionnel et médical et les effets très positifs sur elles-mêmes et sur les patients.

Les infirmières et les bénévoles rapportèrent que la formation formelle sur la RV leur permit à la fois de mieux comprendre le pouvoir de l'histoire de vie d'une personne et de confirmer leurs intuitions quant au rôle et à l'importance de la présence, en fin de vie, de l'écoutant-témoin de la trame narrative d'une histoire.

> Ça a confirmé ma propre croyance que l'histoire des gens est très, très, très importante. Ça confirme quelque chose à quoi j'ai toujours cru: que chaque personne a une valeur et que chaque vie a de la valeur à tellement de niveaux. Et comme infirmière, je ne me sens plus coupable quand une visite entière chez un patient se déroule autour de la parole de celui-ci, et vous savez, l'écouter, ça aussi c'est du nursing, c'est valable, et ça m'a donné des outils pour justifier ce que je fais (IPS).

De plus, les infirmières s'entendaient pour dire que s'engager auprès d'un patient dans des activités reliées à la RV n'était pas incompatible avec leurs tâches professionnelles en sciences infirmières. D'ailleurs, elles percevaient cette dimension plus relationnelle de leur travail comme étant souvent négligée dans les meilleures pratiques en sciences infirmières:

> En fait, on nous encourage souvent à nous perdre dans des tâches... tout type de nursing devrait inclure l'écoute. L'acte d'écouter et les soins prodigués en palliatif sont extrêmement importants et amènent un sens à la vie des gens... ça fait partie du nursing... c'est une partie

> valable du nursing et ça peut aider [à gérer] la douleur physique (2e IPS).

Une bénévole, elle, a souligné qu'être témoin de l'histoire de vie d'une personne en fin de vie s'avérait bénéfique, à la fois pour cette dernière et pour elle-même. Elle parlait ainsi de cette mutualité :« Et parfois, on a l'impression d'avoir vraiment fait une différence... surtout quand quelqu'un nous dit : "oh, tu écoutais ! " et on se sent... comme si je fais une différence dans la vie de quelqu'un » (personne bénévole).

Discussion

En élaborant le devis de cette étude, nous avons délibérément choisi des bénévoles et des infirmières qui avaient une expérience considérable en milieu palliatif. Leur expérience et leurs connaissances de celui-ci leur permirent de cibler facilement leurs besoins de formation et les défis qu'elles envisageaient déjà, en plus de réfléchir aux meilleures façons d'utiliser la RV auprès d'une personne en fin de vie. De plus, elles purent appliquer les dimensions essentielles de la RV, dans leur « travail-de-présence » auprès des patients, après l'atelier de formation. Enfin, les résultats émanant des groupes de discussion serviront à préparer de futurs ateliers de formation encore plus ouverts à l'intégration de la RV aux milieux de soins palliatifs.

Les résultats de la présente étude démontrent que la RV est une activité que le patient lui-même peut diriger, et ce, sans que la responsabilité n'en incombe entièrement à la bénévole ou à l'infirmière. Ainsi, la bénévole ou l'infirmière n'impose pas une activité, mais elle invite le patient à choisir lui-même la méthode, le moment et la modalité de RV qui lui sont les plus opportuns. Il s'agit là d'un processus qui favorise l'autonomisation du patient. Ainsi, la RV devient une histoire centrée sur le patient et sur son mode d'être-dans-le-monde. Il importe néanmoins de mentionner qu'une RV n'est certes pas exhaustive et ne constitue pas une autobiographie non plus. Elle est principalement composée de points tournants, d'événements clés, porteurs de vie et de sens, chargés émotionnellement, que le patient-conteur dit à son écoutant-témoin (la personne qui écoute l'histoire de vie). De plus, en choisissant lui-même la modalité d'expression de son histoire de vie, le patient décrit ainsi le déroulement de sa vie de façon libre et créatrice. En procurant au patient un havre de sécurité pour se dire et se raconter, on lui offre alors une plus grande liberté pour choisir les événements, le moment, les personnes qu'il souhaite inclure dans sa RV et la modalité d'expression qui lui est la plus signifiante. En témoignent les journaux de voyage, les photos, les scrapbooks, l'écriture de création et, plutôt étonnamment, les trames narratives racontées par des proches au chevet du patient. Nous ne saurions passer sous silence le processus de cocréation de sens-signification, ayant eu lieu dans chacune des RV. En effet, en écoutant le patient, en lui permettant de choisir ce qu'il veut dire et comment il veut raconter l'histoire de a vie, bénévoles et infirmières ont participé activement à la création de sens. Frankl (1984) a maintes fois souligné l'importance de la créativité et des liens interpersonnels dans la recherche d'un sens à la vie et à la souffrance. Il nous semble que la RV, telle qu'elle fut utilisée dans le cadre de cette étude, fut porteuse de sens à la fois pour les patients, les bénévoles et les infirmières. De plus, et ce résultat n'est incontestablement pas négligeable, les infirmières considérèrent la RV et tout ce qui lui est relié comme faisant partie des pratiques pertinentes, en sciences infirmières, et précisèrent qu'il était même arrivé que la RV facilite la prestation des soins.

L'atelier de formation a répondu à la plupart des besoins, des attentes et des défis que les bénévoles et les IPS avaient relevés, et ce, grâce à des enseignements et à des discussions. En remettant la responsabilité de la relecture au patient, il devint évident pour plusieurs participantes qu'une RV pouvait ne pas être possible, ou même souhaitable, pour tous les patients et qu'elle ne devait pas être imposée. Bénévoles et IPS reconnurent qu'une attitude d'ouverture et d'acceptation, une présence attentive et un véritable intérêt envers l'histoire de vie du patient représentent des conditions essentielles à l'amorce d'une RV puisqu'elles invitent le patient à raconter son histoire de vie dans une atmosphère de confiance, sans se sentir jugé. Il semble donc que le contenu de l'atelier de formation ait outillé les bénévoles et les infirmières pour qu'elles deviennent des facilitatrices de RV actives et compétentes.

Contrairement aux infirmières, les bénévoles ne vivaient pas de conflit entre leur rôle et le temps qu'elles allouaient à chaque patient. Toutefois, chez les IPS, une grande inquiétude existait à ce propos. Ce thème émergea à nouveau dans le deuxième groupe de discussion. Or, certaines IPS rapportèrent pouvoir tisser des liens avec le patient dans un court laps de temps et l'inviter à entamer une RV, et ce, même lorsqu'elles devaient effectuer d'autres tâches. Ne s'agit-il pas là d'une invitation à *être-tout-en-faisant*, à être en pleine conscience avec le patient ? Ces résultats revêtent une importance incontestable, car le personnel médical invoque souvent le manque de temps et les trop nombreuses tâches qu'il doit effectuer afin d'expliquer la difficulté d'offrir des soins holistiques. Il s'agit d'une inquiétude fort légitime, on ne saurait le nier. Les résultats de notre étude montrent qu'une technique narrative, telle la RV, répond à des besoins relevés par Martineau et Bergeron (2011, p. 56) : la présence du personnel infirmier auprès des patients et la prestation de « soins globaux comme moteur de sens ». De plus, réunir des infirmières et des bénévoles permet d'envisager la possibilité d'une approche intégrée où une continuité de soins peut être créée. Cela devient possible lorsque bénévoles et infirmières comprennent que la mort n'est pas seulement un événement médical, et que le mourir interpelle l'entièreté de la vie d'une personne et la complexité implicite de celle-ci. Travailler en concertation, inclure plus de membres de l'équipe des soins palliatifs dans le processus de RV, voilà qui représente une possibilité qui mérite que l'on s'y arrête sérieusement.

Écouter l'histoire de vie d'une personne qui se meurt devient partie intégrante de l'accompagnement, indépendamment du contexte de soins. En reconnaissant la valeur de la trame narrative de la vie d'une personne, bénévoles et infirmières aident le patient à explorer sa vie, à l'honorer, jusqu'à la toute fin. Car il s'agit bien d'une histoire de vie, et non pas de mort. Raconter son histoire de vie et être entendu permet au patient de se diriger vers l'inconnu, mais dans un espace connu et sécuritaire. Le patient-conteur, le « storyteller », n'a-t-il pas besoin d'un écoutant, un « storylistener », et vice versa ?

RÉFÉRENCES

Desbiens, J.-F. et Fillion, L. (2011). Comment les infirmières du Québec perçoivent-elles leurs compétences en soins palliatifs et quels sont leurs besoins de formation ? *Cahiers francophones de soins palliatifs*, 11(2), 31-42.

Frankl, V.E. (1984). *Man's search for meaning.* New York : Washington Press Square.

Garland, J. et Garland, C. (2001). *Life review in health and social care : A Practitioner's guide.* Londres : Routledge.

Hétu, J.-L. (2000). *Bilan de vie: Quand le passé nous rattrape.* Montréal: Fidès.

Kenyon, G.M. (2003). Telling and listening to stories: Creating a wisdom environment for older people. *Generations*, XXVII(3), 30-33.

Lapointe, B. (2010). *Réunion plénière: Le bénévolat, une valeur fondamentale des soins palliatifs.* 18e Congrès international sur les soins palliatifs, 5-8 octobre 2010, Montréal, Québec.

Malette, J. et Guirguis-Younger, M. (2012). *La dimension spirituelle du vécu d'infirmières praticiennes et de bénévoles, en soins palliatifs.* 19e Congrès international sur les soins palliatifs, 9-12 octobre 2012, Montréal, Québec.

Malette, J. et Guirguis-Younger, M. (2011). Être bénévoles en milieu palliatif. *Cahiers francophones de soins palliatifs*, 11(2), 64-69.

Malette, J. et Oliver, L. (2006). Retirement and existential meaning in the older adults: A Qualitative study using Life review. *Counselling, Psychotherapy and Health*, 2(1), 30-49.

Malette, J. et Pencer, I. (2003). Sens personnel, rétrospective de vie et projet de création chez une personne âgée cancéreuse. *Sciences pastorales*, 22(1), 47-64.

Martineau, I. et Bergeron, C. (2011). Soins infirmiers en fin de vie: Les soins globaux comme moteur de sens. *Cahiers francophones de soins palliatifs*, 11(2), 56-63.

Nadeau, G. (2012). Le bénévolat en soins palliatifs: Une expérience spirituelle? *Cahiers francophones de soins palliatifs*, 12(2), 81-93.

Nouwen, H. (1994). *Our greatest gift: A meditation on dying and caring.* New York: Harper One.

O'Rourke, M. et Dufour, E. (2012). *Embracing the end of life: Help for those who accompany the dying.* Montréal: Novalis.

O'Rourke, M. (2009). *Befriending death: Henri Nouwen and a spirituality of dying.* Maryknoll, New York: Orbis Books.

ANNEXE A

Définition de RV	• Processus réflexif • Réminiscence • Visite progressive du passé • Intégration au moyen de la RV
Processus de RV	• Stades de RV (Hétu, 2000) : amorce, immersion, réaction, recadrage et intégration • Catégories de RV (Hétu, 2000) : en train de s'amorcer, défensive, bloquée, en cours, consolidée, plafonnée, terminée
RV en fin de vie, pourquoi ?	• Importance des souvenirs • Mise en ordre des événements ; réconciliations • Intégration des pertes, facilitation des transitions • Exploration de questions reliées à l'identité, à la définition de soi et à la croissance personnelle et spirituelle
Contre-indications	• Manque d'intérêt de la part du patient • Individus ayant vécu un trauma récent • Individus ayant des pensées obsessives • Point à retenir : la démence n'est PAS nécessairement une contre-indication
Comment présenter la RV ?	• Exploration de l'ouverture à s'engager dans un processus de RV • Exploration de thèmes importants • Prise de conscience des paramètres reliés au temps
Structure	• Durée et fréquence : ces aspects reposent sur la condition médicale du patient et sur son intérêt envers la RV • Grille d'analyse : indiquer le stade de RV • Avec le patient, choix des thèmes qu'il souhaite explorer
Techniques	• Exercice de centration (relaxation) • Utilisation des photos, des lettres, des tableaux, etc. • Types de questions utilisés pour explorer les thèmes, par exemple, points tournants dans la vie, famille d'origine, accomplissements, etc.

PARTIE IV

L'ACTION BÉNÉVOLE ET LA SPIRITUALITÉ

CHAPITRE 14

LE CŒUR S'AGRANDIT

Gilles Nadeau,
D. Th. P. prêtre, membre de l'équipe de formation du Grand Séminaire de Québec, responsable du service de pastorale de la Maison Michel-Sarrazin

INTRODUCTION

Depuis plusieurs années, j'ai le privilège de faire partie d'une équipe dont les membres portent ensemble la mission de la Maison Michel-Sarrazin[1]. Parmi ceux-ci, on trouve un grand nombre de bénévoles. Au fil des collaborations quotidiennes avec ces derniers[2], j'ai souvent la certitude de me retrouver devant une richesse à découvrir, à protéger et à développer, non seulement pour la mission de la Maison, mais également au bénéfice de notre société en général. Leur engagement constitue pour moi une sorte de phénomène, au sens d'un « fait surprenant, extraordinaire » et même, considéré sous un certain angle, « anormal » (Le Nouveau Petit

1. Site Internet de la Maison Michel-Sarrazin : www.michel-sarrazin.ca
2. Le groupe des bénévoles est constitué majoritairement de femmes. Pour respecter la façon habituelle de procéder, dans le but d'alléger le texte, le masculin sera utilisé.

Robert, 2002).Ce phénomène, je n'ai pas à prouver son existence. Je le constate chaque jour. Par contre, j'ai souvent le désir d'en approcher une dimension qui me semble mystérieuse. Qu'est-ce qui pousse ces bénévoles à vouloir ainsi s'engager dans le champ des soins palliatifs et pourquoi persévèrent-ils dans leur engagement ? Un bon nombre de ceux-ci en effet comptent plusieurs années de fidélité dans leur service. Il faut voir la tristesse manifestée par certains, lorsque, pour des raisons de santé ou autres, ils doivent interrompre leur bénévolat. Quelle est l'origine de cette peine ? De quoi sont-ils alors privés ? Je ne suis pas le seul à être ainsi interrogé par leur engagement. J'entends régulièrement des malades et des proches exprimer ces questions, non sur un ton sceptique, mais admiratif.

Les bénévoles sont les seuls à pouvoir nous introduire dans le mystère de leur engagement. Lorsqu'ils y consentent, on sent bien que la source est logée à un certain niveau de profondeur de leur personne, dans cette zone mystérieuse que nous nommons le cœur. Petit à petit s'est ainsi développée en moi l'intuition que leur engagement prend ses racines dans leur expérience spirituelle personnelle. Il serait même en soi une forme d'expérience spirituelle.

Le phénomène du bénévolat en soins palliatifs n'est pas propre à la Maison Michel-Sarrazin. Il m'arrive, pour des activités de formation ou de ressourcement, de rencontrer des bénévoles d'autres milieux de soins palliatifs, soit institutionnels, paroissiaux ou communautaires. Or, je retrouve toujours le même engagement de cœur, la même passion, la même fierté, la même générosité, le même désir d'acquérir de la compétence. Leur engagement serait-il pour eux aussi une forme d'expérience spirituelle ?

Lorsqu'on m'a invité à collaborer à ce collectif, j'ai alors proposé d'aborder cette facette du bénévolat en soins palliatifs : le bénévolat comme expérience spirituelle. Je m'interrogerai d'abord sur la pertinence de se poser une telle question. Je présenterai ensuite des résultats d'une démarche de recherche sur le sujet. Des réflexions personnelles suivront[3].

3. Une présentation de cette recherche a fait l'objet d'un article : Nadeau, G. (2012). Le bénévolat en soins palliatifs : une expérience spirituelle ? *Cahiers francophones de soins palliatifs*, 12 (2), 81-93.

LA PERTINENCE D'UNE TELLE QUESTION

On se questionne beaucoup dans le monde des soins palliatifs. Est-il pertinent ou même important de se demander si l'engagement des bénévoles constitue en soi une forme d'expérience spirituelle ? Trois raisons militent pour poser la question et indiquer des pistes de réponse.

Une forme de compétence

Les différentes définitions des soins palliatifs incluent l'expérience spirituelle comme objet d'attention. On reconnaît ainsi une facette de la souffrance globale vécue par les malades : la souffrance dite *spirituelle*. Mais ceux-ci ne sont pas que vulnérabilité. L'expérience de la maladie permet souvent de laisser émerger des forces dont certaines peuvent être qualifiées, elles aussi, de spirituelles.

L'équipe de soins palliatifs, par ses multiples interventions, vise à offrir un accompagnement global au malade et à ses proches. Il fait donc partie de la compétence de tout intervenant, quel que soit son lieu d'intervention, d'avoir au minimum une ouverture à la dimension spirituelle.

Il ne s'agit pas d'abord ici d'une compétence de l'ordre de l'acquisition de connaissances (savoir-savoir), ni même du développement d'habiletés particulières liées à la sphère de l'accompagnement spirituel (savoir-faire). Sans nier la nécessité de ces acquisitions, l'ouverture à l'expérience spirituelle de l'autre repose d'abord sur une attention à sa propre expérience spirituelle, à ses propres forces spirituelles. Nous sommes alors situés dans l'ordre du savoir-être. Celui-ci rejaillit sur la qualité des deux autres formes de savoir. Être au clair avec les racines spirituelles de son engagement influence le savoir-savoir et le savoir-faire. Aider tout bénévole à rejoindre les racines spirituelles de son engagement est donc une forme de contribution au développement de sa compétence, quel que soit le lieu de son engagement, qu'il soit en contact direct ou non avec le malade et ses proches. Une telle affirmation vaut également pour les autres intervenants, ceux qu'on qualifie de professionnels.

Le fait lui-même d'être engagé comme bénévole en soins palliatifs, avant toute parole proférée sur le sujet, ouvre sur le monde du spirituel. On peut le vérifier quotidiennement. Il n'est pas rare, par exemple, qu'un bénévole exprime être impressionné par l'attitude d'un malade ou d'un proche devant la maladie et la mort. « Son courage, son humilité, sa tendresse, son authenticité, sa foi me touchent beaucoup et c'est profond », dira-t-il. Or, il est encore moins rare d'entendre des malades et des proches exprimer qu'ils sont eux aussi touchés par les bénévoles en général ou par tel ou tel bénévole. Et ce qui les touche n'est pas superficiel. « Comment est-il possible que de purs étrangers puissent choisir de s'occuper de moi dans la situation qui est la mienne ? D'où vient une telle générosité ? Il y a encore du bon monde ! » Et surtout : « Ils ne sont pas obligés de faire ça. Pourquoi le font-ils ? »

Le bénévole qui n'est pas en contact direct avec les malades et ses proches adoptera les soins palliatifs, non comme une œuvre parmi d'autres, mais comme une cause, prenant sa source dans des valeurs personnelles profondes. En soins palliatifs, « l'être bénévole » évolue dans la sphère du spirituel (Mallette et Guirguis-Younger, 2011).

Une richesse dans l'équipe

L'engagement des collègues bénévoles, dans la petite équipe qui prend soin directement du malade et de ses proches ou dans la grande qui fait que ces soins globaux soient possibles, produit, assez souvent, chez les autres intervenants la même réaction d'admiration et de questionnement que nous constatons chez les malades et leurs proches envers leurs bénévoles. Reconnaissons-le. Nous nous demandons parfois nous aussi : « Pourquoi s'engagent-ils ainsi ? Pourquoi persévèrent-ils » ? Se laisser ainsi étonner n'est pas de l'ordre de la recherche d'explications rationnelles. Celles-ci risquent de tuer la vie, car on croit alors avoir tout compris de leur engagement, quitte à leur prêter des intentions.

Un tel étonnement face aux bénévoles, surtout lorsqu'on veut saisir quelque chose de l'essence de leur engagement, relève de l'ordre de la contemplation, qui consiste tout simplement à « considérer attentivement » (Le Nouveau Petit Robert, 2002). Il est des réalités qui ne livrent leur secret profond qu'au terme d'un exercice de contemplation, de considération attentive. Regarder un tableau, écouter une pièce musicale, lire un beau texte, lorsque nous avons la certitude de toucher à de la beauté, donne le goût d'avoir accès au mystère de l'artiste. On ne ressort pas indemne de telles expériences. Il s'est passé quelque chose, qui fait du bien profondément.

L'engagement des bénévoles en soins palliatifs relève, selon moi, de ce que Bernard Émond nomme l'*extase* :

> Sortir de soi, c'est une définition littérale de l'extase. Je pense profondément qu'on doit s'extasier devant le monde, devant sa beauté, devant sa douleur et devant son mystère. Je pense aussi que dans un monde qui nous ramène sans cesse à nous-mêmes, par la télévision, la publicité, qui nous ramène sans cesse à nous-mêmes, à nos désirs, à nos préférences, il faut sortir de soi. S'extasier, aller vers ce qui est autre, aller vers les autres (Émond, 2011 : 113).

Contempler l'engagement des bénévoles peut sembler un exercice bien pompeux. Il s'agit tout simplement de se laisser étonner par le choix qu'ils font d'aller vers les autres, leur *extase*, et de tenter de saisir quelque chose des racines de ce choix. Notons en passant que les mots *contemplation* et *extase* nous situent plus spontanément dans la sphère spirituelle que les mots *expliquer* ou *philanthropie*.

Les collègues bénévoles constituent une richesse dans nos équipes. Loin de moi l'idée d'en faire des personnes parfaites, mais tenter d'accéder aux racines de leur engagement, surtout lorsque nous nous approchons de la sphère spirituelle, cela change quelque chose dans la dynamique de l'équipe. Avoir accès à certaines profondeurs de nos collègues peut contribuer à souder les liens entre nous. Une saine admiration de l'autre est nécessaire pour faire équipe. D'ailleurs, la considération des racines spirituelles de leur engagement peut provoquer chez nous une recherche des sources de notre propre engagement.

De façon plus large, n'est-ce pas qu'une telle considération donne de la saveur à la vie ? N'est-ce pas que cela nourrit l'espérance en un monde meilleur ? N'est-ce pas que le bénévolat, quel que soit le domaine dans lequel il s'exerce, est actuellement une manifestation de santé morale de notre société ?

Une certaine manière de faire

Les bénévoles en soins palliatifs, comme dans bien d'autres secteurs de bénévolat, sont souvent considérés comme très engagés dans l'action. Il y a des choses à faire, des tâches à exécuter. On attend d'eux des actions concrètes. S'ils ne sont pas au rendez-vous, ils risquent plutôt de nuire. D'ailleurs, une de leurs fiertés est précisément de se présenter comme des personnes en état de service. On attend d'eux une compétence dans leur domaine propre. Les conseils d'administration, par exemple, doivent regrouper des administrateurs bénévoles qui savent bien assumer les responsabilités liées à la gestion.

La compétence en soins palliatifs ne se manifeste pas seulement par le faire mais également par la manière de faire. La vulnérabilité des malades, de leurs proches, et les enjeux liés à ce qu'ils vivent appellent un savoir-faire particulier. Celui-ci dépasse la mise en œuvre des techniques. Qu'il s'agisse d'aider un malade à se déplacer ou de prendre des décisions administratives, la façon de faire est importante. Parfois même celle-ci soulage plus que l'intervention elle-même.

Nous entrons alors dans le domaine des attitudes et surtout de ce qui sous-tend celles-ci, c'est-à-dire les motivations à s'engager dans ce genre de bénévolat. Celles-ci influencent la vision que le bénévole a du malade et de ses proches, la conception qu'il a de son service et de sa place dans l'équipe. Plus profondément la manière de faire découle de la vision que le bénévole a de la maladie, de la souffrance, de la mort, et, pourquoi pas, de ses propres souffrances et de sa propre mort ? Nous évoluons alors dans la sphère du spirituel. Prendre contact avec les motivations spirituelles de son engagement permet au bénévole de développer une manière de faire toute particulière. La façon de donner peut être révélatrice du monde intérieur du bénévole, de sa spiritualité. Il est sans doute aussi vrai que l'engagement influence la spiritualité du bénévole.

UNE DÉMARCHE DE RECHERCHE

Le premier obstacle qui se présente lorsqu'on aborde le monde de la spiritualité relève du contenu donné aux concepts utilisés. Ceux qui observent les mouvements qui traversent notre société sont assez d'accord pour reconnaître qu'il existe actuellement un intérêt très marqué pour la spiritualité. Par contre, l'accord s'estompe lorsqu'ils essaient de dégager une signification donnée aux mots qui soit reconnue par tous. Déjà la multiplicité elle-même des mots utilisés peut créer de la confusion. Par exemple, que recouvrent les expressions suivantes : expérience, expérience spirituelle, expérience religieuse, expérience spirituelle chrétienne, spiritualité, vécu spirituel, souffrance spirituelle, souffrance existentielle ?

Posons-leur la question

Le bénévolat en soins palliatifs : une expérience spirituelle ? Les bénévoles eux-mêmes sont les mieux placés pour apporter des éléments de réponse. Deux démarches sont possibles pour cueillir ces données.

La première serait une démarche plutôt descendante. On établit d'abord ce qu'on entend par spiritualité. On précise le concept. On pose ensuite aux bénévoles la question : « Voyez-vous un lien entre votre engagement et la spiritualité » ? On tente ensuite de repérer dans leur discours ce qui est en accord ou non avec la définition choisie au départ. À partir du contenu donné au concept, on évalue les réponses. Selon la définition adoptée au départ, leur bénévolat est ou n'est pas une expérience spirituelle. Cette démarche est très valable. Elle apporte une sorte de sécurité : celle d'avoir une réponse claire. Elle a cependant la limite de restreindre l'analyse des résultats à une définition de la spiritualité. Peut-être risque-t-on alors de passer à côté de richesses ?

L'autre démarche serait plutôt ascendante. Elle consiste à poser la même question, mais à y ajouter une deuxième : « Qu'est-ce que la spiritualité pour vous » ? On risque alors de ne pas se retrouver devant une définition claire du phénomène, mais plutôt devant un tableau, une sorte de portrait à *considérer attentivement*. Il est fort possible que les visions de la spiritualité soient multiples dans le monde des bénévoles, comme dans d'autres secteurs de la société. Il deviendra peut-être possible de dégager plutôt des tendances dans la vision que les bénévoles ont de la spiritualité au regard de leur engagement. On n'évalue pas alors une tendance, on la constate.

J'ai opté pour la deuxième démarche. Un processus de recherche a été élaboré et réalisé. Les 355 bénévoles officiellement inscrits sur la liste des bénévoles de la Maison[4] ont été invités à participer à un *focus group* portant sur ces questions. Un total de 34 bénévoles a participé à l'un ou l'autre des cinq groupes qu'il a été possible de rassembler.

---

4. Les bénévoles aux soins et les bénévoles du Centre de jour sont en contact direct avec les malades et leurs proches. L'autre groupe de bénévoles est constitué de ceux qui, sans avoir de contact direct avec les malades, par leur soutien au fonctionnement, apportent une contribution essentielle à la Maison, par exemple : les membres du conseil d'administration, les bénévoles de la Fondation, les lingères, les musiciens, etc.

Au cours de la rencontre d'une durée de deux heures, plusieurs questions ont été posées sur trois thèmes : engagement, spiritualité, ressourcement. Je veux présenter ici une synthèse des réponses aux questions principales posées dans le bloc spiritualité : « Voyez-vous un lien entre votre engagement à la Maison Michel-Sarrazin et la spiritualité » et « Qu'est-ce que la spiritualité pour vous » ?

Un tableau à considérer attentivement

Le bénévolat en soins palliatifs : une expérience spirituelle ? L'analyse du contenu des échanges nous fournit des éléments de réponse. Je considère ceux-ci comme des coups de pinceau, parfois tracés à gros traits, parfois de façon très délicate. Il en résulte un tableau à considérer attentivement, un tableau vivant.

Quelques participants ont exprimé en début de rencontre leur désir d'avoir une définition de la spiritualité qui aurait pu les guider dans leurs réponses (démarche descendante). Un peu déstabilisés devant ce qui était proposé, ils ont quand même consenti à entrer dans la démarche.

Sauf un participant, tous ont reconnu établir un lien entre leur engagement comme bénévole et leur expérience spirituelle. Ils ont tous rendu compte, de façon directe ou indirecte, de leur vision de la spiritualité, tant dans leur bénévolat que dans les autres secteurs de leur vie. Au cours des échanges, nous sommes toujours demeurés dans la sphère de la spiritualité. Une dynamique se développait dans le déroulement de la rencontre. Les participants se stimulaient les uns les autres à échanger sur des aspects de la spiritualité qu'ils n'avaient peut-être pas prévu aborder au départ. Chaque groupe a eu sa couleur propre. Je relève ici les principaux thèmes qui ont émergé, tous groupes confondus. Des extraits des verbatim recueillis viendront illustrer quelques-uns des coups de pinceau qui contribuent à la réalisation du tableau. Il a fallu choisir, ne rendant pas ainsi justice à la richesse des échanges[5].

Aucun lien entre spiritualité et bénévolat

Un participant reconnaît, en début de rencontre, ne pas voir la spiritualité dans ce qu'il fait comme bénévole. La raison principale est que

5. Les personnes dont les propos sont rapportés ont donné leur accord.

son engagement est dans le domaine du matériel. Il n'est pas en contact direct avec les malades. De plus, pour lui, la spiritualité est identifiée à la religion. Finalement, le fait d'avoir du plaisir à s'engager disqualifie son engagement, à ses yeux, comme une expérience spirituelle. Cependant, en cours de discussion, son discours a changé à la suite des partages.

> Moi, je dois vous dire que je ne vois pas la spiritualité dans ce que je fais. [...] Moi, ce que je vois, ce que je donne à l'heure actuelle, c'est matériel, c'est physique. C'est à long terme. [...] J'ai un sens des responsabilités, mais je n'associe pas ça à la spiritualité. Puis, en plus, je me sens un petit peu égoïste, parce que j'ai du plaisir à faire ça. Alors je ne peux pas rattacher ça à la spiritualité.

Bénévolat, spiritualité et religion

Assez spontanément, dans chaque groupe, les participants ont voulu situer la spiritualité par rapport à la religion, soit pour établir une nette différence, soit pour affirmer un lien fort, soit pour reconnaître une difficulté à tracer une frontière entre les deux. Le point de référence était le christianisme de tradition catholique dans lequel ils avaient grandi. Parfois, le lien était fait avec le bénévolat. Nous étions souvent dans l'ordre du témoignage : « La spiritualité, pour moi, c'est bien différent de la religion » ; « Tu peux ne faire aucune religion et être spirituel ».

> Alors ma foi chrétienne m'amène à être tournée vers les autres. J'aime servir. Je pense que ma foi et ma pratique religieuse m'aident à vivre des valeurs, les vraies valeurs de la vie. Alors, c'est pour ça que j'aime faire du bénévolat. Ça m'aide en tout cas.

La spiritualité et l'humain

Si les liens entre la spiritualité et la tradition religieuse sont variés et parfois complexes, il est un point sur lequel les participants sont d'accord, c'est l'importance donnée à l'humain dans leur spiritualité et dans leur engagement comme bénévole. Il existe au départ une foi dans la bonté de l'être humain. Elle se traduit par des valeurs de générosité et d'entraide. Tout cela est éminemment spirituel : « Moi, ma spiritualité, c'est humain à humain ». « La spiritualité, ce serait comme l'expérience de vie qui m'aide à être une meilleure personne, puis à mieux me situer dans la communauté humaine ».

> Moi, quant à la spiritualité, j'ai toujours eu beaucoup de misère à la définir... Ce que je crois beaucoup, ce que je retrouve ici, c'est beaucoup les valeurs d'entraide, de générosité. J'ai foi en l'être humain... Si je suis capable de participer à ça...
>
> Puis là, ça m'a fait mettre comme sur un piédestal tout simplement la personne humaine. Peu importe quelle personne, c'est comme quelque chose, comme quelqu'un de très grand, quelqu'un qu'il faut respecter, prendre soin au maximum.

Une question d'amour

Pour certains, ce parti pris pour l'humain est une question d'amour, un amour donné et reçu. C'est ce qu'il y a de plus beau dans l'humain. Le bénévolat en soins palliatifs permet de traduire l'amour surtout par de petits gestes.

> Je me suis rendu compte que les gens proches de la mort..., l'amour, c'est toujours bienvenu. C'est comme facile de témoigner de l'amour, de l'affection aux gens qui sont à la veille de mourir..., que c'est toujours reçu. C'est comme un besoin de la part du mourant, comme quelque chose de bon, c'est toujours bon à recevoir.
>
> Pour moi aussi, c'est ça le spirituel. Tout tourne autour du mot amour. Je reçois et je donne. Alors c'est ça pour moi la spiritualité. Quand je dis ce qu'il y a de plus humain, je pense que c'est ça qu'il y a de plus beau dans l'humain : l'amour.

Au-delà de l'être humain

Dans le rapport à l'humain certains reconnaissent une dimension verticale. Il existe dans la spiritualité de leur engagement une dimension de transcendance qui les dépasse, sans trop pouvoir préciser ce dont il s'agit. Ils expérimentent leur engagement bénévole comme quelque chose de donné, comme un appel qui vient d'ailleurs. Cet appel est perçu comme un don, une nécessité. En retournant à ce don ils trouvent l'énergie pour continuer. Pour certains, les malades leur sont confiés par Quelqu'un. Quand on s'engage comme bénévole en soins palliatifs, on change de niveau. On s'élève, particulièrement au-dessus des valeurs matérielles, et, d'une certaine façon, on entraîne l'humanité dans le mouvement. Cette dimension de la spiritualité demande que soient cités plusieurs verbatim :

C'est la recherche de l'infini, que ce soit avec les malades, avec les bénévoles, avec le personnel, avec la famille. On dirait qu'on est continuellement sollicités. Il y a quelque chose en nous autres qui est sollicité continuellement à un dépassement, à aller plus loin.

Il faut absolument, à mon sens, l'énergie dont on a besoin pour continuer, pour faire du bénévolat, c'est-à-dire donner de notre temps. [...] C'est, dans mon intérieur, être capable de faire des liens avec quelque chose qui nous est supérieur, qu'on ne comprend pas toujours. Vous pouvez appeler ça la grâce.

Pour moi, il y a une connexion avec quelque chose qui est au-dessus de nous autres. Il y a un appel qui vient de quelque part. C'est pas seulement parce que, une bonne journée, ça me tente, puis je ne sais pas pourquoi. Puis, non. Il y a une motivation qui nous pousse vers là.

Pour moi, la spiritualité, c'est un besoin. J'ai besoin de croire autant que j'ai besoin d'être charitable, autant que j'ai besoin de m'impliquer. Alors pour moi spiritualité et bénévolat, c'est des besoins, des besoins pour mon intérieur à moi. C'est ça pour moi spiritualité et bénévolat. C'est un besoin.

Le spirituel ici, c'est l'abandon du corps. C'est particulier à la vocation de la Maison. [...] Quand on est ici, on doit s'élever quasiment en dehors, au-dessus des valeurs matérielles, des valeurs physiques, pour aller dans cette élévation-là, qui amène au dépassement de soi, ce que, moi, j'appelle le spirituel. Moi je remarque que, quand on abandonne, le spirituel est partout. Mais ici, c'est particulier, parce que c'est la destruction. C'est l'abandon du corps.

L'authenticité, le respect... Et on le fait par des gestes... Puis ça, pour moi, ça ne peut pas juste être moi. C'est comme si ça vient d'ailleurs... Je suis un passage, je suis un tuyau, ou un lien, je ne sais pas, un canal [...]

Une recherche de sens

La spiritualité et le bénévolat sont intimement liés à la question du sens. La spiritualité ne peut pas se vivre si on n'est pas dans une certaine quête de sens et, dans ce contexte, le bénévolat fait sens. La recherche de sens suppose beaucoup de questionnement et le bénévolat en soins palliatifs expose à ces questionnements, à cause de la proximité avec la maladie et la mort. Il est un lieu pour se rapprocher du sens véritable. Quelques-uns ont exprimé le désir, par leur bénévolat, de devenir une meilleure personne: « C'est le sens véritable, dans le sens que c'est pas terrestre ».

> Dans ce contexte-ci, il y a peut-être, je dirais, une plus grande sensibilité à ce qui se passe ou à l'importance de ce qui se vit [...] On est des bénévoles auprès de personnes en fin de vie. Pour moi, je pense qu'il y a une dimension spirituelle plus présente à cause de ça. [...] Il y a une plus grande intensité... Je ne suis pas toujours en questionnement existentiel. Ça dépend des événements. Mais ici, il semble que c'est toujours présent.

> Ça m'a fait grandir, le simple fait de vouloir m'impliquer, de vouloir faire partie des gens qui sont ici, qui aident les autres. Ça donne un sens à ma vie... Je sens que je vais retrouver un sens, la bonne direction.

Question d'intériorité

Où se loge la spiritualité? Elle s'expérimente à l'intérieur, même si elle se traduit par des gestes extérieurs: « L'engagement c'est d'être le plus connecté avec soi-même, avec le meilleur de moi. Ça, c'est déjà de la spiritualité en partant ».

> J'ai appris qu'on a un espace intérieur qu'on se doit de connaître..., qu'on recevait. Il n'y a rien de spirituel dans le monde extérieur. Alors j'ai appris tranquillement que je devais utiliser ce que j'avais à l'intérieur pour le donner à l'extérieur, pour en faire profiter... Vous pouvez appeler cela la charité... Ça a toutes sortes de formes. [...] Arriver à découvrir, à meubler, à organiser mon espace intérieur, dans le sens que je puisse aller vers l'extérieur. Et là..., faire du bénévolat, parce qu'on donne ce qu'on a, mais on ne peut pas le donner si on ne l'a pas.

Une réalité qu'on touche

Quelques-uns ont exprimé que, de façon mystérieuse, dans leur engagement, ils *touchaient* le spirituel: « [Au moment du décès] On touche à quelque chose..., toucher à l'infini. C'est les dernières secondes, c'est les derniers moments. C'est tellement beau d'être avec... Le privilège qu'on a... ».

> Moi, je trouve que la spiritualité ça fait partie intégrante à la fois de chacun de nous et ça fait vraiment partie de tout le monde. [...] Quand on entre dans une chambre de malade, on y touche..., un élément qui nous dépasse.

Les malades et les proches, éducateurs de la spiritualité du bénévole

Plusieurs interventions font état de l'influence que les malades et leurs proches exercent sur la spiritualité personnelle des bénévoles. Ceux-ci sont impressionnés surtout par l'authenticité de ces personnes et le fait qu'elles font face aux réalités essentielles: « Ça nous met face à notre propre mort ».

> Mais au contact de ces gens-là, c'est eux autres qui sont en train de m'élever. Mais ça fait que je me questionne et je n'ai plus la vérité. [...] Je vais continuer à apprendre des affaires. Mais c'est d'eux autres que j'apprends ça.

> N'importe quel bénévolat, si je le fais avec qualité, doit améliorer la personne...Ce qui est particulier dans les soins palliatifs..., c'est la fin de la vie. Ça rentre plus dans les tripes, parce que c'est la fin. Ça entre vraiment à l'intérieur.

> Ce qui nous arrive, c'est une nouvelle vision de ce qu'est la vie... Je n'y ai jamais pensé à ce que c'était la vie. Envoie de l'avant, fais ci, fais ça ! Alors que, tout d'un coup, ça m'est tombé en pleine face. Ces gens-là, ils m'amènent quelque chose. Enfin, je sens quelque chose dans mon intériorité..., quelque chose que j'ai jamais vécu dans ma vie. C'est ça que je reçois.

Ce qui rend cette évolution possible du côté du bénévole

Il existe des attitudes à développer et des choix à faire par le bénévole pour rendre ce travail spirituel possible: l'écoute du malade, une écoute-communion, l'attention aux petits gestes, particulièrement dans les soins du corps, le respect du temps, l'humilité.

> Quand je me présente ici à la Maison, je fais toujours une prise de conscience du sens que je donne à la journée que je viens passer ici. [...] Je suis de passage et dans l'anonymat... Je vais avoir été oubliée

> après. Mais l'important pour moi, c'est que cette journée-là, je vais l'avoir vécue avec tout ce que je suis, avec mes forces, mais aussi avec mes faiblesses.

Une question d'égoïsme ?

Une phrase est revenue souvent chez les bénévoles dans l'évocation de la dimension spirituelle de leur engagement: « Je reçois plus que je donne ». Ce constat était parfois exprimé avec fierté, parfois avec un malaise. Égoïsme sain ou malsain, spirituel ou antispirituel? Le débat n'a pas été ouvert, mais la question est présente dans l'expérience spirituelle du bénévole: « Je me suis rendu compte que ce n'était pas sans retour. Tu récupères beaucoup plus que ce que tu donnes... ».

> Être bénévole, c'est un geste autant d'égoïsme que d'altruisme. Quand je pense que je continue, j'aime les gens, j'aime le contact avec ces gens-là. Mais je pense que je reçois tellement de ces gens-là. C'est dans ce sens que je dis que c'est égoïste, un geste égoïste... Ils me nourrissent, ils me font me poser des questions. Ils ne me laissent pas dans mon petit état [...] mon besoin de donner, d'être aimé.
>
> Quand je dis égoïste, c'est que si on donne tant que ça, c'est qu'on a besoin de recevoir de ces gens-là. C'est sûr qu'il y en a qui donnent, que c'est un don gratuit. Moi, j'aime ça pour moi. Moi, je continue parce que ça me nourrit, parce que je reçois beaucoup. Je bénéficie de beaucoup de choses... C'est moi qui apprends. [...] Dans la vie, pour être bien, pour être heureux, il faut être capable d'être aidé soi-même pour être capable de redonner aussi. Il faut au moins avoir une certaine gratification. Il faut être reconnu pour ce qu'on est. Puis après, on est capable de redonner deux fois plus.

RÉFLEXIONS

La synthèse des propos échangés permet de constater que les bénévoles, dans leur engagement, sont influencés par une vision personnelle de la spiritualité. En même temps, comme dans un mouvement de retour, le contact avec les malades et leurs proches, avec les autres membres du personnel et leur implication dans la mission de la Maison influencent leur spiritualité. Plusieurs lectures du contenu des échanges peuvent être faites. Le sociologue, l'anthropologue, le psychologue, le théologien y trouveront des données pour alimenter leur réflexion. Je vous propose ma lecture qui est celle d'un responsable de pastorale, préoccupé, entre autres, du ressourcement spirituel des bénévoles.

On trouve chez les bénévoles, tout comme dans la société, un large éventail de conceptions de la spiritualité. Il serait téméraire de prétendre être en mesure de dégager des échanges une définition de la spiritualité des bénévoles en soins palliatifs. Ce n'était d'ailleurs pas le but de la recherche. Nous avons plutôt voulu considérer attentivement un phénomène. Dans ce beau tableau, des coups de pinceau attirent cependant notre attention.

Le fait de vouloir positionner leur spiritualité et leur engagement bénévole au regard de la religion, que ce soit pour affirmer une distance, une continuité ou tout simplement une complexité de rapports, indique que la religion demeure pour eux un point de référence. Les participants étaient tous issus d'un milieu chrétien de tradition catholique. Les groupes d'âge auxquels ils appartiennent peuvent aider à comprendre quelque chose du lien qu'ils font entre spiritualité et religion. Le phénomène des générations est ici à prendre en considération.

Le lien qu'ils établissent entre spiritualité et bénévolat relève beaucoup d'un parti pris pour l'humain. Certains vont nommer cette option : l'amour. C'est une question d'amour. Mais de quel amour s'agit-il ? S'agit-il de l'amour universel qui fait qu'au-delà de la sympathie ou de l'antipathie on s'ouvre le cœur à tout être humain, tout simplement parce qu'il est humain ? Comment nommer cette forme d'amour : humanisme, altruisme, compassion, empathie, sympathie, charité ? Ces mots ne sont pas interchangeables. Chacun apporte ses nuances.

Plusieurs interventions ont souligné une dimension autre, mystérieuse au parti pris des bénévoles pour l'humain, une sorte de transcendance dans leur spiritualité de l'humain. Il y a l'humain, mais il y a aussi quelque chose de bien mystérieux, au-delà de l'humain, dans leur engagement. Comme si leurs motivations venaient, du moins c'est ainsi que certains le ressentent, d'une sorte d'appel. Ces réflexions rejoignent le témoignage du cinéaste Bernard Émond :

> Mais je sens qu'une vie vécue sans le sentiment de quelque chose qui nous dépasse, de quelque chose de plus grand que nous, serait une vie plus pauvre. Ce quelque chose de plus grand peut se trouver dans

> les valeurs humaines, la solidarité, la générosité, la justice. On peut trouver que ces valeurs sont dignes de foi et qu'il vaut la peine de s'engager et même de donner sa vie pour elles (Émond, 2011 : 117).

Un autre lien que les bénévoles font entre leur bénévolat et la spiritualité, c'est la recherche de sens. Leur bénévolat en soi est, pour eux, porteur de sens, lié au sens qu'ils donnent à leur vie. Les malades et leurs proches sont leurs éducateurs dans ce domaine, parce que ceux-ci sont authentiques, en vérité, « dans les vraies affaires ».

La certitude de recevoir plus qu'ils ne donnent est à considérer attentivement. Certains vivent bien ce fait. Chez d'autres, on peut déceler un léger malaise. Est-ce correct de recevoir plus que ce que l'on donne ? Il y a là, me semble-t-il, un sujet majeur de réflexion. Existe-t-il un sain égoïsme dans la générosité ? La gratuité pure existe-t-elle ?

Notons enfin le caractère mystérieux et parfois paradoxal de la spiritualité. Celle-ci se vit à l'intérieur. Elle est un appel à l'intériorité. Mais en même temps, c'est quelque chose qui se touche, qui se sent.

CONCLUSION

L'engagement des bénévoles en soins palliatifs impressionne. Il est légitime et pertinent de considérer attentivement les racines de leur engagement, un exercice de contemplation et non d'explication. Notre hypothèse était que celles-ci sont plantées dans le terreau de leur expérience spirituelle personnelle, et même que leur engagement constitue en soi une forme d'expérience spirituelle.

Nous leur avons posé la question. Leur empressement à répondre dit la pertinence de celle-ci. Ils se sentaient concernés. Le climat des échanges confirmait leur intérêt. Nous étions plus souvent dans l'ordre du partage et même du témoignage que dans celui de la discussion.

Les participants ont consenti, en toute ouverture, à révéler quelque chose de la profondeur de leur engagement comme bénévole et de leur propre spiritualité. Ils se sont écoutés avec respect, malgré les différences manifestées. Plusieurs ont dit leur satisfaction au terme de la rencontre et même manifesté le désir de reprendre l'expérience. Certains ont affirmé que la démarche leur avait fait du bien. Il est toujours bon de tenter de mettre des mots sur sa propre expérience spirituelle pour en rendre compte devant d'autres.

On ne peut pas conclure une telle démarche. On la poursuit. La recherche ici présentée a été faite dans un milieu précis, la Maison Michel-Sarrazin. Elle n'a pas la prétention d'être normative pour tous les milieux de soins palliatifs où on trouve des bénévoles. Je crois cependant que nous avons là des clés d'interprétation qui peuvent aider à amorcer ou à continuer le dialogue avec eux sur le sujet, quel que soit leur milieu d'engagement.

Les bénévoles n'ont pas le monopole de l'extase devant la beauté du monde, devant sa douleur et son mystère. Ils ne sont pas les seuls à aller vers ce qui est autre, vers les autres. Notre engagement en soins palliatifs nous fait côtoyer chaque jour de telles personnes, à commencer par les malades eux-mêmes, leurs proches, et les professionnels qui les soignent. Cependant, le témoignage de bénévoles, si nous avons accès à sa profondeur, a de quoi nourrir la flamme. D'ailleurs je fais un rêve : faire la même démarche avec les intervenants professionnels. La question serait, je crois, pertinente également pour eux.

En terminant, je laisse la parole à une bénévole en citant un propos entendu au cours des échanges : « Moi, quand je suis entrée ici, ça été assez rapide. Le cœur s'agrandit, on le sent. Le cœur s'agrandit. Les autres le ressentent ailleurs, quand on sort ailleurs. Je pense qu'ils le ressentent ».

Le cœur s'agrandit : une belle réponse à la question du bénévolat en soins palliatifs comme expérience spirituelle.

RÉFÉRENCES

Émond, B. (2011). *Il y a trop d'images.* Montréal : Lux.

Le Nouveau Petit Robert (2002). *Dictionnaire alphabétique et analogique de la langue française.* Paris : Le Robert.

Mallette, J. et Guirguis-Younger, M. (2011). Être bénévole en milieu palliatif. *Cahiers francophones de soins palliatifs*, 11(2), 64-69.

CHAPITRE 15

BÉNÉVOLAT ET SPIRITUALITÉ EN SOINS PALLIATIFS[1]

Guy Jobin,
Chercheur principal, titulaire de la Chaire Religion, spiritualité et santé, Faculté de théologie et de sciences religieuses, Université Laval

Anne Céline Guyon,
Professionnelle de recherche,à la Chaire Religion, spiritualité et santé, Faculté de théologie et de sciences religieuses, Université Laval

Maxime Allard,
Cochercheur, Faculté de philosophie, Collège universitaire dominicain, Ottawa

Didier Caenepeel,
Cochercheur, Faculté de théologie, Collège universitaire dominicain, Ottawa

Jacques Cherblanc,
Cochercheur, Département des sciences humaines, Université du Québec à Chicoutimi

Nicolas Vonarx,
Faculté des sciences infirmières, Université Laval

1. La recherche menant à la rédaction de cet article a été subventionnée par le Conseil de recherches en sciences humaines du Canada.

INTRODUCTION

L'implication des bénévoles constitue une part non négligeable des activités de soin et d'accompagnement dans les milieux de soins palliatifs. À l'œuvre dans l'assistanat aux soins physiques ou dans l'accompagnement des personnes malades, les bénévoles sont aussi actifs dans la circulation des discours et pratiques spirituels dans les milieux de soins palliatifs. Pour plusieurs bénévoles, l'implication dans les milieux de soins palliatifs est motivée, en partie, par un intérêt lié à la réalité de la mort ou à une expérience de deuil. Les questions portant sur le sens de la vie, de la mort, de la souffrance, etc., sont souvent interprétées par les bénévoles comme des questions d'ordre spirituel. De plus pour certains, l'implication est également motivée, parfois, par des préoccupations religieuses ou spirituelles, c'est-à-dire par le désir d'agir avec et pour des personnes considérées comme vulnérables. L'implication en soins palliatifs est alors vue comme une manière d'agir au nom de valeurs importantes dans l'univers spirituel ou religieux auquel adhèrent les bénévoles, sans nécessairement être membres d'une institution ecclésiale particulière.

Mais quelles sont les représentations de la spiritualité portées par les bénévoles ? Comment voient-ils[2] le rôle des ressources spirituelles et religieuses dans l'accompagnement global des personnes en soins palliatifs ? Pour répondre à ces questions, nous avons rencontré 16 bénévoles des régions de la Capitale-Nationale et de Chaudière-Appalaches[3], dans le cadre d'une recherche sur les discours et les pratiques portant sur la spiritualité en milieu de soins palliatifs.

Nous avons fait le choix de laisser beaucoup de place à la parole des bénévoles. En effet, les analyses que nous avons faites seront amplement illustrées par les discours eux-mêmes. Il s'agit donc d'un texte descriptif, mais où l'on trouvera des éléments d'interprétation.

Le texte est structuré en trois parties. Dans la première partie, nous présentons la typologie qui sert de cadre d'interprétation de la parole des bénévoles. Dans la seconde partie, nous donnons une description

2. Le genre masculin est utilisé à titre épicène pour alléger le texte.
3. L'échantillon de répondants est constitué de 13 femmes et 3 hommes, âgés de 55 à 84 ans, pour une moyenne d'âge de 66 ans. Huit bénévoles œuvrent dans un centre ambulatoire, 5 en maison de soins palliatifs, 2 en unité hospitalière et 1 à domicile.

détaillée des caractéristiques du type de représentation qui est le plus présent dans les discours des bénévoles rencontrés. Dans la troisième partie, nous dégageons quelques influences normatives qui nous semblent structurer les discours des bénévoles.

TYPOLOGIE

Il y a bien des façons de se représenter le lien entre la spiritualité et la religion. Les répondants de notre étude en livrent trois. Dans chaque type, les contenus attribués à la spiritualité et à la religion sont intimement liés : la représentation de la spiritualité dépend de celle qui est faite de la religion. Premièrement, la spiritualité est identifiée à une tradition religieuse (I). On parle dans ce cas de spiritualité catholique ou de spiritualité liée à une autre tradition religieuse. Il y a alors identification entre la spiritualité et une religion, quelle qu'elle soit. Deuxièmement, la spiritualité est distinguée de la religion (II). Ici, deux représentations différentes sont exprimées. La spiritualité peut être distinguée de la religion et opposée à celle-ci (II.a). Enfin la spiritualité est distinguée de la religion, mais sans que cela soit une relation d'opposition (II.b). On peut alors dire que la spiritualité dépasse et englobe toute forme de religion, ainsi que les institutions qui s'y rattachent. La figure 1 synthétise cette typologie.

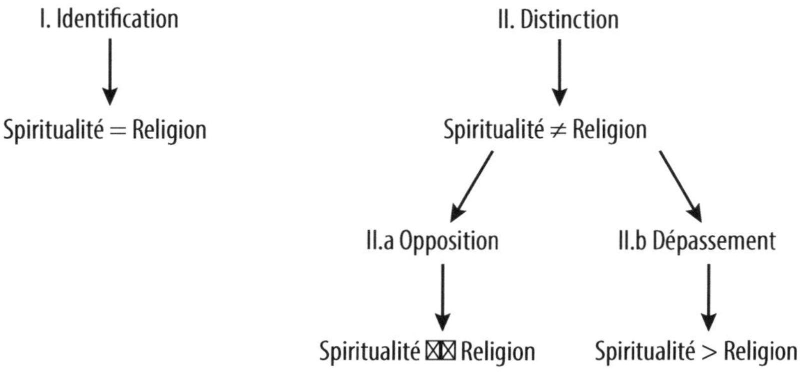

Figure 1 Typologie des rapports entre spiritualité et religion

Cette typologie permettra de rendre compte des trois grands axes qui structurent les discours des bénévoles que nous avons recueillis.

La spiritualité, c'est la religion

> Si vous me demandez pour moi, moi la spiritualité c'est plus parler de Jésus, de Dieu le Père, le Fils, l'Esprit Saint puis tout ça. Ça ça me… moi pour moi c'est ma spiritualité (Bénévole 2 F).

Les bénévoles qui, selon leur propre expérience, associent la spiritualité à la religion sont peu nombreux. Ils identifient la religion au catholicisme, se disent pratiquants (vont à la messe, lisent l'Évangile régulièrement, etc.) ou du moins appliquent certains principes du catholicisme :

> Bien, je suis de religion catholique. Je peux dire que je suis pratiquante… je « pratique » pas, je ne vais pas à la messe à tous les dimanches-là, mais je suis pratiquante dans le sens que je ne fais pas tort à mon prochain… puis tu sais, je veux dire… je m'arrange pour aider ceux qui sont dans le besoin quand je peux (Bénévole 9 F).

Toutefois, on peut également observer chez ces derniers une certaine construction de la religion à laquelle ils s'identifient. Plusieurs rapportent effectuer des choix dans leurs croyances, plus exactement ne pas forcément adhérer à toute la religion catholique dans son ensemble :

> Bien la religion, elle va me… pas m'indiquer, mais m'arriver avec des idées bien arrêtées, c'est comme ça, avec des lois, des enseignements qui sont bien précis sur lesquels je ne suis pas toute d'accord […] Mais la spiritualité c'est un peu tout ce que j'ai désiré garder de ma religion qui faisait mon affaire puis là j'ai mis ça comme dans la case « spiritualité » ! Dans le fond, c'est un peu ça qui m'arrive (Bénévole 11 F).

Parmi ces bénévoles qui associent la spiritualité à la religion, la majorité est âgée de 65 ans et plus. Ils appartiennent donc à une génération où la religion catholique occupait une place centrale dans la vie quotidienne. Néanmoins, d'autres évoquent aussi cette représentation, mais uniquement lorsqu'ils parlent du point de vue des patients, appartenant eux aussi, le plus souvent, à cette génération.

La spiritualité s'oppose à la religion

> Et après ça très tôt, la religion, disons que j'ai... La religion catholique. Je dis pas que tout est mauvais. Des fois je me dis, y'a des enseignements très bons là-dedans, mais que tu as vécu quelque chose un petit peu... Disons que tu te tiens un petit peu plus loin là. Fait que c'est pour ça que moi ça correspond... La spiritualité intérieure me correspond bien avec bien vivre avec les autres pis donner le meilleur de moi-même (Bénévole 7 F).

Ici, la spiritualité est distinguée de la religion, allant parfois jusqu'aux limites de l'opposition. Le souvenir qu'a laissé la religion est celui de l'absence de liberté, voire de l'autoritarisme. « Ben, la religion c'est quelque chose qui est extrêmement cadré, qui est orienté, enfin, qui oriente vraiment les gens. [...] Elle peut être un carcan [...] la religion a eu un poids énorme, elle a vraiment été... Elle a drainé des gens » (Bénévole 5 F).

La religion est aussi identifiée aux pratiques cultuelles comme la prière, le chapelet. Parce que la spiritualité n'est plus assujettie à une religion, il y a libération de la parole à son propos. « Les gens parlaient de religion quand j'ai commencé et s'ils n'étaient pas catholiques, ils se fermaient [...] Tandis qu'aujourd'hui les gens peuvent livrer leur vécu et leur intérieur sans être catholiques » (Bénévole 2 F).

Pour des répondants, il ne faut surtout pas mélanger spiritualité et religion : « Beaucoup de bénévoles mêlent la spiritualité avec la religion et moi je ne veux pas mêler pour ma part ça. C'est deux choses. Elles vont ensemble, mais on n'est pas nécessairement catholique quand on a de la spiritualité » (Bénévole 2 F). Après tout, « ce n'est pas parce que quelqu'un n'est pas catholique qu'il n'est pas spirituel » (Bénévole 3 F).

Le jugement sur la religion est ici sans équivoque. Le catholicisme, et son caractère religieux, est, paradoxalement, l'obstacle ou le repoussoir qui, étant peint sous un jour plus sombre, rend encore plus lumineuse la spiritualité.

La spiritualité dépasse la religion

> Elle nourrit nos actes et nos pensées... positives et vice-versa, la spiritualité. Et ça, bon, c'est juste comme ça, quelques mots, mais c'est vraiment énorme, pour moi. Parce que c'est... c'est vraiment, ça prend toute la place, cette phrase-là. La spiritualité dépasse nos croyances (Bénévole 5 F).

La représentation la plus souvent évoquée par les bénévoles est celle du dépassement de la religion par la spiritualité. Elle offre des similitudes avec la représentation précédente (comme nous le ferons voir), mais elle s'en démarque sur un aspect crucial : le dépassement n'est pas une rupture. Il y a encore un lien entre spiritualité et religion. Il s'agit alors d'une relation où la spiritualité englobe les religions. Le dépassement en question est présenté selon quatre traits :

i) La spiritualité est pensée comme une réalité essentielle qui dépasse et englobe les différentes religions : « C'est difficile à expliquer... mais quand on pense à la spiritualité, moi je la vois dans la religion bien sûr, mais je suis certaine qu'elle est ailleurs aussi » (Bénévole 12 F).

ii) Une distinction est faite entre une spiritualité épurée, ramenée à son essence véritable, et la religion qui est un phénomène culturel, marqué par la pluralité : « Il se pourrait que la spiritualité soit d'abord... moi je dis libérée, je m'en excuse là, mais de toutes espèces de religions » (Bénévole 3 F).

iii) La spiritualité dépasse aussi la religion par ses formes d'expression. Quand la spiritualité se manifeste extérieurement, c'est, selon les répondants, par et dans la relation à l'autre et non seulement dans des rites : « C'est parce que la spiritualité ce n'est pas non plus de dire des prières ou des affaires de même. C'est la présence, c'est écouter la personne lorsqu'elle veut nous parler... C'est l'accompagner » (Bénévole 3 F).

Ces trois manifestations de la religion sont objectives, c'est-à-dire extérieures aux personnes, alors que la spiritualité est une dimension intérieure.

iv) Enfin, la spiritualité et la religion se démarquent également du point de vue de leur fonction respective. La religion a pour but de conforter l'angoisse existentielle universelle :

> [L]es différentes religions sont toutes, à mon avis [...] inventées par chaque peuple, chaque population, pour répondre à une grande question existentielle et pis selon la culture de chacun des pays, et ben la religion ressemble à ceci ou ressemble à cela [...] Alors ça m'a permis de comprendre comment le problème de l'angoisse existentielle était universel, bien sûr, et pis comment chacun y répondait à sa façon en instaurant un système de croyances pis un système de rituels pour se conforter là-dedans (Bénévole 3 F).

La religion semble éteindre ou éliminer les doutes. Parlant d'une patiente à qui l'interviewée avait posé une question sur la fin de la vie, celle-ci raconte :

> Mais quand on vit la maladie, j'avais l'impression que ça changeait quelque chose. Elle me dit non. Elle me dit qu'elle est bien chanceuse, qu'elle n'a pas de doute et ça, ça m'a vraiment frappée ! Je pensais qu'à la toute fin, on pouvait avoir des doutes pis supposons qu'on nous avait raconté des histoires, supposons qu'il y avait rien, pis supposons qu'on s'en allait nulle part... Il me semble que ça doit nous effleurer ! Pis elle dit non, pour elle, c'était non. Pour elle, c'était : "Non, j'en ai pas de doute. Je sais que je m'en vais quelque part" (Bénévole 4 F).

CE QU'EST LA SPIRITUALITÉ

Les discours des bénévoles sur la spiritualité ne sont pas uniquement un contrepoint à la conception qu'ils se font de la religion. Distinguer la religion de la spiritualité permet de penser cette dernière comme un phénomène maintenant indépendant de toute tradition religieuse. C'est pourquoi nous parlons ici d'une conception dé-traditionnalisée (sortie de la tradition) de la spiritualité. Nous avons repéré et analysé cinq caractéristiques d'une telle conception de la spiritualité dans les discours des bénévoles.

La spiritualité comme l'affaire de chacun

Il est clair que pour les bénévoles, la spiritualité est une affaire personnelle. La dimension personnelle de la vie spirituelle est exprimée de trois façons. Premièrement, la spiritualité est un phénomène universel. Or, il est important de souligner que l'universalité de la spiritualité est liée à ce que chaque personne est spirituelle, de par son appartenance à l'humanité. Cela signifie que la spiritualité est une caractéristique intrinsèque à l'être humain. Comme le souligne très bien un répondant :

> La spiritualité, ça fait partie pour moi de la vie. Ça fait partie de l'être qui est en face de moi, ça fait partie de ce qu'elle est [...] La spiritualité, ça rentre dans tous les systèmes de la personne [tu sais] comme manger, boire... Ça fait partie de la personne [...] la spiritualité est là et le corps est là. C'est vu de façon globale (Bénévole 1 H).

En d'autres mots, être un *humain*, c'est être spirituel.

Deuxièmement, chacun est porteur de « sa » spiritualité : « la spiritualité, c'est pas une façon de voir, c'est chacun qui a sa spiritualité et chacun aussi va puiser dans sa spiritualité ce qu'il a besoin » (Bénévole 1 H). Autrement dit, chacun façonne personnellement sa croyance et sa pratique ; chacun module ses ressources spirituelles selon les circonstances de sa vie.

Cependant, le qualificatif qui revient le plus souvent dans les discours des bénévoles, et c'est notre troisième remarque, c'est l'intériorité de l'expérience spirituelle. Or, cette intériorité, et l'authenticité qui l'accompagne (ou devrait l'accompagner), est ce qui distingue le vécu spirituel du vécu religieux. En effet, l'intériorité de l'expérience spirituelle est différenciée de la religion : « la spiritualité, c'est plus ce que j'ai moi, ce que je ressens, ce que j'ai à l'intérieur de moi. Peu importe la religion que je vais pratiquer » (Bénévole 13 F). Or, cette représentation de la spiritualité sert aussi de grille de lecture de l'expérience spirituelle des patients, comme en témoigne le passage suivant :

> La dame que je viens de quitter, qui m'en parlait... elle ça se passe beaucoup... elle ferme souvent ses yeux pis elle s'en va comme à l'intérieur. J'ai l'impression qu'elle est plus là. Elle ferme souvent ses yeux pis elle se retire comme ça. J'ai l'impression qu'elle a toute une vie à l'intérieur qui est à elle, son jardin secret qu'on pourrait dire (Bénévole 4 F).

La spiritualité comme sortie de soi

Si la spiritualité est marquée par l'intériorité, elle n'est pas pour autant repliement sur soi. Le discours des bénévoles révèle clairement que le vécu spirituel est, pourrions-nous dire, une « sortie de soi », un dépassement de soi. La spiritualité permet de transcender les apparences immédiates : « La vraie vie pour moi est pas ici. C'est une illusion ici [...] C'est ma façon de voir là. L'illusion est ici pis l'au-delà, c'est la vraie vie » (Bénévole 7 F). Elle va au-delà du matériel et de la vie normale : « Qu'est-ce que ça touche la spiritualité ? Ça peut aller dans bien des domaines. Des fois on va voir dans la nature... On va dire « C'est tellement beau ! C'est quelque chose d'au-delà de la normalité » » (Bénévole 12 F).

Pourtant, il ne s'agit pas nécessairement d'une fuite dans l'au-delà. Au contraire, le dépassement peut se faire en visant des éléments de la réalité, par exemple, avoir conscience de sa place dans l'univers : « C'est vraiment, pour moi la spiritualité, c'est un lien direct avec notre place dans l'Univers et ce ressenti » (Bénévole 5 F) ; dans une attitude qui déborde la rationalité :

> C'est quelque chose aussi qui... qui nous relie à... à plus grand que nous, à plus haut, à... Alors peut-être à quelque chose de divin. Mais en tout cas, ça va rejoindre les dimensions de tout ce qui n'est pas rationnel, de tout ce qui est immatériel, mais de ce qui vraiment fait partie intégrante de tous nos sens, en fait (Bénévole 5 F).

Le dépassement ou la sortie de soi peut donc se réaliser dans l'immanence, c'est-à-dire dans le monde d'ici-bas, et sans nécessairement se référer à une divinité.

La spiritualité comme soutien

Si la spiritualité est considérée comme présente en tous et propre à chacun, il n'y a qu'un pas à franchir pour en faire une source de soutien et d'appui en cas de difficulté. Cette fonction de soutien se manifeste de deux façons. Ainsi, ce peut être en mobilisant des ressources internes préexistantes ou alors en contribuant à un cheminement intérieur. Cette nuance se décline assez bien dans l'extrait de verbatim suivant :

> Parce que j'ai côtoyé des gens qui ne voulaient rien entendre de la religion, mais qui étaient très spirituels. Ils croyaient en ce qu'ils

> avaient en dedans d'eux. Ils croyaient en une force, ils croyaient en une énergie, ils croyaient en l'amour ! L'amour, on le relie à la religion, mais les gens qui n'ont pas de religion, ils ont de l'amour dans le cœur. Leur spiritualité, c'est ça (Bénévole 2 F) !

Pour cette bénévole, la spiritualité est une croyance en la force, l'énergie et l'amour que chacun a en soi afin d'aller les chercher quand on en a besoin, d'où l'idée d'une spiritualité mobilisatrice et mobilisable.

Dans d'autres verbatim, nous trouvons aussi souvent le mot « moteur » associé à la spiritualité ou encore l'expression « aider à se réaliser ». La spiritualité est donc vécue par certains bénévoles comme quelque chose qui porte l'individu, qui le motive et qui l'aide à se réaliser en tant qu'être humain. C'est une spiritualité active et individuelle. Plus exactement, chacun la vit à sa façon, se l'approprie, mais aussi l'instrumentalise en fonction de ses propres besoins. La spiritualité, en étant un soutien, un guide, permettrait d'avoir une meilleure présence à soi et favoriserait ainsi une meilleure présence aux autres. Elle faciliterait ainsi les relations :

> La spiritualité, pour moi c'est l'intérieur. C'est beaucoup... Ça se vit avec notre moi profond, le divin, mais c'est beaucoup pour moi, ça commence par moi pour être bien avec les autres [...] Être bien avec moi pour donner davantage, échanger avec les autres (...) Mieux je vais être avec moi, meilleure je serai avec les autres (Bénévole 7 F).

Comme nous venons de la décrire, la fonction de soutien de la spiritualité apparaît comme une réserve et une source de sens. Mais il y a une autre facette à la spiritualité. Le soutien qu'elle apporte se traduit en attitudes, voire en états d'âme qui transparaissent dans la vie quotidienne des personnes : être en paix, être serein, être bien avec soi, aider à mieux vivre. Voilà autant de fruits d'une spiritualité active, voire d'indices d'une expérience de libération : « Ça rejoint une spiritualité. Mais c'est des gens... Encore là d'enlever des mémoires, des blocages, pour être mieux avec soi... » (Bénévole 7 H).

Un autre élément souvent mentionné est l'amour qui guérit : « L'amour. Avec l'amour je pense que tu vas guérir beaucoup de maux, pis c'est beaucoup intérieur » (Bénévole 7 H) ; l'amour qui transparaît dans les pratiques : « Qu'ils viennent du milieu qu'ils voudront, ici il y a un même service pour tout le monde. Ils se sentent aimés les gens ici. Je te dirais que le mot c'est ça. Les gens se sentent aimés ici » (Bénévole 10 H) ; l'amour comme condition du rayonnement spirituel et du travail bénéfique : « Moi je pense que quand on a l'amour à l'intérieur de nous autres, quand on a l'amour et qu'on est bien, on dégage aussi» (Bénévole 13 F).

Les discours des bénévoles sur les fruits spirituels[4] comportent un aspect qui n'apparaît qu'occasionnellement, mais il revêt de l'importance pour bien comprendre l'ensemble. En parlant des fruits concrets de la spiritualité, les bénévoles ne font pas que décrire des situations ou énoncer des constats. Ils posent en même temps des jugements normatifs. En effet, la vie spirituelle tend, selon eux, vers ces attitudes et fruits qui sont les manifestations d'une spiritualité active. Une forme d'idéal est sous-jacente au fait de reconnaître des attitudes et des fruits spirituels. Par exemple, la présence ou non de la sérénité, fruit de la spiritualité, jouerait un rôle dans l'attitude des personnes face à la mort: «La personne est plus sereine. Moi en tout cas je crois aussi que ça peut être plus comme ça. La personne est sereine lorsqu'elle a ça [la spiritualité], cette facette-là tandis que l'autre qui croit pas pis qui a peur de l'autre côté, je pense qu'il va avoir plus de difficulté» (Bénévole 7 H). Cette forme subtile d'impérativité vaut autant pour les bénévoles que pour les patients auprès desquels ils œuvrent.

La spiritualité comme relation

Chez certains bénévoles, la spiritualité serait une posture permettant d'entrer en relation avec l'autre:

> La spiritualité pour moi...c'est être... En tout cas, comment je pourrais dire? C'est être ce qu'on a envie d'être, mais... Moi en tout cas... Mon Dieu, comment je pourrais dire ça? C'est être à l'écoute d'abord des autres, mais de soi avant pour pouvoir aider ou donner aux autres. Je vois ça un petit peu comme ça [...] Peut-être que c'est ça la spiritualité. Ça apporte à l'autre, ça apporte à la personne et à l'autre (Bénévole 3 F).

Nous le constatons, la spiritualité rend alors possible une forme de réciprocité où, selon le dernier répondant, chaque personne bénéficie de l'accompagnement. En fait, parmi les qualités et les valeurs les plus souvent évoquées par les bénévoles et susceptibles d'être développées par la spiritualité, on note le «respect», «l'ouverture aux autres», «l'écoute».

4. Par «fruits spirituels», nous entendons tout ce que les bénévoles considèrent comme acquis au cours et en raison de leur maturation spirituelle.

Ces qualités ou valeurs « relationnelles » permettent une meilleure présence à l'autre et un accompagnement : « C'est parce que la spiritualité, ce n'est pas non plus de dire des prières ou des affaires de même. C'est la présence, c'est écouter la personne lorsqu'elle veut nous parler... C'est l'accompagner » (Bénévole 3 F).

Or, non seulement la spiritualité permet d'avoir une meilleure relation à l'autre, mais elle est aussi vue comme le moyen d'en prendre soin à travers des gestes posés ou le réconfort apporté :

> On a le souci de donner le confort, de bien s'occuper de son patient, de bien lui donner vraiment le confort. Moi je vois la spiritualité dans ça. [...] la spiritualité, c'est les gestes qu'on porte [...] bien s'occuper de son patient, de bien lui donner vraiment le confort. Moi je vois la spiritualité dans ça (Bénévole 2 F).

Une bénévole inscrit d'ailleurs dans son mandat de travail cet aspect de la spiritualité comme moyen de prendre soin des autres :

> Alors c'est peut-être juste ça la spiritualité pour... dans notre mandat de travail. D'être en compassion avec l'autre, qui est souffrant, qui est meurtri et qui est blessé, qui est en colère, qui a tous ses états d'âme pis qui fait face à son destin (Bénévole 3 F).

De plus, la relation dont parlent les bénévoles est une relation soignante, c'est-à-dire une relation où ils prennent soin concrètement de l'autre. La spiritualité apparaît alors à un niveau plus concret que les attitudes mentionnées jusqu'à présent. Elle se déploie dans un prendre soin des autres (en l'occurrence, les patients). Pour les bénévoles, cela passe dans la façon de prendre soin des besoins primaires, dans les gestes que l'on pose : « Tous ses besoins primaires sont répondus. Elle, cette personne-là est en sécurité et à partir de là, elle peut aller plus loin dans son cheminement personnel si elle le désire » (Bénévole 1 H).

En résumé, les bénévoles mentionnent que la relation à l'autre est le lieu où la spiritualité se manifeste. Il en est ainsi, selon les bénévoles, pour les patients qui profitent de leurs derniers jours pour raccommoder des relations qui ont été difficiles : « Ce qui m'intéresse c'est comment la personne a réparé auprès des personnes qu'elle a offensées, qu'elle a blessées, comment est-ce qu'elle a fait pour réparer ça. Ça, ça m'intéresse » (Bénévole 3 F). Cela l'est tout autant pour eux-mêmes qui veillent à ne « pas blesser [de] rendre service le plus possible [d'] essayer d'être correct et [de] me respecter aussi là-dedans» (Idem). Or, les bénévoles s'attendent à un traitement similaire: «jusqu'où va le droit des personnes en fin de vie de, de manquer de respect aux gens? et jusqu'où va l'acceptation des bénévoles, de se laisser faire ou dire un peu n'importe quoi?» (Bénévole 4 F). Voilà une autre forme de réciprocité attendue de la part des bénévoles. Le respect des croyances de l'autre est une autre forme d'attitude/action que les bénévoles interprètent comme relevant du spirituel: «Une spiritualité c'est respecter... être capable de discuter de ce que l'on vit, de ce que l'on ressent, mais dans le respect» (Bénévole 2 F). Enfin, la spiritualité ne fait pas que se manifester dans les pratiques et les actions, les gestes **sont** la spiritualité: «ça en est de la spiritualité, la façon que les gens sont accueillis, la façon que les gens sont aidés, tout le support qu'ils ont, le respect...» (Bénévole 10 H).

La spiritualité comme sens

La maladie et la mort apparaissent insensées pour les bénévoles. Le processus du mourir en soins palliatifs est le temps pour «trouver» un sens à la fin de la vie provoquée par la maladie.

Quand les bénévoles parlent de la spiritualité comme sens, ils utilisent le vocabulaire couramment en usage dans le monde de l'accompagnement, soit le vocabulaire du cheminement. Il s'agit d'ailleurs d'un vocabulaire souvent utilisé dans le monde des soins, particulièrement chez les patients atteints de maladies à l'issue incertaine[5]. Les répondants parlent du cheminement spirituel en utilisant les mots suivants: quête, étape, changement dans les croyances, deuil de certaines croyances et adoption d'autres croyances, évolution. Le verbatim suivant l'illustre bien:

> Et l'idée que dans la vie y'en a ben des étapes et pis à chaque étape nos croyances peuvent changer. Bon, je sais qu'au Québec, y'a eu un temps où beaucoup de personnes, dont moi, on croyait à la réincarnation pis on croyait à cette... Pis on trouvait ça... On trouvait ça intelligent que... on n'a pas eu assez d'une vie donc ce serait fin d'avoir eu une autre vie. Ce serait même fin si on en avait une troisième, etc., etc. C'était... on trouvait ça le fun. Et pis ça pourrait être vrai aussi! Donc

5. Arthur W. Franck, *The Wounded Storyteller*, Chicago, University Press of Chicago, 1995, p. 115-136.

> tout à coup on fait le deuil d'une croyance, on en adopte une autre (Bénévole 3 F).

En terminant cette section sur une note d'interprétation, nous pourrions dire que le sens est donné par le sujet à la situation qu'il vit, au contexte dans lequel il est plongé, au réel qui l'entoure. Le sens peut advenir de deux façons. Ce peut être, premièrement, par la projection/construction du sens à partir du soi. La source de sens est le soi qui, selon des modalités variables, attribuera une orientation et une signification aux situations vécues par le sujet. Deuxièmement, le sens peut aussi advenir d'un autre que le soi, le mot « autre » désignant ici une source différente du soi. Ce peut être notamment par la croyance en une transcendance, quelle qu'elle soit. La source du sens est alors extérieure au sujet. Celui-ci n'est pas inactif dans l'attribution du sens à la réalité. Il a un rôle, non pas de créateur, mais de *témoin*: le sujet *atteste* d'un sens qui le dépasse, d'un sens dont la venue est indépendante de lui.

DES NORMATIVITÉS EN JEU

La diversité des types et des lieux d'engagement des bénévoles (voir note 3) fait ressortir de manière saillante le large appui de ceux-ci à une représentation de la spiritualité comme dépassement de la religion. Notre recherche incite à penser que ce consensus est en partie influencé par la *culture* de ces milieux, plus précisément par les *normativités* qui y sont présentes.

Qu'est-ce qu'une normativité ? Nous en donnons une définition simple: une normativité, c'est ce qui oriente les personnes dans la pensée et dans l'action. Une normativité agrège en un ensemble des valeurs et des règles, parfois explicitement, parfois implicitement. Une normativité détermine ce qu'il est possible ou souhaitable de dire et de faire; par conséquent, elle indique ce que l'on ne peut ni dire, ni faire. Certaines normativités sont extérieures à un établissement tel celui où des soins palliatifs sont prodigués. Des exemples de normativité externe sont la philosophie des soins palliatifs et les valeurs qu'elle porte (Sévigny, Blondeau, Proulx et Guillot, 2008)[6]; les obligations déontologiques

6. Quelques-unes des valeurs énumérées par les auteures sont la valeur intrinsèque de chaque personne en tant qu'individu unique et autonome; la valeur

propres à chaque profession ; les représentations de la spiritualité et de la religion en vigueur dans une société et une génération données, etc. D'autres normativités sont plus *locales* et produites par l'établissement : les décisions budgétaires ; les règles administratives encadrant la prestation des soins spirituels, etc. Que les normativités soient d'origine interne ou externe, elles se croisent dans l'établissement et font partie de la vie quotidienne. Les bénévoles y sont exposés dès lors qu'ils sont admis à *pratiquer* dans l'établissement. Ainsi, les représentations bénévoles de la spiritualité se situent au carrefour de plusieurs normativités et sont influencées par celles-ci. Sans entrer dans le menu détail de nos analyses, nous pouvons préciser les influences les plus marquantes façonnant le discours des bénévoles.

Le discours des bénévoles sur la spiritualité est influencé par deux normativités principales. La première est inhérente à des transformations sociales qui ont marqué la génération des répondants, notamment celles qui ont touché à la place de la religion dans la société québécoise au moment où ces personnes commençaient leur vie adulte. C'est dans le climat de la sécularisation de la culture québécoise et de la laïcisation progressive des établissements publics de santé que la distinction entre spiritualité et religion devient une représentation crédible. Il n'est alors pas étonnant de retrouver cette distinction au cœur des discours des bénévoles rencontrés. Les caractéristiques de la spiritualité regroupées sous les rubriques « une spiritualité comme l'affaire de chacun[7] » et « une spiritualité comme sortie de soi[8] » peuvent être rattachées à l'influence de la culture dans les institutions de soins.

Bien que nécessaire pour comprendre le discours bénévole sur la spiritualité, cette première logique normative n'est pourtant pas suffisante. En effet, elle ne permet pas de rendre compte de la couleur propre de la spiritualité pour les bénévoles, une couleur rendue par les rubriques de notre texte « La spiritualité comme soutien », « La spiritualité comme relation » et « La spiritualité comme sens ». Il faut creuser plus loin dans

de la vie et le caractère naturel de la mort ; le besoin d'être attentif aux souffrances, etc.

7. Pour mémoire, la spiritualité comme phénomène à la fois universel, personnel et intérieur.

8. La spiritualité comme transcendance, mais sans faire nécessairement référence à une divinité.

la culture des établissements de soins palliatifs. Ainsi, il appert que, pour tous les bénévoles, c'est à travers la formation (initiale et continue) au bénévolat en soins palliatifs que s'exerce l'influence majeure sur le discours des répondants[9]. Que la formation soit endogène – donnée par l'établissement où se fera le bénévolat[10] – ou exogène – prodiguée par un organisme indépendant du lieu d'engagement[11] –, elle est le second moment normatif marquant.

L'intégration des bénévoles au monde des soins palliatifs, au moyen de la formation reçue, leur fournit des concepts et des images leur permettant de « dire » leur spiritualité. Ainsi, en parlant du soutien que donne la spiritualité, un répondant dira que l'Amour permet une guérison intérieure (rubrique « La spiritualité comme soutien »). De plus, empruntant le vocabulaire de la philosophie des soins palliatifs, la spiritualité sera vue comme le moteur de l'entrée en relation avec l'autre (rubrique « La spiritualité comme relation »). Enfin, quand la spiritualité est dite dans les mots de la quête de sens et par des concepts qui spécifient cette quête de sens faite à proximité de la mort (rubrique « La spiritualité comme sens »), c'est au discours de la bonne mort, tel qu'il peut avoir cours dans les discours des soins en fin de vie (Daneault, 2007) que les bénévoles puisent leurs mots. Ainsi, les bénévoles utilisent ce langage pour décrire les différentes facettes de l'expérience spirituelle en fin de vie parce qu'ils sont exposés aux normativités spécifiques du monde des soins palliatifs. C'est ce qui nous fait conclure que, dans l'établissement, se réalise un *formatage* des représentations bénévoles de la spiritualité.

CONCLUSION

Notre analyse montre que la représentation dé-traditionnalisée de la spiritualité est celle qui est la plus présente dans le discours des bénévoles.

---

9. Une analyse des occurrences de normativité dans le discours des bénévoles montre que c'est la formation reçue qui est le lieu le plus marquant d'influence. Près de 50 % des occurrences linguistiques codées comme des normativités apparaissent quand les bénévoles parlent de la formation reçue dans leur milieu d'engagement ou offerte par l'organisme qui les mandate.
10. Le programme de formation d'une maison de soins palliatifs, par exemple.
11. Une association de bénévoles en soins palliatifs répartissant ses membres dans des établissements en faisant la requête.

Nous avons noté que les trois types de représentations[12] peuvent se chevaucher chez un même répondant, entrecroisant sa définition personnelle et une définition plus *professionnelle*, c'est-à-dire une définition qui correspondrait plus aux besoins de sa pratique de bénévole. Par exemple, une même personne peut définir sa propre spiritualité en termes catholiques traditionnels et parler de la spiritualité des patients comme quelque chose qui va au-delà de la religion, qui les guide et peut les aider à faire face à la mort. Une analyse plus poussée permet de comprendre que le chevauchement est induit par le fait que les bénévoles sont soumis aux mêmes normativités que les autres intervenants dans un milieu donné de soins palliatifs. Les normativités exercent une influence sur les représentations que les bénévoles se font de la spiritualité et, en bout de ligne, sur ce qu'ils diront.

Les catégories d'analyse déployées dans la seconde partie sont liées entre elles. Elles reflètent en différentes facettes les passages de représentations d'une spiritualité religieuse à une spiritualité dé-traditionnalisée. En d'autres termes, le discours des bénévoles en soins palliatifs illustre de manière probante les transformations du discours religieux dans le Québec des cinquante dernières années. L'implication de bénévoles en soins palliatifs donne une portée publique à des conceptions de la spiritualité qui, jusque-là, restaient de l'ordre des croyances individuelles. En ce sens, les milieux de soins palliatifs, comme les autres établissements de santé au Québec, sont des lieux où peuvent se dire, à l'intérieur des limites que nous avons relevées, les différentes conceptions de la spiritualité et de la religion qui ont cours dans la société. Les milieux de santé révèlent aussi ce que croient tous ceux et celles qui les fréquentent, bénévoles y compris.

RÉFÉRENCES

Daneault, S. (2007). La poursuite d'une bonne mort est-elle une utopie ?, *Frontières*, 20(1), 28-29.

Sévigny, A., Blondeau, D., Proulx, S et Guillot, V. (2008). Un code de déontologie élaboré « par » et « pour » les bénévoles en soins palliatifs, *Cahiers francophones de soins palliatifs*, 8(2), 53.

12. Voir figure 1 plus avant : Identification, opposition, dépassement.

Lectures suggérées

Sur le bénévolat en soins palliatifs :

Mallette, J. et Guirguis-Younger, M. (2011). Être bénévole en milieu palliatif, *Cahiers francophones de soins palliatifs*, 11(2), 64-69.

Sévigny, A. (2004). Le bénévolat : une quête de sens, *Cahiers francophones de soins palliatifs*, 5(2), 51-64.

Sur la spiritualité dans le monde des soins :

Jobin G. (2012). *Des religions à la spiritualité. Une appropriation biomédicale du religieux à l'hôpital.* Bruxelles : Lumen vitae, 106 p.

Conclusion générale

Chacun des textes de cet ouvrage trace la voie à de nouvelles questions, réflexions ou pistes d'action sur le bénévolat en soins palliatifs. Mais, au-delà des chemins singuliers sur lesquels les bénévoles s'engagent, des défis communs balisent leurs routes.

D'abord, reprenant les mots mêmes d'un des auteurs, force est de constater que « l'engagement des bénévoles en soins palliatifs impressionne » (Nadeau), notamment par la négociation constante de leur place et de leurs tâches, à laquelle ils ne peuvent se soustraire. Tout en représentant un défi de taille, cette négociation entre la distance et la proximité, entre la souplesse et le besoin de balises, entre le sentiment de donner et de recevoir, constitue une des grandes forces de leur engagement (Sévigny et Castonguay). Elle permet une adaptation constante aux réalités qui se transforment au gré des besoins quotidiens individuels, des dynamiques familiales et des contextes sociaux. À cet effet, Cailler et ses collègues rappellent que l'accompagnement est fait d'incertitudes et d'ajustements continuels. Dès lors, la négociation apparaît comme l'un des principaux ingrédients de l'art d'accompagner afin de faire en sorte que chaque personne soit respectée, écoutée et entendue, tout en tenant compte du contexte dans lequel cet échange est ancré.

Il semble aussi impossible de dissocier la négociation de la création. Interagir avec des hommes ou des femmes de divers âges, venant de milieux différents, ayant des parcours de vie qui leur sont propres et des visions singulières de la vie et de la mort, invite à la créativité. L'art d'accompagner relève ainsi de la « capacité à se mettre au diapason » des autres (Champagne et collaborateurs), d'être en lien avec l'Autre dans le respect de l'identité de chacun. En ce sens, Châtel fait référence au sens du « être avec ».

Face à la grande diversité de situations, les bénévoles évoluent dans la souplesse, notamment dans leur rapport au temps. Dans des sociétés où, généralement, le temps est compté, ils donnent le leur (Châtel, Godbout). Le temps d'accompagnement est parfois très court (de Mézerac), parfois plus long, mais toujours donné. Lorsque le temps et la situation le permettent, l'écoute de l'histoire de la vie d'une personne, telle qu'elle l'exprime, est un processus créateur de sens/significations. Puisque le sens se construit au sein des relations avec l'Autre, avec le monde, l'approche des récits de vie est particulièrement adaptée à l'accompagnement en fin de vie (Guirguis-Younger et Malette). Cette activité s'inscrit parfaitement dans la préoccupation des bénévoles de donner la parole aux personnes qu'ils accompagnent, de s'accorder à leur rythme, de favoriser leur autonomie.

Par ailleurs, cet acte de création nécessite certaines aptitudes et des compétences, notamment en termes de savoir-être. Aussi, généralement les bénévoles en soins palliatifs sont formés et peuvent avoir recours à diverses formes de soutien de la part de leur organisation. Toutefois, afin d'éviter la dérive vers la professionnalisation, il importe de considérer les moments de formation surtout comme des espaces de réflexion sur la pratique (Cailler et collaborateurs).

Ajoutons à cette complexité du bénévolat en soins palliatifs que le fait de s'intéresser à l'Autre pour lui-même, n'exclut en rien la possibilité de retirer un certain bénéfice personnel (Châtel, Godbout, Nadeau, Sévigny et Castonguay). Sortant de l'ornière dans laquelle des discours dualistes opposent altruisme et égoïsme, les bénévoles, tout en souhaitant donner, estiment recevoir beaucoup. Toutefois, Godbout nous invite à la prudence puisque la personne au seuil de la mort peut avoir le sentiment de recevoir sans avoir le temps ou la capacité de donner à son tour. La créativité du bénévole sera encore une fois mise à contribution car il devra trouver les façons de manifester à l'Autre, dans l'immédiat, son propre sentiment de recevoir encore plus qu'il ne donne.

Le bénévolat en soins palliatifs participe aussi à la création ou au maintien du tissu social. Lorsque le bénévole entre en contact avec la personne malade, c'est une porte qui s'ouvre sur la société. L'engagement libre du bénévole s'érige comme un rempart contre l'enfermement de la fin de vie et de la mort dans le champ professionnel et médical. Il est manifestation de solidarité sociale et rappelle que la maladie et la mort nous concernent tous (Le Lann). Il aide aussi les proches à se reconstruire (Champagne et collaborateurs, Comeau et de Varennes, de Mézerac et collaborateurs).

Cette ouverture sur le monde soulève aussi le défi de l'adaptation aux transformations sociales et aux différences culturelles. Dans cet ordre d'idées, Jobin rappelle que les bénévoles sont soumis aux mêmes normativités que les autres intervenants. Ces normativités influencent les représentations qu'ils se font de la spiritualité. Lorsque le cadre normatif se transforme, les représentations, et de ce fait les actions, se modulent autrement. Les contextes de soins sont aussi très différents et les bénévoles doivent s'adapter rapidement, surtout s'ils interviennent dans plus d'un milieu de soins (Marche). De fait, il est assez courant qu'un bénévole fasse de l'accompagnement en centre hospitalier et à domicile. D'ailleurs, à cet égard il serait intéressant d'approfondir la compréhension des raisons qui font en sorte que le bénévolat à domicile soit plus difficile à développer que celui en maisons spécialisées ou en centres hospitaliers. De même, l'approche palliative représente un intérêt certain pour les centres d'hébergement et de soins de longue durée. Un projet de recherche s'intéresse à cette question[1]. Il a pour but d'expérimenter et d'évaluer cette approche dans des établissements qui accueillent des aînés présentant des pertes sévères d'autonomie et dont plusieurs sont atteints de troubles cognitifs.

Les transformations sociales ont aussi une influence sur la gestion du bénévolat, notamment sur le recrutement et la fidélisation des bénévoles (Comeau et de Varennes). Il apparaît important de développer la recherche sur ces nécessaires ajustements afin d'assurer la relève bénévole, sans qui l'avenir des organismes bénévoles est mis en péril (MacQuarrie et collaborateurs).

Par ailleurs, les clientèles sont de plus en plus diversifiées. Sur ce plan, on constate que certaines clientèles sont mieux connues et mieux comprises que d'autres. En guise d'exemple, on note que l'accompagnement

1. Projet de recherche *Les soins palliatifs et de fin de vie dans la démence: Évaluation d'un programme interdisciplinaire et multidimensionnel d'organisation des soins*, dirigé par les chercheurs René Verreault et Marcel Arcand. Sites de recherche: Sherbrooke et Québec. Projet subventionné par les IRSC. Date de fin prévue pour décembre 2013.

auprès des personnes atteintes de cancer est de plus en plus documenté alors qu'il reste encore beaucoup d'efforts à consacrer afin de mieux comprendre et soutenir des personnes vivant des situations particulièrement difficiles, comme celles qui sont en maison de détention ou qui n'ont pas de domicile fixe (Guirguis-Younger et collaborateurs, Le Pelley Fonteny). La lutte aux inégalités d'accès aux soins palliatifs est encore loin d'être gagnée et le soutien offert par des bénévoles est encore loin d'être un acquis.

En conclusion, une question émerge des réflexions que suscitent les multiples facettes du bénévolat actuel en soins palliatifs, telles que décrites par les auteurs de ce livre collectif: s'engager comme bénévole en soins palliatifs serait-il un geste subversif? Donner de son temps dans une société où le temps est compté, inscrire la maladie et la mort dans le social alors que depuis longtemps on cherche à les occulter, s'ajuster à la singularité des situations alors que les soins tendent vers la standardisation, voilà autant de manifestations du bénévolat en soins palliatifs pouvant nous amener à poser la question.

ANNEXES

ANNEXE I CODE DE DÉONTOLOGIE

Code de déontologie des bénévoles en soins palliatifs[1]

ÊTRE BÉNÉVOLE EN SOINS PALLIATIFS : VALEURS ET PRINCIPES

Réseau des soins palliatifs du Québec

Mai 2007

PRÉAMBULE

Les soins palliatifs sont l'ensemble des soins dispensés aux personnes atteintes d'une maladie avec pronostic réservé. L'atténuation de la douleur, des autres symptômes et de problèmes de nature psychologique, familiale, sociale ou spirituelle devient essentielle au cours de cette période de la vie.

L'objectif des soins palliatifs est d'obtenir, pour le patient et ses proches, la meilleure qualité de vie possible et d'offrir un système de soutien permettant au patient de vivre dignement jusqu'à la mort et aux proches de vivre le plus sereinement possible l'expérience de la maladie et du deuil.

---

1. Le document intégral du code de déontologie des bénévoles en soins palliatifs (mai 2007) est disponible au Réseau québécois des soins palliatifs.

Les soins palliatifs sont organisés et dispensés grâce à la collaboration d'une équipe interdisciplinaire qui inclut le malade et ses proches.

En soins palliatifs, on ne hâte ni ne retarde la mort; elle est considérée comme un processus naturel; on soutient la vie en favorisant tout ce qui permet le développement intégral de la personne. Malgré le caractère inéluctable de la mort, chaque personne est considérée comme un être vivant unique et à part entière.

Le bénévolat en soins palliatifs constitue un champ d'activité spécifique qui implique des critères de sélection rigoureux, des programmes de formation de base et de formation continue axés sur les besoins des bénévoles, du milieu et des services, un plan d'évaluation périodique et l'adhésion à des valeurs et principes visant à assurer une pratique responsable et conforme à l'éthique.

Dignité et respect de la personne

1. Le bénévole accueille le malade et ses proches avec courtoisie, dans le respect de ce qui confère un **sens à leurs existences, leurs valeurs, leurs cultures, leurs croyances, leurs pratiques religieuses, leurs coutumes et leurs modes de vie.**
2. Le bénévole s'abstient de toute forme de discrimination relativement au statut social, au diagnostic, à l'ethnie, à la religion, au sexe, à l'orientation sexuelle, à la culture, à l'âge, aux capacités intellectuelles et physiques du malade et de ses proches.
3. Le bénévole agit avec compassion, ouverture d'esprit et chaleur humaine. Il démontre son sens des responsabilités et fait preuve de dévouement, tout en respectant une distance juste et saine.
4. Le bénévole assure le respect de la personne tout au long de son accompagnement, même après le décès du malade.

Inviolabilité et confidentialité

5. Le bénévole est tenu au respect du secret professionnel; il ne divulgue aucun renseignement ou quelque **information reçus dans l'exercice de ses fonctions, sauf s'il est autorisé à le faire.**

6. Le bénévole est tenu au respect de la vie privée du malade et de ses proches ; il doit faire preuve de discrétion.
7. Le bénévole est tenu au respect du bien d'autrui et fait preuve d'honnêteté et d'intégrité en tout temps. Il ne peut accepter du malade ou de ses proches quelque don ou avantage que ce soit, par testament ou **autrement.**

Respect de l'autonomie

8. Le bénévole favorise l'autonomie et tout ce qui permet le cheminement et le développement intégral du malade et de ses proches.
9. Dans les limites de ses fonctions et sujet aux dispositions législatives pertinentes, le bénévole favorise la participation du malade et de ses proches dans les choix et les décisions à prendre, selon leurs valeurs et **leurs croyances.**

Engagement. solidarité

10. Le bénévole adhère à la mission et à la philosophie des soins palliatifs et de l'organisme qu'il sert.
11. Le bénévole est fidèle dans son engagement envers l'organisme, le malade et ses proches.
12. **Le bénévole ne peut profiter de sa situation pour promouvoir ses intérêts personnels ou rechercher des** fins autres que celles propres à l'organisme ou à la philosophie des soins palliatifs.
13. **Le bénévole participe aux activités de formation, de ressourcement et aux rencontres selon les exigences de l'organisme.**
14. Dans un contexte d'interdisciplinarité, le bénévole connaît la spécificité de son rôle, accomplit ses **fonctions dans le cadre et les limites prévues par l'organisme, respecte les tâches dévolues aux autres** membres de l'équipe, connaît les ressources disponibles et sait référer à l'intervenant approprié le cas échéant.

TABLEAU SYNTHÈSE

Dignité et respect de la personne	1. Respect des valeurs du malade et de ses proches. 2. Aucune discrimination. 3. Compassion, ouverture d'esprit, chaleur humaine, sens des responsabilités, dévouement, dans les limites d'une distance juste et saine. 4. Respect de la personne, même après le décès.
Inviolabilité et confidentialité	5. Respect du secret professionnel, de la confidentialité. 6. Respect de la vie privée, devoir de discrétion. 7. Respect du bien d'autrui, devoir d'honnêteté et d'intégrité, refus de toute considération matérielle.
Respect de l'autonomie	8. Attitude favorisant l'autonomie, le cheminement et le développement. 9. Attitude favorisant la participation aux choix dans le respect des valeurs.
Engagement et solidarité	10. Adhésion à la mission et à la philosophie des soins palliatifs et de l'organisme. 11. Fidélité dans l'engagement. 12. Désintéressement. 13. Participation à la formation et aux activités. 14. Contexte d'interdisciplinarité, respect des tâches dévolues aux autres membres de l'équipe.

L'ÉQUIPE DU COMITÉ DES BÉNÉVOLES QUI A ÉLABORÉ CE PROJET

Groupe de Montréal

- Emma Comeau, Le Phare
- Louise Campagna, Hôpital Maisonneuve-Rosemont
- Marlène Côté, Au Diapason
- Sophie Côté, CUS McGill
- Linda Giroux, Centre hospitalier laurentien
- Denise Imbeau, Au Diapason
- Margrit Meyer, CUS McGill
- Élisabeth Plante, Hôpital Notre-Dame-de-la-Merci

Groupe de Québec

- Johanne Audet, CSSS, Québec-Nord
- Danielle Blondeau, Université Laval
- Alberte Déry, Palli-Aide
- Nicole Forget-Breuleux, Maison Michel-Sarrazin
- Hélène René, Corporation Albatros inc.
- Andrée Sévigny, Université Laval

Responsable du comité

- Gilles Joly, Réseau de soins palliatifs du Québec

ANNEXE II GRILLE DE SÉLECTION

Recrutement et évaluation des bénévoles en soins palliatifs

Document préparé par le Comité des bénévoles
Réseau de soins palliatifs du Québec

Mai 2005

DÉFINITION

Les soins palliatifs sont l'ensemble des soins dispensés aux personnes atteintes d'une maladie avec pronostic réservé. L'atténuation de la douleur, des autres symptômes et de tout problème psychologique, familial, social et spirituel devient essentielle au cours de cette période de la vie.

L'objectif des soins palliatifs est d'obtenir, pour le patient et ses proches, la meilleure qualité de vie possible et d'offrir un système de soutien permettant au patient de vivre dignement jusqu'à la mort, et aux proches de vivre le plus sereinement possible l'expérience de la maladie et du deuil. Les soins palliatifs sont organisés et dispensés grâce aux efforts de collaboration d'une équipe interdisciplinaire incluant le malade et ses proches.

Les soins palliatifs ne hâtent ni ne retardent la mort et la considèrent comme un processus naturel ; ils soutiennent la vie en favorisant tout ce qui permet le développement intégral de la personne.

VALEURS

Certaines valeurs doivent guider la prestation de services en soins palliatifs, soit :

1. La valeur intrinsèque de chaque personne comme individu unique, la valeur de la vie et le caractère inéluctable de la mort.
2. La nécessaire participation de la personne malade ou, si elle en est incapable, son représentant dûment mandaté, à la prise de

décision, aidé en cela par la règle du consentement libre et éclairé, ce qui suppose que la personne soit informée selon sa volonté sur tout ce qui la concerne, y compris sur son état véritable, et que l'on respecte ses choix.

3. Le devoir de confidentialité des intervenants qui empêche la divulgation de tout renseignement personnel à des tiers, à moins que la personne malade ne les y autorise.
4. Le droit à des services empreints de compassion de la part du personnel soignant et des intervenants, donnés dans le respect de ce qui confère du sens à l'existence de la personne, soit : ses valeurs, sa culture, ses croyances et ses pratiques religieuses ainsi que celles de ses proches.

D'autres valeurs s'appliquent spécifiquement aux bénévoles :

5. Le bénévolat en soins palliatifs constitue une discipline, ce qui implique des critères de sélection rigoureux, un programme de formation spécifique de base, un programme de formation continue axé sur les besoins des bénévoles, du milieu et des services, un plan d'évaluation périodique et un code de déontologie.
6. Certaines limites doivent être établies et respectées par rapport aux autres membres de l'équipe interdisciplinaire concernant le rôle des bénévoles, selon le milieu et l'organisme ainsi que les services professionnels offerts. Le bénévole doit aussi établir et respecter ses propres limites.

LE BÉNÉVOLE EN SOINS PALLIATIFS

Définition des trois types de compétence

1. Le ***SAVOIR*** : Connaissances liées aux soins palliatifs

1.1 La connaissance et la compréhension du milieu dans lequel le bénévole est actif.

1.2 La connaissance des tâches reliées à son champ d'intervention.

1.3 La connaissance de la réalité des usagers et de leurs proches.

2. Le ***SAVOIR-FAIRE*** : Capacités et aptitudes requises pour exécuter les tâches comme bénévole.

2.1 Réaliser les tâches qui sont dévolues au bénévole.

2.2 Savoir prendre les décisions pertinentes dans le contexte du bénévolat

2.3 Cibler les besoins de l'usager et des proches, les informer et les orienter vers les bonnes ressources.

2.4 Évaluer et valider ses interventions.

2.5 Être capable de travailler en interdisciplinarité.

2.6 Communiquer adéquatement selon la situation.

3. Le ***SAVOIR-ÊTRE*** : Attitudes et comportements nécessaires au bénévole en soins palliatifs.

3.1 Les relations humaines

3.2 La motivation

3.3 L'esprit d'initiative

3.4 La maturité

3.5 La présentation personnelle

QUALITÉS ET COMPÉTENCES RECHERCHÉES	VÉRIFICATIONS	MOTIFS DE REFUS	FORMATION
1. LE SAVOIR = LES CONNAISSANCES			
1.1 La connaissance et la compréhension du milieu dans lequel se trouve le bénévole			
1.1.1 Connaissance du milieu des soins palliatifs	Adhésion à la mission du milieu d'adhésion	Défaut	Informations sur le milieu des soins palliatifs
1.1.2 Connaissance de l'organisme	Cohésion entre ce que recherche le candidat et les services dispensés par l'organisme	Défaut de cohésion	Informations sur l'organisme, sa mission et ses services Formation sur les ressources disponibles
1.2 La connaissance des tâches reliées à son champ d'intervention			
1.2.1 Connaissance du rôle et des responsabilités du bénévole	Ouverture à l'apprentissage Expérience générale et spécifique en bénévolat	Personne qui prétend ne pas avoir besoin de formation de base ou de formation continue	Rôle du bénévole dans le contexte du milieu Principes d'éthique
1.2.2 Connaissance du rôle et des responsabilités des autres intervenants dans l'équipe interdisciplinaire	Capacité de travailler en équipe Respect des limites de ses champs d'activité Capacité de diriger vers l'intervenant approprié	Celui qui ne cherche qu'à se faire un cercle social ou amical Celui qui considère les autres partenaires de l'équipe de façon négative	Rôles et responsabilités des autres intervenants Les limites de l'action des bénévoles : * Quand faut-il laisser la place à un autre intervenant ? * Comment le faire : processus de référence qui existe dans l'organisme

QUALITÉS ET COMPÉTENCES RECHERCHÉES	VÉRIFICATIONS	MOTIFS DE REFUS	FORMATION
1.3	La connaissance de la réalité des malades et de leurs proches		Approche du malade et de ses proches. Connaissances générales sur le deuil. Connaissances générales sur la maladie et ses traitements.
2.	LE SAVOIR-FAIRE = APTITUDES DANS L'EXÉCUTION DES TÂCHES		
2.1 Capacité de réaliser les tâches dévolues au bénévole	Aptitudes dans l'exécution des tâches Disponibilité : santé physique et psychologique ; horaire, transport	Manque de disponibilité (habite trop loin, pas de moyen de transport) Santé physique déficiente Santé psychologique Deuil non résolu	Apprentissage des tâches concrètes à accomplir dans son rôle de bénévole
2.2 Savoir prendre les décisions pertinentes en ce qui concerne le rôle de bénévole	Connaissance du rôle spécifique du bénévole Formation déjà reçue	Personne qui dépasse les attributions du bénévole	Code d'éthique
2.3 Identifier les besoins du malade et des proches, les informer et les orienter vers les bonnes ressources	Connaissance des ressources existantes Connaissance du fonctionnement dans les milieux de soins	Personne centrée sur ses propres besoins	Information sur les ressources disponibles dans le secteur Formation sur le processus de référence (comment faire, à qui, etc.)

QUALITÉS ET COMPÉTENCES RECHERCHÉES	VÉRIFICATIONS	MOTIFS DE REFUS	FORMATION
2.4 Évaluer et valider ses interventions	Capacité de faire un retour sur ses interventions Capacité d'accepter de modifier ses interventions au besoin	Refus d'être supervisé et évalué	Supervision Activités de codéveloppement
2.5 Capacité de travailler en interdisciplinarité	Aptitude à travailler en équipe dans le respect de certaines limites (équipe interdisciplinaire, limites personnelles, choix de l'usager) Capacité de partager les informations pertinentes	Incapacité de travailler en équipe La personne qui en fait trop, qui sait tout et qui travaille seule	Formation sur l'interdisciplinarité
2.6 Capacité de communiquer adéquatement selon la situation	Empathie Écoute Respect Souplesse Silence Présence Réceptivité	Personne qui « sait tout » Trop sûre d'elle Inflexibilité Personne qui n'écoute pas Personne rigide dans ses opinions Personne qui cherche à évangéliser	Écoute active Relation d'aide ou d'entraide en soins palliatifs, sur le deuil
3.	LE SAVOIR-ÊTRE = ATTITUDE DANS L'ACCOMPAGNEMENT		
3.1	En ce qui a trait aux relations humaines		

QUALITÉS ET COMPÉTENCES RECHERCHÉES	VÉRIFICATIONS	MOTIFS DE REFUS	FORMATION
3.1.1 Compassion Relation d'accompagnement	Respect Souplesse Tact Discrétion Confidentialité	Parle trop fort, brusquement, Ton autoritaire Personne directive Trop grande familiarité (tutoiement, utilisation non autorisée du prénom)	Formation sur l'éthique
3.1.2 Ouverture aux différents groupes desservis (ethnies, religions, races, orientation sexuelle) Ouverture à la différence	Aptitude à mettre de côté ses opinions, croyances, valeurs Aucune discrimination Reconnaissance de ses préjugés et capacité de les dépasser Respect des valeurs des autres Tolérance	Incapacité de s'exprimer, de communiquer Timidité excessive Trop grande réserve Prosélytisme (= zèle ardent pour convertir) Intolérance, préjugés	Responsabilité des organismes sur les gestes posés par les bénévoles Formation sur les valeurs et sur le respect des valeurs des autres
3.1.3 Reconnaissance et respect de ses limites	Connaissance des limites du rôle du bénévole Savoir s'adresser aux bonnes personnes	Limites trop restreintes	
3.1.4 Discrétion, confidentialité		Propension à tout raconter Indiscrétion Curiosité excessive	Code d'éthique Confidentialité Secret professionnel Loi sur la confidentialité Formation sur les comportements à adopter : discrétion, écoute, etc.

QUALITÉS ET COMPÉTENCES RECHERCHÉES	VÉRIFICATIONS	MOTIFS DE REFUS	FORMATION
3.1.5 Honnêteté	Références	Refus de consulter le dossier judiciaire Dossier judiciaire : en regard des biens du malade, de l'usage de la drogue, pédophilie, etc. *** Mauvaise réputation *** Mauvaises références *** *** Attention à la discrimination et au jugement de valeur	Doit être abordé en formation, en relation avec l'importance d'être authentique
3.1.6 Authenticité	Capacité d'exprimer ou de partager sa vulnérabilité	Superficialité	Mises en situation
3.2 En ce qui a trait à la motivation			
3.2.1 Motivation	Vérification de la motivation (voir 1.1)	Soigner ses propres blessures Évangélisation des personnes Promesses indues	Formation sur le défi d'être intervenant en soins palliatifs La spiritualité
3.2.2 Engagement, dévouement	Fidélité dans l'engagement Participation aux activités de formation ou aux rencontres	Défaut de participer aux séances de formation ou aux rencontres Manque de disponibilité	
3.2.3 Altruisme		Personne dont le discours est centré sur elle-même	
3.3 En ce qui a trait à l'esprit d'initiative			

QUALITÉS ET COMPÉTENCES RECHERCHÉES	VÉRIFICATIONS	MOTIFS DE REFUS	FORMATION
3.3.1 Autonomie	Capacité à réagir devant diverses situations (vérifier par des mises en situation à l'entrevue)	Difficulté à réagir dans les mises en situation qui sont présentées	Lors de la formation, on peut faire des mises en situation, jeux de rôles, etc.
3.3.2 Créativité	Projets réalisés antérieurement Habiletés personnelles		
3.3.3 Sens des responsabilités	Personne qui a déjà démontré cette compétence dans des engagements antérieurs ou dans des activités déjà réalisées ; bon sens des responsabilités	Mauvaises références	
3.4	En ce qui a trait à la maturité		
3.4.1 Maturité et sérieux	Capacité d'accepter le rejet et le refus Calme Capacité de réflexion devant un dilemme (en entrevue, on peut avoir une question qui comporte un dilemme moral à résoudre).	Instabilité émotionnelle Frivolité Aucune capacité d'écoute	Intelligence émotionnelle Le défi des intervenants sur le plan émotionnel
3.4.2 Bon jugement, discernement		Manque de discernement	

Qualités et compétences recherchées	Vérifications	Motifs de refus	Formation
3.4.3 Maîtrise de soi	Expérience auprès des malades Surmonter ses émotions face à la mort	Deuil non résolu	Intervention en situation de crise Le malade en fin de vie
3.4.4 Humilité	Ouverture à l'apprentissage, au partage	Besoin excessif de reconnaissance	
3.4.5 Stabilité émotionnelle	Deuil récent Résolution des deuils Résolution des conflits personnels	Deuil récent et non résolu Épreuve récente non résolue Instabilité émotionnelle	Processus du deuil
3.4.6 Connaissance de soi, cheminement personnel	Vérifier la motivation Formations antérieures	Croyances ésotériques ou religieuses trop fortes Attitude moralisante	
3.5	En ce qui a trait à la présentation personnelle		
3.5.1 Ponctualité Fiabilité	Ponctualité à l'entrevue	Manque de disponibilité Aucun moyen de transport Retards Absences	
3.5.2 Bonne santé physique et psychologique	Maladie récente	Incapacité physique Handicap invalidant	
3.5.3 Bonne présentation	Lors de l'entrevue, propreté, habillement, parfum	Malpropreté Habillement non convenable Parfum agressant	

ANNEXE III OBJECTIFS DE FORMATION

Bénévole

DOMAINES DE COMPÉTENCES	COMPÉTENCES GÉNÉRALES	COMPÉTENCES SPÉCIFIQUES	ÉLÉMENTS DE CONTENU
1. Douleur et symptômes	Savoir quand et comment appliquer certaines stratégies simples pour favoriser le confort de la personne.	Avoir une connaissance sommaire des maladies les plus communes chez les personnes recevant les services de l'organisation.	Maladies selon l'organisation d'appartenance (p. ex. cancer, sida, troubles neurologiques dégénératifs, maladie d'Alzheimer et autres maladies entraînant une détérioration cognitive, maladies cardiovasculaires ou pulmonaires).
		Avoir une connaissance sommaire des effets que peuvent entraîner la maladie ainsi que les traitements.	Effets possibles (p. ex. faiblesse généralisée, difficultés respiratoires, perte d'appétit, ascite, confusion, douleur).
		Avoir une connaissance sommaire des principaux soins que les personnes en fin de vie peuvent recevoir.	Soins que le bénévole peut être amené à observer dans ses fonctions (p. ex. administration de médicaments par divers modes : oxygénothérapie, cathéter urinaire ou vésical, tube nasogastrique).
		Reconnaître les signes d'inconfort ou de douleur chez la personne et les rapporter à l'infirmière ou aux proches.	Signes d'inconfort ou de douleur (p. ex. expressions du visage, agitation ou prostration, crispation, limitation ou évitement de certains mouvements).
		Recourir à des stratégies simples pouvant favoriser le confort de la personne.	Stratégies favorisant le confort : mesures de confort pour la personne en douleur (p. ex. réduction des stimuli dans l'environnement) ; autres stratégies favorisant le confort de la personne malade (p. ex. soins de la bouche, meilleur positionnement).

DOMAINES DE COMPÉTENCES	COMPÉTENCES GÉNÉRALES	COMPÉTENCES SPÉCIFIQUES	ÉLÉMENTS DE CONTENU
2. Besoins psycho-sociaux et spirituels	Être attentif aux besoins psychosociaux et spirituels de la personne et de ses proches et savoir quand et comment offrir son soutien.	Comprendre en quoi consiste l'accompagnement bénévole en soins palliatifs et connaître ses éléments essentiels.	Définition de l'accompagnement bénévole et de ses éléments essentiels (p. ex. présence, écoute, respect de l'autre, respect du rythme de l'autre, reconnaissance).
		Reconnaître les principales réactions et les principaux besoins affectifs, sociaux et spirituels associés à la maladie et à la fin de vie chez la personne.	Principales réactions et principaux besoins de la personne.
		Reconnaître, autant chez les adultes que chez les enfants et adolescents, les principales réactions et les principaux besoins affectifs, sociaux et spirituels associés à la maladie et à la fin de vie d'un proche.	Principales réactions et principaux besoins des proches (enfants, adultes et adolescents).
		Recourir à des manières appropriées d'aider la personne et ses proches (adultes, enfants et adolescents) sur le plan des besoins affectifs, sociaux et spirituels.	Manières d'aider (p. ex. écoute, présence, attention portée à l'histoire de vie de la personne et de ses proches [être témoin d'événements de vie importants à travers des photos, des objets], partage d'activités de loisirs).
		Démontrer une attitude respectueuse à l'égard des différences culturelles et spirituelles dans les pratiques familiales entourant la maladie et la fin de vie.	Réflexion sur ses propres croyances et valeurs face à la maladie et à la fin de vie, partage avec les autres bénévoles, discussion autour de l'importance du respect des croyances et valeurs des personnes accompagnées.
		Démontrer une attitude respectueuse à l'égard des différences culturelles et spirituelles dans les pratiques familiales entourant la mort et le deuil.	Réflexion sur ses propres croyances et valeurs face à la mort et au deuil, partage avec les autres bénévoles, discussion autour de l'importance du respect des croyances et valeurs des personnes accompagnées.

DOMAINES DE COMPÉTENCES	COMPÉTENCES GÉNÉRALES	COMPÉTENCES SPÉCIFIQUES	ÉLÉMENTS DE CONTENU
3. Besoins liés à l'organisation de la vie quotidienne	Être attentif aux besoins de la personne et de ses proches sur le plan pratique et savoir quand et comment offrir son soutien.	Recourir à des manières appropriées d'aider la personne et ses proches (adultes, enfants et adolescents) sur le plan des besoins pratiques.	Aide à la personne (p. ex. aide physique au déplacement [aide à la sortie du lit, aide à la marche, déplacement en fauteuil roulant] ; aide à l'alimentation ; aide à l'organisation de la chambre ou du milieu de vie ; aide pour les soins du visage, la coiffure, les soins des mains ou des pieds). Aide aux proches (p. ex. visite du milieu de soins et information sur les commodités offertes, offre de répit, coup de main pour les repas et les travaux ménagers légers [à domicile]).
4. Agonie et décès	Être attentif aux besoins de la personne et de ses proches au moment de la fin de vie et savoir quand et comment offrir son soutien.	Avoir une connaissance sommaire des changements physiques qui se produisent le plus communément à l'approche de la mort.	Signes physiologiques à l'approche de la mort (p. ex. changements dans l'état d'éveil, respiration, circulation, râle terminal).
		Connaître les responsabilités du bénévole durant la période suivant le décès et s'en acquitter dans le respect de la personne et de ses proches.	Responsabilités selon l'organisation (p. ex. afficher discrètement sa disponibilité, aider les proches à rassembler les biens de la personne décédée, les accompagner dans l'hôpital pour s'acquitter des formalités administratives).

DOMAINES DE COMPÉTENCES	COMPÉTENCES GÉNÉRALES	COMPÉTENCES SPÉCIFIQUES	ÉLÉMENTS DE CONTENU
5. Deuil	Connaître le processus normal de deuil.	Définir brièvement la notion de deuil.	Définition du deuil et de ses phases principales (choc, désorganisation, réorganisation, aboutissement du travail de deuil).
		Reconnaître les réactions pouvant être associées aux différentes phases du deuil.	Réactions possibles (psychologiques et physiques) associées aux différentes phases.
6. Communication	Communiquer adéquatement avec la personne et ses proches.	Décrire brièvement en quoi consiste le processus de la communication.	Principes généraux de la communication (p. ex. communication verbale et non verbale, prise en compte des émotions et réactions).
		Reconnaître la valeur du silence et savoir y recourir lorsque les circonstances s'y prêtent.	Portée et utilisation du silence comme moyen de communication.
		Reconnaître les principaux pièges de la relation d'aide en soins palliatifs et savoir les éviter.	Comportements à éviter (p. ex. rassurer à tout propos, porter des jugements, conseiller, confronter, parler de soi souvent).
		Posséder des habiletés d'écoute active en fonction des réactions et questions typiques de la personne et de ses proches.	Habiletés d'écoute active (p. ex. incitation légère, reformulation, clarification, reflet des sentiments).

DOMAINES DE COMPÉTENCES	COMPÉTENCES GÉNÉRALES	COMPÉTENCES SPÉCIFIQUES	ÉLÉMENTS DE CONTENU
7. Collaboration centrée sur la personne et ses proches	Collaborer en tant que membre d'une équipe interdisciplinaire.	Bien comprendre son rôle et ses responsabilités en tant que bénévole.	Rôle et responsabilités du bénévole au sein de l'équipe.
		Reconnaître les limites du rôle de bénévole.	Limites du rôle dans le contexte de l'organisation d'appartenance.
		Avoir une connaissance sommaire des rôles des principaux intervenants œuvrant dans l'organisation.	Rôles et complémentarité des principaux intervenants œuvrant dans l'organisation.
		Connaître les informations devant être transmises par les bénévoles au personnel bénévole et rémunéré de l'organisation et être en mesure de partager ces informations de manière appropriée.	Transmission judicieuse de l'information nécessaire au suivi des soins.
8. Questions éthiques et légales	Comprendre et appliquer les principes éthiques associés à l'exercice de son rôle.	Bien comprendre les principes éthiques associés à l'exercice de son rôle et les appliquer auprès de la personne, de ses proches et du personnel bénévole et rémunéré de l'organisation.	Principes éthiques (p. ex. dignité et respect de la personne ; inviolabilité et confidentialité ; respect de l'autonomie ; engagement et solidarité).

DOMAINES DE COMPÉTENCES	COMPÉTENCES GÉNÉRALES	COMPÉTENCES SPÉCIFIQUES	ÉLÉMENTS DE CONTENU
9. Développement personnel et professionnel	Prendre conscience de ses propres motivations, attitudes, croyances et besoins en tant que bénévole.	Reconnaître ses motivations et ses attentes par rapport à son action bénévole.	Prise de conscience de ses motivations personnelles et attentes.
		Être en mesure d'exprimer les sentiments, questionnements et besoins relatifs à son action bénévole.	Expression des sentiments (y compris les craintes), questionnements et besoins (de divers ordres).
		Examiner ses attitudes, sentiments et croyances à propos de la mort.	Examen des attitudes, croyances, valeurs et sentiments personnels liés à la vie, à la fin de la vie et à la mort.
		Recourir à quelques moyens permettant de mieux vivre les pertes en tant que bénévole.	Moyens d'intégration des pertes (p. ex. reconnaissance de la perte, expression de la peine, respect de ses besoins de rituels).

DOMAINES DE COMPÉTENCES	COMPÉTENCES GÉNÉRALES	COMPÉTENCES SPÉCIFIQUES	ÉLÉMENTS DE CONTENU
10. Soins palliatifs et organisation des services de santé	Respecter la philosophie des soins palliatifs tout autant que la mission et la philosophie de l'organisation d'appartenance.	Avoir une connaissance sommaire de l'origine et de la philosophie du mouvement des soins palliatifs.	Origine et définition des soins palliatifs ; valeurs sous-jacentes.
		Avoir une connaissance sommaire de l'historique, de la mission et de la philosophie de l'organisation.	Historique, mission et philosophie de l'organisation d'appartenance.
		Être en mesure d'offrir des informations de base sur le fonctionnement de l'organisation.	Fonctionnement de l'organisation (p. ex. critères d'admission, composition de l'équipe interdisciplinaire en place, aménagement physique).
	Appliquer les politiques de l'organisation d'appartenance.	Respecter les diverses politiques mises en place dans l'organisation.	Politiques (p. ex. politiques de sécurité).
		Avoir conscience des pratiques qui ne sont pas permises aux bénévoles selon les règles de l'organisation. Respecter ces règles.	Pratiques non permises (p. ex. emmener une connaissance lors des périodes de bénévolat, offrir un cadeau, poser des gestes relevant des soins infirmiers).

Sources :

Champagne, M., et coll. (2006). *Programme de formation destiné à des bénévoles en soins palliatifs. Manuel des formatrices*, Montréal : Fondation PalliAmi, 109 p.

Comité des bénévoles du Réseau de soins palliatifs du Québec (2007). « Être bénévole en soins palliatifs : valeurs et principes », *Bulletin du Réseau de soins palliatifs du Québec*, vol. 15, n° 2, p. 8-9.

Comité des bénévoles du Réseau de soins palliatifs du Québec (2005). *Recrutement et évaluation des bénévoles en soins palliatifs*. Montréal : Réseau de soins palliatifs du Québec, 11 p.

Tiré de : Ministère de la Santé et des Services sociaux (2008). *Plan directeur de développement des compétences des intervenants en soins palliatifs*. Québec : MSSS, p. 32-38. (Voir la licence d'autorisation ci-jointe.)

LICENCE D'AUTORISATION

Licence d'autorisation de publication ou d'utilisation de contenus

J'atteste que l'organisme que je représente, soit le ministère de la Santé et des Services sociaux, est détenteur des droits d'auteur légaux sur l'œuvre intitulée *Plan directeur de développement des compétences des intervenants en soins palliatifs.*

À titre de représentant autorisé de l'organisme ci-haut mentionné, j'accorde au Réseau de soins palliatifs du Québec et à ses membres une licence non exclusive et non transférable lui permettant d'adapter, de reproduire, de publier, de traduire et de communiquer au public par télécommunication ou par tout autre moyen l'œuvre intégrale. Cette licence accorde aussi au Réseau de soins palliatifs du Québec et à ses membres le droit d'apposer sa signature sur tous les outils imprimés et web dans lesquels sera adaptée, reproduite et utilisée l'œuvre ou les parties concernées. La source et le titre de l'œuvre doivent cependant être mentionnés. Cette autorisation est accordée sans limite de territoire et pour une durée illimitée.

Je, soussigné(e), Antoine Loutfi dûment autorisé(e), déclare avoir pris connaissance des arrangements contenus dans la présente autorisation et m'engage, au nom de l'organisation que je représente, à en respecter les dispositions.

Date : 27/10/09

Signature :

POSTFACE

Alberte Déry,
Présidente du Réseau de soins palliatifs du Québec (RSPQ)

Les différents regards posés dans cet ouvrage sur le bénévolat qui se vit au cœur des soins palliatifs nous dirigent vers des perspectives d'avenir qui soulèvent bien des questions.

BÉNÉVOLAT : LE SENS DU DON

Le terme même de bénévolat nous suggère une réflexion sur le sens de ces gestes gratuits et volontaires. Pourquoi tant de personnes donnent-elles de leur temps pour être présentes auprès de personnes vivant avec une maladie nécessitant des soins palliatifs ou de fin de vie ? Quel est le sens même de ce don ? De l'altruisme pur ? Une recherche de bénéfices ? Ou tout simplement « un mystère dans un engagement où seul le bénévole peut nous introduire » (Gilles Nadeau).

Oui, il s'agit d'un engagement sincère et vrai que ces bénévoles prennent, selon leurs croyances et leur spiritualité. Mais dans notre monde moderne et technologique, comment évoluent ces valeurs du don, de l'autonomie de la personne, de la qualité de vie ? La philosophie des soins palliatifs pourrait certainement être un guide précieux dans la recherche d'une réponse à cette question.

Les bénévoles en soins palliatifs offrent un service d'accompagnement auprès des malades, des familles, des proches aidants et même, dans certaines organisations, un service de suivi de deuil.

Cette approche dite d'accompagnement, développée par les bénévoles, a influencé de façon positive le mode d'intervention des professionnels œuvrant en soins palliatifs.

UNE RESSOURCE STRUCTURANTE

Il est très important de noter qu'au départ, et encore maintenant, dans certains pays d'Europe dont la France, seul le bénévolat d'accompagnement existait. L'avènement de maisons de soins palliatifs au Québec a ouvert la porte au bénévolat dit de service, c'est-à-dire que le bénévole n'y fait pas qu'accompagner les malades et les familles, mais il aide également à prodiguer des soins aux malades, en collaboration avec le personnel infirmier. Soulignons que sans cette forme de bénévolat, ces maisons ne pourraient poursuivre leur mission. C'est leur survie même qui en dépend.

Bien que ce constat soit dérangeant, on doit admettre que le bénévolat est devenu une ressource primordiale au maintien de l'équilibre budgétaire de ces établissements. Mais, à long terme, qu'adviendra-t-il si cette ressource s'épuise ? L'essoufflement des bénévoles, conjugué à la difficulté de recrutement, se manifeste déjà dans le milieu des soins palliatifs. Une réflexion devra être faite par nos dirigeants. Ils devront choisir entre augmenter le budget alloué aux ressources humaines des maisons, accorder un soutien supplémentaire aux organisations bénévoles ou les deux à la fois. Il y a bien des questions, peu de réponses, mais une grande place à la réflexion.

Et pourtant, les besoins relatifs au bénévolat en soins palliatifs sont bien présents, que ce soit sur le plan de la formation de base, de la formation continue, de l'application d'un code d'éthique, ou de l'encadrement des bénévoles, etc. Les organisations se doivent d'avoir des gestionnaires ou responsables bien formés afin de s'assurer que l'accompagnement offert par les bénévoles se fasse d'une façon adéquate et éthique, pour ne pas dire professionnelle !

LE BÉNÉVOLE AUJOURD'HUI ET DEMAIN

Le bénévole devient-il un professionnel ? Il est souvent étonnant de constater que, contrairement aux bénévoles, certains intervenants n'ont pas encore reçu la formation dite de base en soins palliatifs que reçoivent les bénévoles. Offrir un service de qualité ? Oui, c'est essentiel, mais on en arrive à exiger du bénévole un parcours de formation spécifique s'il désire faire de l'accompagnement en soins palliatifs. Et ceci, sans oublier les exigences des établissements hospitaliers envers ces bénévoles à qui l'on veut déléguer encore plus de tâches. Il y aura donc une réflexion à faire au sujet des rôles, responsabilités et tâches du bénévole au sein de l'équipe palliative. Il serait intéressant d'examiner le principe d'une charte du bénévole comme il en existe une en France.

Chronologiquement parlant, le bénévolat en soins palliatifs a débuté lentement au domicile puis évolué vers les maisons de soins palliatifs et les centres hospitaliers et, frileusement, vers les centres d'hébergement et de soins de longue durée. Il nous faut ici souligner l'initiative du Phare Enfants et Familles qui offre, à domicile ou à la Maison André-Gratton, un service de répit réservé aux enfants atteints de maladie incurable. Dans la poursuite de la mission de cet organisme, ce sont maintenant plusieurs projets dans différentes régions du Québec qui permettront d'offrir un service de répit aux familles.

Mais il existe encore très peu de bénévoles en soins palliatifs en périnatalité, en salle d'urgence, aux soins intensifs et auprès de certaines clientèles telles que les personnes vivant en milieu rural, les sans-abris et les personnes en centre de détention.

Pour développer ce type de bénévolat, il faudra mettre sur pied des organisations solides dans le milieu, afin de créer divers services d'accompagnement adaptés à ces clientèles. Sans vouloir insister, soulignons toutefois que ces groupes doivent être assurés d'une stabilité financière afin de pouvoir offrir ou élargir leurs services.

LE DÉFI : PRÉPARER LA RELÈVE !

Le prochain défi pour les organisations bénévoles sera de sensibiliser de nouvelles personnes à ce genre de bénévolat.

L'âge moyen des personnes engagées se situe, selon les recherches, à près de 67 ans, tous pays confondus. La génération des 50-60 ans s'y retrouve très peu, ces personnes étant occupées à voyager, à prendre soin de leurs petits-enfants ou même à amorcer un retour au travail.

La génération actuelle des jeunes est mobile, indépendante, mais avec une très grande capacité d'adaptation. Il semble difficile pour eux d'intégrer une partie engagement bénévole dans leur horaire où la conciliation travail-famille est une priorité. Comment faire pour les sensibiliser ?

Pourtant, il est rassurant de constater qu'ils sont de plus en plus présents dans des postes de coordination d'organisations bénévoles et que, lentement, ils s'intègrent au bénévolat d'accompagnement, plus particulièrement chez les groupes qui travaillent auprès des enfants.

Un grand travail de sensibilisation est à faire qui pourrait prendre la forme de témoignages, conférences, formations, initiation au bénévolat dans les programmes scolaires, stages dans les organisations. Il serait intéressant de joindre les jeunes très tôt dans leur milieu scolaire pour les sensibiliser à l'engagement communautaire.

LE TRAVAIL EN INTERDISCIPLINARITÉ ?

Dans certains milieux, le bénévole ou le responsable est officiellement partie prenante de l'équipe. Par contre, ce n'est pas la règle générale, le principe de la confidentialité mettant bien souvent un frein à leur participation au travail d'équipe.

Où est la place réservée aux organisations communautaires en soins palliatifs dans les tables cliniques en ce domaine ? C'est décevant de constater que des gens de terrain qui sont très près des malades et de leurs familles ne peuvent contribuer par leur expérience à travailler à l'organisation des soins palliatifs dans leur secteur.

Somme toute, il y a eu beaucoup de chemin parcouru par le bénévolat en soins palliatifs depuis ses débuts, et les défis à venir, bien que grands, demeurent très stimulants.

NOTICES BIOGRAPHIQUES

Maxime Allard, dominicain, est professeur de philosophie et de théologie au Collège universitaire dominicain (Ottawa), professeur associé à la Faculté de théologie et de sciences des religions de l'Université de Montréal et chercheur à la Chaire Religion, spiritualité et santé de l'Université Laval. Il s'intéresse à l'histoire des idées philosophiques et des pratiques religieuses depuis le XVIIe siècle et à l'effet de leurs transformations sur la vie ecclésiale et sur la société.

Didier Caenepeel, dominicain, est professeur de théologie morale et de bioéthique au Collège universitaire dominicain d'Ottawa. Docteur en théologie et docteur en sciences fondamentales, il est membre de divers comités d'éthique clinique et d'éthique de la recherche. Il collabore en tant que chercheur associé à la Chaire Religion, spiritualité et santé de l'Université Laval, participant à une recherche interdisciplinaire sur la spiritualité dans les soins palliatifs. Ses intérêts de recherche portent principalement sur les questions de bioéthique et d'éthique clinique, notamment dans le domaine des soins palliatifs et de la psychiatrie, ainsi que sur la contribution de la théologie au champ de la bioéthique et à l'intelligibilité des pratiques de soin. En 2010, il a publié aux Éditions Mediaspaul *Penser le soin en psychiatrie. Perspectives éthiques et théologiques.*

Florence Cailler, professionnelle de la santé, a obtenu une maîtrise en sciences de l'éducation à l'Université de Genève en 2011. Elle collabore actuellement à l'élaboration de dispositifs de formation dans un centre spécialisé en santé et social.

Julie Castonguay est étudiante au doctorat en gérontologie à l'Université de Sherbrooke (Québec). Elle détient une maîtrise en service social et un baccalauréat en psychologie obtenus tous deux à l'Université Laval (Québec). Sa thèse de doctorat porte sur l'engagement bénévole dans les associations québécoises et françaises de soutien à domicile auprès des aînés. Ce projet est en continuité avec son mémoire de maîtrise intitulé *L'engagement bénévole dans les organismes communautaires en soutien à domicile aux aînés: les facteurs favorisants et contraignants.* Elle est actuellement assistante de recherche au Centre d'excellence sur le vieillissement de Québec où elle travaille sur un projet de consultation régionale sur l'action bénévole dans le domaine du soutien à domicile auprès des aînés dans Chaudière-Appalaches (Québec, région 12).

Manon Champagne: après avoir œuvré pendant dix ans comme éducatrice en milieu pédiatrique, principalement auprès d'enfants atteints de cancer et de leurs proches, Manon Champagne a obtenu un doctorat en éducation de l'Université du Québec à Montréal (UQAM) en 2007. Elle est professeure agrégée au Département des sciences de la santé de l'Université du Québec en Abitibi-Témiscamingue (UQAT) où elle donne des cours sur la fin de vie, la communication et la recherche qualitative. Comme chercheuse, elle s'intéresse notamment aux aspects psychosociaux des soins palliatifs pédiatriques, au bénévolat en soins palliatifs et à la recherche-action. Elle est membre du conseil d'administration du Réseau de soins palliatifs du Québec.

Tanguy Châtel est sociologue spécialisé dans les questions d'accompagnement et de fin de vie et, à ce titre, chargé de mission à l'Observatoire National de la fin de vie (Paris). Il est également accompagnant bénévole en soins palliatifs depuis 2001. Sa thèse intitulée *Les nouvelles cultures de l'accompagnement: les soins palliatifs, une voie « spirituelle » dans une société de la performance* a reçu le prix de la recherche universitaire « Le Monde » 2009 sous la présidence de M. Edgar Morin. Il est membre du Groupe Société Religions Laïcités (EPHE-CNRS) ainsi que du Comité scientifique de la Société Française d'accompagnement et de soins palliatifs (SFAP). Il a récemment participé au livre-CD *La consolation*, de Jacques Attali et Stéphanie Bonvicini (Paris: Naïve, 2012).

Jacques Cherblanc, Ph. D. en sciences des religions et docteur en science politique, est professeur d'éthique et religion à l'Université du Québec à

Chicoutimi (UQAC). Il dirige le Laboratoire d'expertise et de recherche en anthropologie rituelle et symbolique de l'UQAC (LERARS). Ses recherches portent sur la place et le rôle de la religion en éducation (le programme d'éthique et culture religieuse et le service d'animation spirituelle) et en santé (l'intervention spirituelle) et également sur les transformations rituelles et symboliques entourant la mort (l'intervention thanatologique). Il vient de publier *Rites et symboles contemporains. Théories et pratiques*, aux PUQ.

Emma Comeau est titulaire d'un baccalauréat en enseignement des arts de l'Université Concordia ainsi que d'un diplôme d'études supérieures spécialisées en administration sociale de l'Université de Montréal. Elle cumule dix ans d'expérience en gestion de bénévoles, principalement dans le domaine de la santé, mais également dans le domaine culturel. Elle a été coordonnatrice des bénévoles au Phare Enfants et Familles de 2003 à 2010 et, depuis 2010, elle est chef de service des bénévoles et de la pastorale à l'Hôpital de Verdun du Centre de santé et des services sociaux du Sud-Ouest Verdun. Elle participe activement au sein du comité du bénévolat du Réseau de soins palliatifs du Québec depuis 2003 et est membre du Community Council on Volunteerism et de l'Association des gestionnaires de ressources bénévoles du Québec.

Sylvette Delaloye est psychologue et travaille comme coordinatrice des bénévoles aux Hôpitaux universitaires de Genève, où elle assure leur formation et leur encadrement. Elle mène également divers mandats de recherche en soins palliatifs.

Isabelle de Mézerac est mère de 5 enfants, dont Emmanuel, décédé à la naissance en 2002. Elle a été enseignante en histoire-géographie dans l'enseignement général secondaire pendant cinq ans. Puis élue locale pendant dix-sept ans, dont onze ans au poste de maire adjointe. Elle est présidente fondatrice de l'association SPAMA (Soins Palliatifs et Accompagnement en Maternité), créée en 2006 et comptant un site Internet et un forum de parents. Elle est titulaire d'un DIU de Soins Palliatifs et un DU en éthique médicale. Auteur du livre *Un enfant pour l'éternité*, publié en 2004 aux Éditions du Rocher, elle a participé au livre collectif *Quand la vie naissante se termine*, publié aux Presses Universitaires de Strasbourg en 2010, et a écrit plusieurs articles parus dans des revues médicales.

Alberte Déry est directrice générale de Palli-Aide de Saguenay, organisme offrant un service d'accompagnement aux personnes en phase palliative de cancer et en fin de vie de toutes autres maladies et à leurs proches aidants ainsi qu'aux enfants avec un pronostic de vie réservé. Palli-Aide offre aussi un service de formation en soins palliatifs. Formatrice en deuil et en soins palliatifs, elle est également présidente de l'Association provinciale du Réseau de soins palliatifs du Québec, responsable du comité du bénévolat du Réseau de soins palliatifs du Québec et membre du comité exécutif de la Fédération internationale francophone en soins palliatifs.

Valérie de Varennes est titulaire d'un certificat en relations industrielles de l'Université de Montréal. Elle travaille au Phare Enfants et Familles depuis maintenant huit ans. D'abord comme coordonnatrice au développement financier et aux communications, elle est, depuis 2010, coordonnatrice des ressources bénévoles. Elle est aussi impliquée au sein du comité du bénévolat du Réseau de soins palliatifs du Québec depuis ce temps et est membre de l'Association des gestionnaires de ressources bénévoles du Québec. De 1992 à 2000, elle a été bénévole à Leucan en tant qu'animatrice du Groupe Cœur d'Espoir et monitrice au camp Vol d'été où elle a été coordonnatrice des moniteurs bénévoles pour les deux semaines du camp en 2008.

Éric Gagnon est docteur en sociologie de l'École des hautes études en sciences sociales de Paris et chercheur au Centre de santé et de services sociaux de la Vieille-Capitale depuis 2001. Il est membre de l'équipe ÉRASME, dont les travaux portent sur l'exclusion sociale, la marginalisation et les formes de citoyenneté. Ses autres recherches portent principalement sur les soins familiaux et professionnels aux personnes dépendantes, sur l'expérience de la souffrance et de la maladie, ainsi que sur l'éthique des soins et de la recherche en santé. Il est l'auteur de plusieurs ouvrages dont *Les promesses du silence. Essai sur la parole* (Liber, 1996) et *L'invention du bénévolat. Genèse et institution de l'action bénévole au Québec* (en collaboration, PUL, 2013).

Jacques T. Godbout est professeur émérite à l'Institut national de la recherche scientifique (Université du Québec). Il a publié *La participation contre la démocratie* et *La démocratie des usagers*. C'est dans le prolongement de ces études qu'il s'est intéressé au don et a publié *L'esprit du don* (en collaboration avec Alain Caillé, ouvrage traduit en six langues) et *Le don, la dette et l'identité. Ce qui circule entre nous* (Seuil, 2007). Il a aussi publié deux livres en italien sur ce thème. Membre du conseil de la direction de la *Revue du M.A.U.S.S.*, il poursuit actuellement ses recherches sur le don.

Françoise Gonnaud est pédopsychiatre, praticienne hospitalière en maternité et néonatologie au Centre hospitalier universitaire de Lyon, Hôpital de la Croix-Rousse (France). Elle accompagne au quotidien des couples confrontés à un diagnostic prénatal de maladie grave chez leur bébé, couples qui auront à prendre la difficile décision de poursuivre ou non la grossesse. En néonatologie, de nombreuses situations peuvent conduire à des décès néonataux ou à la mise en place de soins palliatifs. La mise en lien des professionnels qui accompagnent ces situations est une de ses préoccupations, afin d'offrir un parcours cohérent et contenant à ces familles en grande souffrance psychique. Elle travaille également avec des associations et tout particulièrement l'association SPAMA.

Chloé Grégoire est sage-femme dans la maternité d'un centre hospitalier universitaire de la région parisienne et titulaire d'une vacation d'échographie. Elle a mis en place dans son service un groupe de travail sur les soins palliatifs regroupant pédiatres, sages-femmes, psychologues et obstétriciens. Membre de l'association SPAMA. Bénévole à Madagascar pendant ses études.

Manal Guirguis-Younger, Ph. D., est professeure à la Faculté des sciences humaines à l'Université Saint-Paul. Elle oriente ses recherches sur l'itinérance communautaire, les soins palliatifs, les ressources bénévoles ainsi que les modèles alternatifs de prestation de services de santé aux groupes marginalisés. Dre Guirguis-Younger a récemment complété une étude de trois ans intitulée *Hospice and Homelessness in Canada* (*Maisons de soins palliatifs et itinérance au Canada*) subventionnée par le Conseil de recherches en sciences humaines du Canada. Elle poursuit ses recherches sur le rôle des bénévoles œuvrant en soins palliatifs, en se penchant plus particulièrement sur la pérennité et la fidélisation du contingent de bénévoles. Dre Guirguis-Younger collabore actuellement avec une équipe de chercheurs de l'Université Laval qui examine le rôle des bénévoles dans le soutien donné à l'équipe de soignants, aux familles et aux personnes malades pendant cette dernière étape de leur vie.

Anne-Céline Guyon est professionnelle de recherche pour la Chaire Religion, spiritualité et santé de la Faculté de théologie ainsi qu'au Département des relations industrielles de l'Université Laval. Elle détient une maîtrise en anthropologie (M.A, Université Laval, 2005) et s'intéresse particulièrement aux relations soignants-soignés dans le cadre du système de santé québécois.

Guy Jobin est professeur titulaire de théologie morale et d'éthique à la Faculté de théologie et de sciences religieuses de l'Université Laval. Depuis 2007, il est titulaire de la Chaire Religion, spiritualité et santé. Il détient un doctorat en éthique théologique (Ph. D., Université Saint-Paul, 2000). Il y dirige actuellement un projet de recherche, subventionné par le CRSH sur les spiritualités en milieux de soins palliatifs. Il a publié *Des religions à la spiritualité. Une appropriation biomédicale du religieux dans l'hôpital*, Bruxelles, Lumen vitae (coll. Soins et spiritualités, 3), 2012, 106 p.

Paulette Le Lann est engagée à titre de bénévole dans le mouvement des soins palliatifs et de l'accompagnement depuis 25 ans. Cofondatrice en 1991 de l'Association JALMALV le Havre (Jusqu'à La Mort, Accompagner La Vie) elle a assumé diverses fonction au sein de cet organisme : bénévole d'accompagnement, coordonnatrice des bénévoles, responsable de la formation et présidente. Administrateure de la Fédération JALMALV pendant 12 ans, elle en a de plus assurée la présidence de 2006 à 2012. Élue au conseil d'administration de la SFAP (Société Française d'Accompagnement et de Soins Palliatifs) en 2002, elle devient vice-présidente en 2004. Mme Le Lann a initié et animé le CABA (Collège des associations de bénévoles d'accompagnement) qui fédère à ce jour les associations françaises d'accompagnement. Membre du Comité national de suivi du développement des soins palliatifs au ministère de la santé, elle est à l'origine d'un texte officiel qui définit le rôle et les obligations du bénévolat en soins palliatifs. Spécialisée dans le domaine de l'ingénierie et du conseil en formation, elle a également coordonné un groupe de travail qui, en 2012, a publié le guide *Formation des bénévoles des associations d'accompagnement.*

Philippe Le Pelley Fonteny s'est formé au bénévolat d'accompagnement dans l'association des petits frères des Pauvres (Paris). Il a accompagné pendant trois ans des personnes gravement malades ou en fin de vie, en service de médecine interne à l'hôpital Saint-Louis (Paris) et, depuis onze ans, à l'hôpital pénitentiaire de Fresnes. Il a été pendant six ans administrateur de l'association, a adhéré en 2001 à la SFAP (Société Française d'Accompagnement et de Soins Palliatifs) pour devenir en 2011 administrateur et responsable du Collège des Associations de Bénévolat d'Accompagnement (220 associations, 6 000 bénévoles). Il est membre du comité scientifique du congrès 2013 de la SFAP à Lille. Depuis 2010, il est membre du comité de gestion de la Fondation Pierre et Mireille Landrieu (promotion des soins palliatifs) sous l'égide de la Fondation des petits frères des Pauvres. M. Le Pelley Fonteny est également élu pour la France au conseil de la Fédération Internationale Francophone des Soins Palliatifs (FIPSP).

Colleen MacQuarrie, Ph. D., est professeure agrégée au Département de psychologie de l'Université de l'Île-du-Prince-Édouard, animatrice universitaire et chercheure en santé développementale. Elle donne plusieurs cours en psychologie, notamment des cours sur la vie adulte, le vieillissement, les méthodes qualitatives de recherche et la justice sociale. Son programme de recherche vise le développement d'une meilleure compréhension de la nature polyvalente de la santé et du bien-être tout au long de la vie et dans les différents milieux, en vue de favoriser le changement des habitudes. Elle s'intéresse aussi aux rôles des bénévoles dans les organisations et à leurs motivations, afin de mieux comprendre et d'améliorer leur recrutement.

Mary Ann MacSwain a complété un diplôme avec distinction en psychologie en 2011 à l'Université de l'Île-du-Prince-Édouard. Sa thèse a porté sur les bénévoles d'établissement de soins palliatifs. Elle est chercheure au Centre de recherche en toxicomanie du Service correctionnel du Canada.

Judith Malette est professeure titulaire et directrice de l'École de counselling, de psychothérapie et de spiritualité, à l'Université Saint-Paul, à Ottawa. Elle est aussi psychologue clinicienne et a effectué une partie de son internat en soins palliatifs au centre Soins continus Bruyère, à Ottawa. Ses travaux de recherche portent sur l'utilisation de la relecture de vie auprès des personnes retraitées et des patients en phase terminale, sur le vécu des bénévoles et des infirmières praticiennes en soins palliatifs et sur la dimension psychospirituelle de leur expérience. Ses autres travaux portent sur l'imaginaire des adultes et des personnes âgées.

Hélène Marche est docteure en sociologie (Toulouse, France, 2009) et a effectué une recherche postdoctorale CNRS au sein du laboratoire Espaces et Sociétés (ESO-Rennes UMR 6590, Université Rennes 2, France). Au croisement de la sociologie de la santé et de la sociologie des émotions, ses travaux interrogent les transformations du soin en cancérologie au regard de l'expérience des malades et des activités des professionnels et des non-professionnels qui les accompagnent. Elle a coédité l'ouvrage *Le langage social des émotions. Études sur les rapports au corps et à la santé* (Economica/Anthropos, 2008).

Michèle Margot est infirmière et formatrice. Elle est active à Caritas-Genève dans le domaine de la formation, l'encadrement des bénévoles d'accompagnement, ainsi que le suivi de deuil.

Ryan McNeil, M. Phil., est chercheur qualitatif en santé au British Columbia Centre for Excellence in HIV/AIDS[1] et candidat au doctorat en études interdisciplinaires (Interdisciplinary Studies Graduate Program) à l'Université de la Colombie-Britannique. Ses recherches actuelles portent sur les conditions structurelles et sociales de production d'effets néfastes sur la santé des consommateurs de drogue. Ses travaux précédents exploraient les liens entre santé et itinérance, et s'intéressaient plus particulièrement aux programmes d'intervention visant l'amélioration de la santé des personnes itinérantes.

Suzanne Mongeau est professeure à l'École de travail social de la Faculté des sciences humaines de l'Université du Québec à Montréal. Elle est impliquée dans le champ des soins palliatifs à titre de chercheure, enseignante et intervenante depuis plusieurs années. Elle collabore avec Phare Enfants et Familles depuis la création de l'organisme, qui offre du soutien aux familles ayant un enfant atteint d'une maladie à issue fatale. Elle a effectué plusieurs recherches de type participatif avec cet organisme, recherches qui ont donné lieu à plusieurs publications et communications.

Gilles Nadeau est prêtre du diocèse de Québec. Il est membre de l'équipe de formation du Grand Séminaire de Québec et également responsable du service de la pastorale de la Maison Michel-Sarrazin (Québec). Il est engagé dans ce centre de soins palliatifs depuis sa fondation en 1985. Il

1. NdT : Centre d'excellence sur le HIV/SIDA de la Colombie-Britannique.

est titulaire d'un doctorat en théologie pratique de la Faculté de théologie et de sciences religieuses de l'Université Laval (Québec). Sa thèse avait pour titre : *L'expérience spirituelle des hommes québécois, premiers-nés du baby-boom, de tradition catholique, en phase palliative de cancer.* Il est membre du comité d'éthique clinique et du comité d'éthique de la recherche de la Maison Michel-Sarrazin et est également fondateur et rédacteur en chef de la revue *Cahiers francophones de soins palliatifs.*

Isabelle Nielsen est psychologue et responsable du Secteur Accompagnement de Caritas-Genève. Elle assure la formation, la coordination et le suivi des bénévoles. Elle propose également des suivis en relation avec des vécus de deuil.

Vivien Runnels est une chercheure sénior qui œuvre au sein de l'Unité de recherche sur la mondialisation et l'équité de la santé ainsi qu'au Réseau de recherche sur l'amélioration de la santé des populations (RRASP) à l'Institut de recherche sur la santé des populations (Université d'Ottawa), où elle collabore avec Ronald Labonté et Ivy Lynn Bourgeault. Elle est actuellement impliquée dans de nombreuses études sur les déterminants sociaux de la santé, dont : les ressources humaines dans le domaine de la santé et de la migration ; le tourisme médical et les soins de santé à l'étranger ; la diplomatie de la santé mondiale ; les politiques concernant la sécurité alimentaire ; l'implication des populations marginalisées dans les études postsecondaires, l'embauche de personnes vivant avec un handicap. Son intérêt pour le bénévolat et les soins de fin de vie découle de son engagement personnel en tant que bénévole communautaire de même que de ses nombreuses années de collaboration avec Manal Guirguis-Younger sur l'itinérance et la santé.

Andrée Sévigny est professeure associée au Département de médecine familiale et médecine d'urgence de l'Université Laval. Elle est chercheure au Centre d'excellence sur le vieillissement de Québec (CEVQ) et directrice adjointe de l'Institut sur le vieillissement et la participation sociale des aînés (IVPSA) de l'Université Laval. Ses travaux portent sur la participation sociale des aînés, notamment le bénévolat « par » et « pour » les aînés, dans le domaine du soutien à domicile et des soins palliatifs.

Laurent Storme est professeur de néonatologie, au Centre hospitalier régional et Universitaire de Lille. Il est coordonnateur de la Clinique de médecine néonatale de l'hôpital Jeanne de Flandre. Il anime, avec l'Équipe ressource régionale en soins palliatifs pédiatriques et avec l'Association SPAMA, une réflexion sur les soins palliatifs de la période périnatale

Nicolas Vonarx est formé comme infirmier en France. Il s'est impliqué dans le champ de la santé publique internationale avant de comprendre que les approches anthropologiques étaient incontournables pour s'engager intelligemment dans la transformation des réalités sociales. Détenteur d'une maîtrise et d'un doctorat en anthropologie, il est actuellement professeur agrégé à la Faculté de sciences infirmières de l'Université Laval. Il aborde dans ses enseignements et ses recherches les dimensions anthroposociales des expériences de maladie, les soins, les ethnomédecines, le sujet de la spiritualité et de la religion dans le champ de la santé.

Lori Weeks est professeure agrégée au Département des sciences humaines appliquées de l'Université de l'Île-du-Prince-Édouard. Elle est une gérontologue familiale dont les intérêts de recherche concernent les services de soins et d'accompagnement des aînés et de leurs aidants naturels, de même que les facteurs influençant la santé des personnes âgées. Ses recherches portent actuellement sur les besoins, présents et futurs, en logements pour personnes âgées, sur les bénévoles en établissement de soins palliatifs, sur la qualité de vie durant les soins prolongés, sur les services à l'égard des femmes victimes d'abus et demeurant en milieu rural et, enfin, sur ce qu'est vivre avec un problème neurologique. Dre Weeks donne plusieurs cours, notamment sur la famille dans la société contemporaine, sur l'interaction entre parents et enfants, sur la violence familiale, sur les enjeux concernant les lois sur la famille et les politiques sociales et, finalement, sur la condition féminine et le vieillissement.

Imprimé en France par
LIGHTNING SOURCE
www.lightningsource.fr

IMPRIM'VERT
Votre imprimeur agit pour l'environnement

Printed in Dunstable, United Kingdom

91337291R00201